国家重点研发计划课题：全球目标网格系统构建与网格化位置服务（2018YFB0505303）
四川省重点研发项目：基于遥感影像的国土地物状态动态检测关键技术研究（2020YFG0146）

地表遥感专题信息提取与网格化位置服务

杨存建　陈军　夏列钢　胡晓东　著

西南交通大学出版社
·成　都·

图书在版编目（CIP）数据

地表遥感专题信息提取与网格化位置服务 / 杨存建等著. —成都：西南交通大学出版社，2022.6
ISBN 978-7-5643-8740-2

Ⅰ. ①地… Ⅱ. ①杨… Ⅲ. ①地表–地理信息系统–遥感数据–数据处理–研究 Ⅳ. ①P208.2

中国版本图书馆 CIP 数据核字（2022）第 106004 号

Dibiao Yaogan Zhuanti Xinxi Tiqu yu Wanggehua Weizhi Fuwu
地表遥感专题信息提取与网格化位置服务

杨存建　陈　军　夏列钢　胡晓东　著

责 任 编 辑	杨　勇
封 面 设 计	GT 工作室
出 版 发 行	西南交通大学出版社 （四川省成都市金牛区二环路北一段 111 号 西南交通大学创新大厦 21 楼）
发行部电话	028-87600564　028-87600533
邮 政 编 码	610031
网　　　址	http://www.xnjdcbs.com
印　　　刷	四川煤田地质制图印务有限责任公司
成 品 尺 寸	185 mm × 260 mm
印　　　张	19.5
插　　　页	8
字　　　数	383 千
版　　　次	2022 年 6 月第 1 版
印　　　次	2022 年 6 月第 1 次
书　　　号	ISBN 978-7-5643-8740-2
定　　　价	98.00 元

图书如有印装质量问题　本社负责退换
版权所有　盗版必究　举报电话：028-87600562

FOREWORD
前　言

在国家重点研发计划课题"全球目标网格系统构建与网格化位置服务"和四川省重点研发项目"基于遥感影像的国土地物状态动态检测关键技术研究"的支持下，杨存建研究员带领的科研团队，通过四年的科技攻关，开展了相关研究，并将其部分研究成果汇聚在本书中。这些研究得到了中国科学院地理科学与资源研究所周成虎院士和刘纪远研究员的指导，得到了国家重点研发计划项目"全球位置框架与编码系统"负责人程承旗教授、项目责任专家蒋捷教授和曹红杰教授级高工的指导，得到了"地球观测与导航"重点专项总体专家组成员施闯研究员、李传荣研究员、周建华研究员、党亚民研究员、徐文研究员和李欣教授级高工等的指导，以及科技部高技术研究发展中心专项主管徐泓、国家遥感中心税敏处长、四川省自然资源厅原厅长杨冬生和首都师范大学宫辉力教授等的帮助和指导，在此表示感谢！

人类对地球表层系统的认知正加速深化。我们拥有四个世界：客观地表世界、数字地表世界、知识地表世界、未来的理想地表世界。通过对地观测，我们从客观地表世界到达了数字地表世界；通过知识发现和分析，我们又从数字地表世界到达了知识地表世界；通过知识的应用、规划和设计，人类又将到达未来的理想地表世界。地球观测与导航理论技术飞速发展，位置数据服务、位置知识服务、位置决策服务从宏观到微观，从静态到动态，正致广大而尽精微地服务全球和区域的可持续发展。位置数据服务包括位置影像服务和位置专题数据服务。位置服务还可分为静态位置服务和动态位置服务，动态位置服务可用于支撑基于无源定位的导航服务。网格化位置服务包括基于不规则网格的位置服务和基于规则网格的位置服务。该书是遥感、地理信息科学和位置服务等方面的专著。该书涉及遥感数据的分辨率从百米级、十米级、米级、亚米级到厘米级；提取方法包括基于知识发现、面向对象、机器学习等方法；专题信息包括植被、水体、聚落及其建筑物。该书适合遥感科学与技术、地理信息科学、测绘科学与技术、地理学等专业师生参考使用，也适合国土、林草、农业、水利、住建等部门的科技人员参考使用。该书出版对促进遥感与地理信息科学的科技进步和成果转化具有重要意义。

该书共五章，由杨存建负责总体设计和统稿。

第一章为遥感数据源及预处理，介绍了 EOS-MODIS、Landsat、Sentinel-2、GF-1、GF-2、GF-6、在线影像和无人机影像等遥感数据，其空间分辨率涵盖百米级、十米级、米级、亚米级和分米级，也介绍了这些遥感数据的预处理方法。该章主要由杨存建及其硕士研究生韩雪蓉、廖雨、冉丹阳、罗鸿和余伟，以及陈军和杨德菲等撰写。

第二章为基于知识发现的地表遥感专题信息提取与应用服务，主要包括基于知识发现的地表遥感专题信息提取与网格化位置服务概述，基于多时相 MODIS 的四川植被类型信息提取与服务，基于 LANDSAT 的南京市植被专题信息提取与应用服务，基于多时相 LANDSAT 遥感数据的四川省汶川县积雪和植被覆盖过程信息提取与应用服务，基于无人机遥感影像的树木信息提取与服务，基于无人机的农村宅基地整理复垦信息提取与服务。该章主要由杨存建及其硕士研究生罗银建、辛宇、张铃林，以及杨德菲、黄河和倪静等撰写。

第三章为面向对象的地表遥感专题信息提取与服务，主要包括面向对象的地表遥感专题信息提取的基本概述，基于 LANDSAT 和 GF-6 遥感影像的四川省德阳市水体信息提取与服务，基于 GF-1、GF-2、GF-6 和 Sentinel-2 的聚落信息提取与应用服务，POI 数据与 GF-6 协同的建设用地信息提取与服务。该章主要由杨存建及其研究生钟鼎杰、杨艺苑、张玄、孙梦鑫、张岳等撰写。

第四章为基于机器学习的地表遥感专题信息提取与服务，主要包括基于深度学习的遥感人工目标定位，边缘主导的高分遥感目标分割方法，基于多任务学习的建筑精准提取。该章由夏列钢及其研究生张军侠、苏一少、董镲和杨德志，陈军及其研究生江明桦、马世岩、赵珉锐和杨宁宇，以及杨存建等撰写。

第五章为网格化位置服务，主要包括地表指纹与网格化位置服务的相关概念，网格指纹编码与位置服务，空间关系编码与位置服务，目标场指纹与位置服务，网格化位置服务系统。该章主要由陈军及其研究生江明桦、马世岩、赵珉锐、杨宁宇，夏列钢及其研究生张军侠、苏一少、董镲和杨德志，以及杨存建、胡晓东、李昕、马晓熠和韩小妹等撰写。

本书得到了"全球目标网格系统构建与网格化位置服务"国家重点研发计划课题和"基于遥感影像的国土地物状态动态检测关键技术研究"四川省重点研发项目的资助，在此表示感谢。本书所参考文献已在书中列出，在此对其作者和相关人士表示感谢！黄河对本书的文字编辑进行了校对，如有未到之处，敬请批评指正。本书所用各省市地图的标准图号为：四川，GS（2019）3333 号；德阳，图川审（2016）018 号；南京，苏 S（2021）024 号。由于作者们水平有限，书中不足之处恳请批评指正。

著者

2022 年 3 月

目 录

第一章　遥感数据源及预处理 ………………………………………001

第一节　遥感数据源 …………………………………………002

一、EOS-MODIS ……………………………………………002

二、Landsat 数据 ……………………………………………007

三、Sentinel-2 数据 …………………………………………012

四、GF-1 数据 ………………………………………………013

五、GF-2 遥感影像 …………………………………………014

六、GF-6 遥感影像 …………………………………………015

七、在线影像 ………………………………………………015

八、无人机影像 ……………………………………………017

第二节　遥感数据预处理 ……………………………………019

一、MODIS 数据的预处理 …………………………………019

二、Landsat-8 OLI 影像，Landsat-5 TM 影像，
　　GF-1、GF-2、GF-6 号影像的预处理 …………………020

三、Sentinel-2 数据预处理 …………………………………022

四、无人机影像的预处理 …………………………………023

第二章　基于知识发现的地表遥感专题信息提取与应用服务 …………027

第一节　基于知识发现的地表遥感专题信息提取与网格化位置服务概述 …………028

第二节　基于多时相 MODIS 的四川植被类型信息提取与服务 …………030

一、实验区与数据 …………030

二、研究方法与步骤 …………031

三、结果与服务 …………034

第三节　基于 LANDSAT 的南京市植被专题信息提取与应用服务 …………038

一、研究区与数据 …………038

二、研究方法与步骤 …………039

三、分析与结论 …………040

第四节　基于多时相 LANDSAT 遥感数据的四川省汶川县积雪和植被覆盖过程信息提取与应用服务 …………048

一、试验区与数据 …………048

二、提取方法 …………049

三、提取结果与区域位置信息服务 …………052

第五节　基于无人机遥感影像的树木信息提取与服务 …………059

一、实验区与数据 …………059

二、方法与步骤 …………060

三、结果分析与应用服务建议 …………063

第六节　基于无人机的农村宅基地整理复垦信息提取与服务……064
　　一、试验区与数据……064
　　二、研究方法……064
　　三、结果与应用服务……069

第三章　面向对象的地表遥感专题信息提取与服务……071

第一节　面向对象的地表遥感专题信息提取概述……072
　　一、多尺度分割原理……072
　　二、遥感影像分类特征……077
　　三、面向对象分类方法……083

第二节　基于LANDSAT和GF-6的德阳市水体信息提取与服务……085
　　一、试验区与数据……085
　　二、研究方法与步骤……086
　　三、结果分析……102

第三节　聚落信息提取及应用服务……104
　　一、试验区与数据……104
　　二、聚落影像特征分析……104
　　三、GF-1聚落信息提取……107
　　四、Sentinel-2聚落信息提取……117
　　五、结果分析与服务建议……121

第四节　基于GF-2和GF-6的土地利用信息提取与服务……125
　　一、试验区与数据……125
　　二、研究方法与步骤……126

三、基于多层次结构的土地利用分类结果 …………………… 128

　　四、结果分析与服务建议 …………………………………… 146

第四章　基于机器学习的地表遥感专题信息提取与服务 …………… 151

第一节　基于深度学习的遥感人工目标定位 ………………………… 152

　　一、目标检测技术发展 ……………………………………… 152

　　二、遥感影像空间尺度智能判识 …………………………… 157

　　三、城市内部目标检测 ……………………………………… 161

　　四、道路相关目标检测 ……………………………………… 169

第二节　边缘主导的高分遥感目标分割方法 ………………………… 177

　　一、语义分割技术发展 ……………………………………… 178

　　二、边缘主导的分割方法 …………………………………… 179

　　三、高分遥感目标分割应用 ………………………………… 181

第三节　基于多任务学习的建筑精准提取 …………………………… 192

　　一、语义与边缘融合的建筑提取 …………………………… 193

　　二、CNN 与 Transformer 特征融合的建筑提取 …………… 201

第五章　网格化位置服务 ………………………………………………… 213

第一节　地表指纹与网格化位置服务 ………………………………… 214

　　一、地表指纹的基本概念 …………………………………… 214

　　二、地表指纹的基本特征 …………………………………… 215

　　三、基于地表指纹的地表地理位置感知基本流程 ………… 220

第二节　网格指纹编码与位置服务 ································· 221
　　一、基于目标网格编码的位置计算 ······························ 221
　　二、遥感影像位置计算实验 ······································ 225

第三节　空间关系编码与位置服务 ································· 229
　　一、现有技术综述 ·· 229
　　二、特征空间目标的定义 ·· 234
　　三、特征空间目标的特征度量 ·································· 234
　　四、空间目标特征稳定性度量 ·································· 237
　　五、特征空间目标的空间关系编码 ···························· 240
　　六、基于特征空间关系编码的位置服务与计算 ············· 245

第四节　目标场指纹与位置服务 ···································· 258
　　一、目标场指纹的基本概念 ····································· 258
　　二、基于目标场指纹的空间定位 ······························· 258
　　三、基于目标场指纹的空间定位测试 ························· 264

第五节　网格化位置服务系统 ······································· 275
　　一、系统的结构与功能 ··· 275
　　二、系统应用示范 ·· 276

参考文献 ·· 290
彩　图 ··· 303

第一章

遥感数据源及预处理

第一节 遥感数据源

一、EOS-MODIS

第一颗 EOS 卫星于 1999 年 12 月 18 日由美国国家航空航天局、日本国际贸易与工业厅、加拿大空间局、多伦多大学共同合作发射升空，并命名为 TERRA（拉丁语义指地球母亲）。TERRA 是一颗上行轨道卫星，也是 EOS 计划中第一颗装载有中分辨率成像光谱仪 MODIS（Moderate-resolution Imaging Spectroradio meter）传感器的卫星。TERRA 卫星每日地方时上午 10:30 过境，另一颗于 2002 年 5 月 4 日发射成功的 AQUA 卫星每日地方时下午 1:30 过境。TERRA 卫星数据获取顺序白天由北向南获取，夜间由南向北获取；AQUE 卫星数据获取顺序白天由南向北获取，夜间由北向南获取。卫星的指标如表 1.1 所示。

表 1.1　TERRA、AQUA 卫星技术指标

指　标	TERRA	AQUA
发射时间	1999 年 12 月 18 日	2002 年 5 月 4 日
运载火箭	ATLAS IIAS	DELTA CLASS
轨道高度	太阳同步 705 km	太阳同步 705 km
轨道周期	98.8 min	98.8 min
过境时间	上午 10:30	下午 1:30

续表

指　标	TERRA	AQUA
地面重复周期	16 天	16 天
质量	5.19 kg	2.934 kg
展开前尺寸（体积）	3.5 m×3.5 m×6.8 m	2.68 m×2.49 m×6.49 m
星在传感器数量	5 个	6 个
星在传感器名称	MODIS\MISR\GERES\MOPITT\ASTER	MODIS\AIRS\AMSU-A AMSR-E\CERES\HSB
遥测	S 波段	S 波段
数据下行	X 波段（8 212.5 MHz）	X 波段（8 160 MHz）
总供电功率	3 000 W	4 860 W
卫星设计寿命	5 年	6 年

MODIS 是"图谱合一"的光学遥感仪器。MODIS 数据包含从 0.4 μm 到 14.4 μm 全光谱覆盖，从可见光到热红外谱范围共 36 个波段，同时又有 3 个尺度的空间分辨率分别是 250 m、500 m、1 000 m。扫描宽度 2 330 km，被广泛地应用于对地球科学的综合研究中，并用于对陆地、大气、海洋进行专门研究，数据使用广泛，在大空间尺度研究上应用很多。1~7 通道数据覆盖 3 个光谱波段，可见光（VIS 0.412 μm~0.551 μm）、近红外（NIR 0.650 μm~0.940 μm）、短波\中红外（SWIR/MWIR 1.2 240 μm~4.565 μm）。其中：1~2 通道数据主要用途是区分陆地、云边界，空间分辨率为 250 m；3~7 通道数据用于陆地及云特性的研究，空间分辨率 500 m。覆盖宽度为 2 330 km。

MODIS 数据波段范围广，这些波段分布获取的数据对地球科学的综合研究有很高的实用价值，更好地帮助我们了解陆地、海洋和大气。每天最少获取白天两次夜间两次共四景数据。其各波段情况如表1.2所示。

表1.2 MODIS数据对应通道参数

波段序号	波段宽度/μm	光谱灵敏度/[W/(m²·mm·sr)]	基本用途	信噪比
1	620~670	21.8	植被叶绿素吸收	128
2	841~876	24.7	云和植被覆盖变化	201
3	459~479	35.3	土壤植被差异	243
4	545~565	29	绿色植被	228
5	1 230~1 250	5.4	叶面/树冠差异	74
6	1 628~1 652	7.3	雪/云差异	275
7	2 105~2 155	1	陆地和云的性质	110
8	405~420	44.9	海洋颜色、水体表层性质、生物化学	880
9	438~448	41.9	海洋颜色、水体表层性质、生物化学	838
10	483~493	32.1	海洋颜色、水体表层性质、生物化学	802
11	526~536	27.9	海洋颜色、水体表层性质、生物化学	754
12	546~556	21	海洋颜色、水体表层性质、生物化学	750
13	662~672	9.5	海洋颜色、水体表层性质、生物化学	910

续表

波段序号	波段宽度/μm	光谱灵敏度/[W/(m²·mm·sr)]	基本用途	信噪比
14	673~683	8.7	海洋颜色、水体表层性质、生物化学	1 087
15	743~753	10.2	海洋颜色、水体表层性质、生物化学	586
16	862~877	6.2	海洋颜色、水体表层性质、生物化学	516
17	890~920	10	大气水分	167
18	931~941	3.6	大气水分	57
19	915~965	15	大气水分	250
20	3.660~3.840	0.45（300 K）	地表/云温度	0.05
21	3.929~3.989	2.38（335 K）	地表/云温度	2
22	3.929~3.989	0.67（300 K）	地表/云温度	0.07
23	4.020~4.080	0.79（300 K）	地表/云温度	0.07
24	4.433~4.498	0.17（250 K）	大气温度	0.25
25	4.482~4.549	0.59（275 K）	大气温度	0.25
26	1.360~1.390	6	卷云	150（SNR）
27	6.535~6.895	1.16（240 K）	水汽	0.25
28	7.175~7.475	2.18（250 K）	水汽	0.25
29	8.400~8.700	9.58（300 K）	水汽	0.05
30	9.580~9.880	3.69（250 K）	臭氧	0.25
31	10.780~11.280	9.55（300 K）	地表/云温度	0.05

续表

波段序号	波段宽度/μm	光谱灵敏度/[W/(m²·mm·sr)]	基本用途	信噪比
32	11.770~12.270	8.94（300 K）	地表/云温度	0.05
33	13.185~13.485	4.52（260 K）	云顶高度	0.25
34	13.485~13.785	3.76（250 K）	云顶高度	0.25
35	13.785~14.085	3.11（240 K）	云顶高度	0.25
36	14.085~14.385	2.08（220 K）	云顶高度	0.25

MODIS 数据的标准产品共有 44 种，按照数据产品特征可以划分为校正数据产品、大气数据产品、海洋数据产品以及陆地数据产品；按处理级别可以划分为 6 个等级，如表 1.3 所示。从未处理的 0 级原始数据到根据各种应用模型不断开发生产的 5 级产品，数据产品多样，其中 2 级数据产品（即 L1B 级数据）使用较多。MOD09A1 数据提供了波段 1~7 的 8 天合成的数据产品。

表 1.3 MODIS 数据级别及主要特征

产品级别	产品主要特征
0 级产品	未经处理的原始数据
1 级产品	L1A 级数据，含定标参数的数据
2 级产品	L1B 级数据，经过辐射定标和定位处理的数据，以国际标准 EOS-HDF 格式存储
3 级产品	L3 级数据，在 2 级数据基础上进行校正消除边缘畸变
4 级产品	应用级 L4 级产品
5 级产品	由各种应用模型开发生产所得

MODIS 标准数据产品是以 SIN（Sinusoidal Projection）正弦投影的瓦片（Tile）数据形式发布。图 1.1 所示全球行列号，由北向南、由西向东以纵横两个方向共 18 行 36 列，按照 10°经度×10°纬度即 1 200 km×1 200 km 将数据切割成瓦片，HDF-EOS 的 MODIS 数据产品以 h##v## 方式编号，起始编号 00，横向水平方向瓦片编号从 h00 到 h35，纵向垂直方向编号从 v00 到 v17。

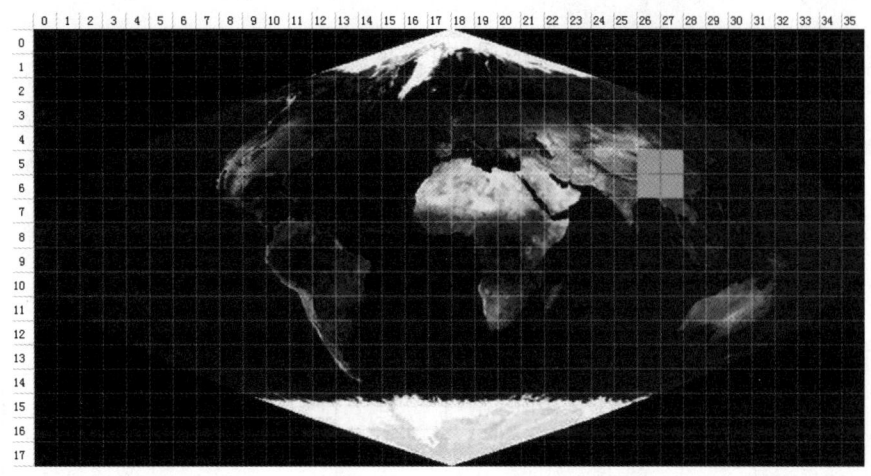

图 1.1　MODIS 数据瓦片数据分布

二、Landsat 数据

1972 年，NASA 与美国地质调查局合作研制 Landsat 系列并成功发射了 Landsat-1；至 2013 年，Landsat 共发射了 8 颗卫星（其中第 6 颗发射失败）。Landsat-5 是 Landsat 系列中运行时间最长质量最高的，为全球地表的监测提供了大量高质量的影像数据。Landsat 系列影像数据包含了北纬 83°到南纬 83°之间的所有陆地区域，每 16 天进行一次影像更新，主要负责调查地下矿藏、海洋资源和地下水资源，并监测农、林、畜牧业和水利资源的合理使用，预报农作物的收成，研究自然植物的生长和地貌，考察和预报各种严重的自然灾害（如地震）和环境污染，拍摄各种目标的图像,以及绘制各种专题图(如地质图、地貌图、水文图)等。Landsat-8 卫星于 2013 年 2 月 11 日成功发射,携有 OLI 陆地成像仪和 TIRS 热红外传感器两个传感器,卫星一共有 11 个波段,波段 1~7 和波段 9 的空间分辨率为 30 m,波段 8 为 15 m 分辨率的全色波段,波段 10 和波段 11 的空间分辨率为 100 m,卫星每 16 天可以实现一次全球覆盖,而覆盖中国区域仅需要 9 天。(注:该数据来源于地理空间数据云 http://www.gscloud.cn。)

1. Landsat-5 TM 数据

Landsat-5 TM 影像包含了 7 个波段。覆盖面积为 184 km× 185.2 km。波段参数如表 1.4 所示。

表 1.4 Landsat-5 各波段参数

波段号	波段	频谱范围 /μm	分辨率 /m	主要应用领域
TM1	Blue (蓝绿色)	0.45 ~ 0.52	30	对水体有一定的透视能力,能够反射浅水水下特征,区分土壤和植被、编制森林类型图、区分人造地物类型,分析土地利用
TM2	Green (绿色)	0.52 ~ 0.60	30	探测健康植被绿色反射率、区分植被类型和评估作物长势,区分人造地物类型,对水体有一定透射能力,主要观测植被在绿波段中的反射峰值,这一波段位于叶绿素的两个吸收带之间,利用这一波段增强鉴别植被的能力
TM3	Red (红色)	0.63 ~ 0.69	30	测量植物绿色素吸收率,并以此进行植物分类,可区分人造地物类型;位于叶绿素的吸收区,能增强植被覆盖与无植被覆盖之间的反差,亦能增强同类植被的反差

续表

波段号	波段	频谱范围/μm	分辨率/m	主要应用领域
TM4	Near IR（近红外）	0.76~0.90	30	测量生物量和作物长势，区分植被类型，绘制水体边界、探测水中生物的含量和土壤湿度；用来增强土壤-农作物与陆地-水域之间的反差
TM5	SWIR（短波红外）	1.55~1.75	30	探测植物含水量和土壤湿度，区别雪和云；适合庄稼缺水现象的探测和作物长势分析
TM6	LWIR（热红外）	10.40~12.5	120	用于热强度、测定分析，探测地表物质自身热辐射，用于热分布制图、岩石识别和地质探矿
TM7	SWIR（短波红外）	2.08~2.35	30	探测高温辐射源，如监测森林火灾、火山活动等，区分人造地物类型，岩系类别

2. Landsat-7 ETM 数据

Landsat-7 ETM 影像包含了 8 个波段，其中波段 1、2、3、4、5 和 7 的空间分辨率为 30 m，波段 6 的空间分辨率为 60 m，波段 8 的空间分辨率为 15 m。覆盖面积为 182 km×170 km。其具体参数如表 1.5 所示。

表 1.5　Landsat-7 各波段参数

波段号	波段	频谱范围/μm	分辨率/m	主要应用领域
ETM1	Blue（蓝绿色）	0.45~0.52	30	用于水体穿透，分辨土壤植被

续表

波段号	波段	频谱范围/μm	分辨率/m	主要应用领域
ETM2	Green（绿色）	0.52~0.60	30	分辨植被
ETM3	Red（红色）	0.63~0.69	30	处于叶绿素吸收区域，用于观测道路/裸露土壤/植被种类效果很好
ETM4	Near IR（近红外）	0.76~0.90	30	用于估算生物数量，尽管这个波段可以从植被中区分出水体，分辨潮湿土壤，但是对于道路辨认效果不如TM3
ETM5	SWIR（短波红外）	1.55~1.75	30	用于分辨道路/裸露土壤/水，还能在不同植被之间有好的对比度，并且有较好的穿透大气、云雾的能力
ETM6	LWIR（热红外）	10.40~12.50	30	感应发出热辐射的目标
TM7	SWIR（短波红外）	2.08~2.35	30	对于岩石/矿物的分辨很有用，也可用于辨识植被覆盖和湿润土壤
TM8	PAN（微米全色）	0.52~0.90	15	得到的是黑白图像，分辨率为15 m，用于增强分辨率，提供分辨能力

3. Landsat-8 OLI 数据

Landsat-8 于 2013 年 2 月 11 日发射升空，Landsat-8 上携带有两个

主要载荷：OLI 和 TIRS。其中 OLI 陆地成像仪包括 9 个波段，空间分辨率为 30 m，其中包括一个 15 m 的全色波段，成像幅宽为 185 km×185 km。其具体参数如表 1.6 所示。

表 1.6 Landsat-8 OLI 影像波段信息

波　段	波长范围/μm	空间分辨率/m	作　用
Band 1 Coastal（海岸波段）	0.43~0.45	30	用于大气气溶胶和海岸线监测
Band 2 Blue（蓝波段）	0.45~0.52	30	水体穿透能力极强，可分辨植被、土壤
Band 3 Green（绿波段）	0.53~0.60	30	可分辨植被
Band 4 Red（红波段）	0.63~0.68	30	处于叶绿素吸收区域，可用于分辨植被种类，也可观测道路和裸露土壤，对人工居民点有较好的监测作用
Band 5 NIR（近红外波段）	0.85~0.89	30	辨别植被健康程度，区分水体和陆地
Band 6 SWIR 1（短波红外 1）	1.56~1.66	30	可识别明显地物（水体、道路、裸地），区分不同种类植被以及区分雾、雪
Band 7 SWIR 2（短波红外 2）	2.10~2.30	30	区分矿物与岩石
Band 8 Pan（全色波段）	0.50~0.68	15	15 m 分辨率，与多光谱影像融合后可增强影像分辨率，更好区分不同地物类型

续表

波　段	波长范围/μm	空间分辨率/m	作　用
Band 9 Cirrus（卷云波段）	1.36~1.39	30	云检测
Band 10 TIRS1（热红外1）	10.60~11.19	100	对于热辐射目标有较好的检测效果，如火灾检测、地表温度反演等
Band 11 TIRS1（热红外2）	11.50~12.50	100	

三、Sentinel-2 数据

哨兵 2 号是高分辨率多光谱成像卫星，携带一枚多光谱成像仪（MSI），用于陆地监测，可提供植被、土壤和水覆盖、内陆水路及海岸区域等图像，还可用于紧急救援服务。哨兵 2 号卫星携带一枚多光谱成像仪（MSI），高度为 786 km，可覆盖 13 个光谱波段，幅宽达 290 km。地面分辨率分别为 10 m、20 m 和 60 m。一颗卫星的重访周期为 10 d，两颗互补，重访周期为 5 d。从可见光和近红外到短波红外，具有不同的空间分辨率。覆盖面积为 100 km×100 km。其波段情况如表 1.7 所示。

表 1.7　Sentinel-2 波段信息

波段名称	中心波长/μm	空间分辨率/m
Band 1-Coastal aerosol	0.443	60
Band 2-Blue	0.490	10
Band 3-Green	0.560	10
Band 4-Red	0.665	10

续表

波段名称	中心波长/μm	空间分辨率/m
Band 5-Vegetation Red Edge	0.705	20
Band 6-Vegetation Red Edge	0.740	20
Band 7-Vegetation Red Edge	0.783	20
Band 8-NIR	0.842	10
Band 8A-Vegetation Red Edge	0.865	20
Band 9-Water vapour	0.945	60
Band 10-SWIR-Cirrus	1.375	60
Band 11-SWIR	1.610	20
Band 12-SWIR	2.190	20

四、GF-1 数据

高分一号卫星是国家高分辨率对地观测系统重大专项天基系统中的首发星，其主要目的是突破高空间分辨率、多光谱与高时间分辨率结合的光学遥感技术，高精度高稳定度姿态控制技术，高分辨率数据处理与应用等关键技术，推动我国卫星工程水平的提升，提高我国高分辨率数据自给率。GF-1 卫星搭载了两台 2 m 分辨率全色和 8 m 分辨率多光谱相机以及 4 台 16 m 分辨率多光谱相机。作为中国高分辨率对地观测系统的第一颗卫星，GF-1 具有空间分辨率高、多光谱和大覆盖等优势，为环保、农业、林地、海洋、测绘等行业提供了数据服务。一景多光谱影像的大小为 4 503 行×4 548 列，像元深度 16 位；一景全色波段影像的大小为 18 000 行×18 192 列，像元深度 16 位。GF-1 卫星波段信息如表 1.8 所示。

表 1.8　GF-1 波段信息

项目	波段号	波谱范围/nm	幅宽/km	空间分辨率/m
PMS	PAN	450~900	60（2 台相机组合）	2
	Band1	450~520		8
	Band2	520~590		
	Band3	630~690		
	Band4	770~890		

五、GF-2 遥感影像

高分二号（GF-2）卫星于 2014 年 8 月 19 日在太原卫星发射中心成功发射，目前是我国自主研制的空间分辨率最高的民用遥感卫星，星下点空间分辨率可达亚米级。卫星上搭载有两台高分辨率相机（1 m 全色/4 m 多光谱）相机，通过两台相机拼幅，进一步扩大视场，观测幅宽可达 45.3 km。一景多光谱影像的大小为 6 908 行×7 300 列，像素深度 16 位；一景全色波段影像的大小为 27 620 行×29 200 列，像素深度 16 位。GF-2 卫星具体参数信息如表 1.9 所示。

表 1.9　GF-2 卫星参数

全色/多光谱	谱段号	波长范围/μm	空间分辨率/m	幅宽/km	侧摆能力	重访周期/d
全色	1	0.45~0.90	1	45	±35°	5
多光谱	2	0.45~0.52	4			
	3	0.52~0.59	4			
	4	0.63~0.69	4			
	5	0.77~0.89	4			

六、GF-6 遥感影像

高分六号（GF-6）卫星是一颗低轨光学遥感卫星，在高分一号（GF-1）的基础上，实现单相机大视场成像功能，性能指标进一步提高，具有高分辨率和宽覆盖相结合的特点。卫星装载有 1 台高分辨率相机（2 m 全色/8 m 多光谱）和 1 台宽幅相机（16 m 多光谱）。一景多光谱影像的大小为 11 070 行× 12 078 列，像元深度 16 位；一景全色波段影像的大小为 44 280 行× 48 312 列，像元深度 16 位。GF-6 具体参数信息如表 1.10 所示。

表 1.10　GF-6 卫星参数

全色/多光谱	谱段号	波长范围 /μm	空间分辨率/m	幅宽 /km	侧摆能力	重访周期 /d
全色	P	0.45~0.90	2	90	±35°	4
多光谱	B1	0.45~0.52	8			
	B2	0.52~0.59	8			
	B3	0.63~0.69	8			
	B4	0.76~0.89	8			

七、在线影像

目前，在线地图采用分级方式对遥感图像进行管理。以天地图为例，它将空间尺度采用分级描述的方法，一共将其分为 20 个层级，各个层级对应的空间分辨率与比例尺如表 1.11 所示。

表 1.11　在线地图各层级遥感图像对应的空间分辨率与比例尺

缩放层级	空间分辨率/m	比例尺
1	78 271.52	1∶295 829 355
2	39 135.76	1∶147 914 678
3	19 567.88	1∶73 957 339
4	9 783.94	1∶36 978 669
5	4 891.97	1∶18 489 335
6	2 445.98	1∶9 244 667
7	1 222.99	1∶4 622 334
8	611.50	1∶2 311 167
9	305.75	1∶1 155 583
10	152.87	1∶577 792
11	76.44	1∶288 896
12	38.22	1∶144 448
13	19.11	1∶72 224
14	9.55	1∶36 112
15	4.78	1∶18 056
16	2.39	1∶9 028

续表

缩放层级	空间分辨率/m	比例尺
17	1.19	1∶4 514
18	0.60	1∶2 257
19	0.30	1∶1 128
20	0.15	1∶564

八、无人机影像

使用大疆无人机（PHANTOM2 VISION PLUS）获取无人机影像，大疆无人机的技术参数见表1.12。

表 1.12 多旋翼大疆无人机
（PHANTOM2 VISION PLUS）技术参数表

多旋翼无人机	
机长度	350 mm
翼展	420 mm
起降方式	垂直起降
最大起飞质量	1 400 g
最大飞行速度	15 m/s

续表

最大上升/下降速度	上升：6 m/s；下降：2 m/s
最大续航时间	25 min
动力源	电动
机身材料	塑料
通信距离（开阔室外）	500 m～700 m
云台可控转动范围	俯仰：90°~0°
云台角度控制精度	±0.03°

对无人机系统进行充电，确保电量充足。打开无人机，连接通信系统，对无人机进行校准和调试。当无人机处于可安全飞行的状态时，起飞无人机。将无人机升空至 150 m 的高度，开始航拍。对无人机实施水平方向的前进操作，当飞到指定位置时，悬停无人机，进行垂直摄影航拍和倾斜航拍。按规划的航拍线路，通过前、后、左、右水平移动无人机，进行多次航拍。该无人机在空时间为 25 min，一次起飞，获得了无人机航拍影像近 40 张。该无人机飞行半径为 500 m。其相机为鱼眼相机，相机的像素为 1 400 万。获取的影像为鱼眼影像，影像大小为 4 384×3 288。像元分辨率为 10 m 时，一景影像的覆盖范围约为 438.4 m×328.8 m。如图 1.2 所示。

图 1.2　聚落鱼眼影像

第二节 遥感数据预处理

一、MODIS数据的预处理

原始数据的投影为SIN（Sinusoidal Projection）正弦投影，利用NASA网站提供的MRT（MODIS Reprojection Tool）软件进行数据的镶嵌和转投影。其中，mrtmosaic.exe实现三景数据镶嵌，resample.exe实现数据投影转换。重采样方法采用最临近法（Nearest Neighbor），栅格像元大小为500 m，输出格式为HDF，地图投影采用UTM。

投影转换参数依据我国地图常用阿尔勃斯投影（也称双标准纬线等积圆锥投影）设置投影参数。阿尔勃斯投影是圆锥投影中的一种，以经线为圆的半径，纬线为同心圆弧，两条割纬线投影后没有变形，投影区域的面积与实地相等。中央经线105°，两条标准纬线，第一标准纬线为25°、第二标准纬线47°，参考椭球WGS84。

通过命令来实现批量MODIS数据的镶嵌与投影转换，通过MRT参数文件，在Cygwin中实现MODIS数据批量镶嵌和投影转换，具体参数如下。

Projected Coordinate System: Albers
Projection: Albers
False_Easting: 0.00000000
False_Northing: 0.00000000
Central_Meridian: 105.00000000
Standard_Parallel_1: 25.00000000
Standard_Parallel_2: 47.00000000
Latitude_Of_Origin: 0.00000000
Linear Unit: Meter
Geographic Coordinate System: GCS_WGS_1984
Datum: D_WGS_1984
Prime Meridian: Greenwich

使用 ENVI 软件裁剪功能对遥感影像数据进行裁剪批处理。在 ArcGIS 软件中对所需波段数据进行波段合成，同时将数据格式转换为 tiff 格式。IDL（Intereactive Data Language）与 Matlab，能够处理庞大的矩阵和遥感影像。通过 ENVI 与 ArcGIS 软件相结合，利用 IDL 语言处理所有数据，可以提高效率。

二、Landsat-8 OLI 影像、Landsat-5 TM 影像、GF-1、GF-2、GF-6 号影像的预处理

（一）辐射定标（Radiometric calibration）

通常在影像数据预处理过程中的第一步就是辐射定标，该步骤保证了后续大气校正的准确进行。为比较遥感数据的表面特征与实验室或者野外反射数据，就要对太阳高度角、地形以及大气条件进行校正，而整个定标和校正的过程就统称为辐射定标。它的工作原理是把传感器中数据值转变成 ENVI 软件中可以使用的亮度值，并且不会造成数据的影响。

基于 ENVI5.3 软件中的辐射定标工具（Radiometric Calibration）进行辐射定标处理。该工具通过自动读取遥感影像存储在元数据信息内的定标参数文件，即定标斜率（Gain）和定标截距（Bias），根据所选数据对应年份的辐射定标参数，对其进行辐射定标。

辐射定标公式为：

$$L = \text{Gain} \cdot \text{DN} + \text{Bias} \tag{1.1}$$

式中：L 为光谱辐射亮度，单位为 $W/(m^2 \cdot sr \cdot \mu m)$；DN 为图像像元初始亮度值，取值为 0~255，无量纲；Gain 为辐射增益，单位为 $W/(m^2 \cdot sr \cdot \mu m)$；Bias 为绝对定标系数偏移量，单位为 $W/(m^2 \cdot sr \cdot \mu m)$。

（二）大气校正（Atmospheric correction）

由于在地球的表面覆盖着厚厚的大气层，所以所获得的影像会含有大气层的辐射率，而大气校正就是为了消除大气层吸收、反射和散射所带来的误差来得到地表物体更加准确的反射率。实际上地表物体的反射率是定量地表达地球表层对阳光辐射的吸收能力与反射能力，其反射率和吸收率成反比关系。ENVI5.3遥感图像处理软件自带大气校正工具，可采用ENVI5.3软件中的FLAASH模块、Radiometic Correction模块或快速大气校正模块（Quick Atmospheric Correction）来完成Landsat-8、Landsat-5和GF-6遥感影像的大气校正。大气校正后的地物光谱曲线更符合地物表面的真实光谱反射特征，并且消除了大气带来的影像，极大地提升了影像质量。

（三）正射校正（Orthophoto correction）

卫星传感器的自身物理和环境条件以及系统误差等的影响会使得遥感影像产生一定的误差。正射校正过程可以矫正由于地表条件和系统自身带来的图像畸变，提高影像的精度水平，获得更加精准的空间位置信息。可采用ENVI软件自带的正射校正流程化工具"RPC Orthorectification Workflow"对影像进行正射校正。

（四）影像融合与镶嵌

影像融合是利用重采样技术将分辨率较高的高光谱影像与分辨率较低的多光谱影像融合起来，从而产生一幅具有多光谱特征的分辨率较高的影像的技术手段。可采用ENVI5.3图像处理软件中的Gram-Schmidt Pan Sharpening（GS）完成遥感影像的融合工作，ENVI中有以下5种图像融合方法较常用，如表1.13所示。

表 1.13 ENVI 中的图像融合方法

图像融合方法	适用范围
主成分（PC）变换	没有波段限制，对光谱信息的保存良好
Gram-Schmidt Pan Sharpening（GS）	没有波段限制，可以很好地保存图像的空间纹理特征，尤其是光谱特征；特别适用于高空间分辨率的遥感影像
HSV 变换	可以改善纹理信息，空间信息保存良好。但是受到波段限制且会在一定程度上损失光谱信息
乘积运算（CN）	对于较大地貌类型具有良好的效果
Brovey 变换	可较好地保存光谱信息，但是受到波段限制

在 ENVI5.3 软件中进行镶嵌时，它能够提供匀色、羽化和透明化处理等辅助功能，从而可以解决由于图像边界颜色不一、接边不平滑和图像重叠等问题。

三、Sentinel-2 数据预处理

由于哨兵数据的存储格式于 2017 年发生了变化，无法在 ENVI5.3 中读取与预处理，同时欧空局针对哨兵 2 号数据的预处理专门开发了 Sen2Cor 插件，因此本书利用 Sen2Cor 插件进行 Sentinel-2 数据的预处理，包括影像的辐射定标与大气校正。

在进行辐射定标和大气校正后，使用 SNAP 软件中的 Resampling 工具对处理后影像以 10 m 分辨率进行重采样，并导出为 ENVI 格式进行存储。此时影像存储方式为单波段，因此使用 ENVI5.3 中的 layer stacking 工具进行波段合成。

四、无人机影像的预处理

（一）无人机影像的镜头校正处理

该无人机所配置的相机为鱼眼相机，其成像影像为鱼眼影像，该影像变形大，不能直接使用。通过试验，探索出了有效的处理方法。该方法为：利用 Adobe photoshop CS6 软件中的镜头校正模型，选取 DJ 的镜头配置文件，对该无人机影像进行镜头校正处理。经镜头校正处理后的影像与一般航拍相机拍摄的影像一致，其变形得到了校正处理。利用该处理方法对所有的无人机影像进行了处理。如图 1.3 和图 1.4 所示。

图 1.3　无人机航拍影像

图 1.4　经镜头校正后的无人机影像

（二）无人机影像的几何校正处理

利用具地理坐标的高分遥感影像作为基准影像，在高分遥感影像和无人机遥感影像上选取同名地物点作为控制点，一般选取道路、河流的交叉点或拐点、田块的角点、房屋角点等作为控制点，每幅无人机影像上均匀分布选取 9 个以上的控制点，利用多次多项式校正模型进行几何校正，采用最近邻法获取像元亮度值。其校正精度一般控制在 2 个像元内。利用该处理方法对所有的无人机遥感影像进行几何校正处理，其影像分辨率约为 0.1 m。

（三）无人机影像的拼接

利用遥感图像处理软件，先创建一个空的区域影像文件，然后，依次将已校正好的无人机影像拼接到该区域影像文件中。最后，形成覆盖试验区居民点的无人机遥感拼接影像。在拼接时，尽量选用影像变形最小的部分，尽量选明显处进行接边。其接边后的拼接影像如图 1.5 所示。

通过检验，其接边误差可控制在 30 cm 内。

图 1.5　经拼接后的无人机影像

第二章

基于知识发现的地表遥感专题信息提取与应用服务

第一节 基于知识发现的地表遥感专题信息提取与网格化位置服务概述

基于知识发现的地表遥感专题信息提取包括知识发现，利用知识建立专题信息提取模型，确定模型参数，利用模型进行专题信息提取，对提取结果进行精度评价，制作专题图并对结果数据进行统计分析。知识发现的方法主要包括影像地学分析、地物光谱采样分析、地物光谱剖面线分析、空间叠加分析、缓冲区分析和空间统计分析等知识发现方法。基于知识发现的地表遥感专题信息提取模型如图 2.1 所示。基于知识发现的地表遥感专题信息提取具有速度快、效率高的特点，且知识容易被继承和推广应用。

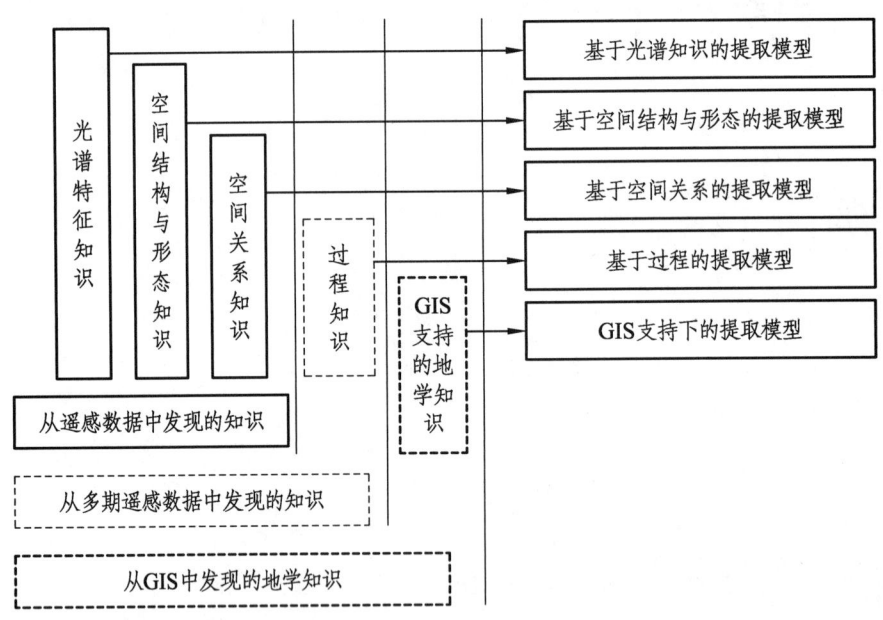

图 2.1 基于知识发现的地表遥感专题信息提取

位置服务主要指提供关于位置信息的服务，包括位置影像服务、位置专题信息服务和位置决策信息服务。网格化位置服务包括基于不规则格网的位置服务和基于规则格网的位置服务。网格还可分为平面网格、曲面网格（水准曲面网格）、立体网格和时空网格。规则网格具有多种类型，主要有正方形、矩形、等边三角形、等腰三角形、六边形、八边形。格网之间可以通过聚合和拆分，实现多重转换和区域构建。网格化位置服务中，基于地表指纹的无源影像的位置化服务包括静态位置化服务和动态位置化服务，动态位置化服务是支撑无源定位导航的关键，在无人机导航、无人机空中物流方面具有巨大的应用前景，更具有重要的安全支撑意义。网格可以实现地表指纹目标的高效存储管理和应用服务支撑，从而提高海量无源位置服务的效率。

可以利用多重网格实现对地观测大数据多层级多粒度的管理，可以利用网格实现多层级、多粒度的知识发现和知识管理，并实现基于网格的多重应用，从而驱动全球高质量发展。如图 2.2 所示。

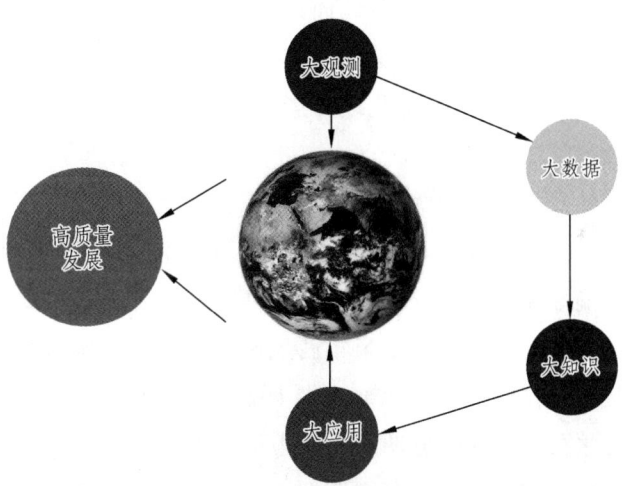

图 2.2　网格化的数据管理、知识发现与应用

第二节 基于多时相 MODIS 的四川植被类型信息提取与服务

一、实验区与数据

研究区为整个四川省，总面积 $4.86\times10^5\ km^2$。该省位于我国西南地区，处于长江上游，东经 97°21′~108°31′，北纬 26°03′~34°19′之间。地跨青藏高原、横断山脉、云贵高原、秦巴山地和四川盆地等几大地貌单元。其地势西高东低，由西北向东南倾斜；最高点是西部大雪山的主峰贡嘎山，海拔 7 556 m。东部为四川盆地及盆缘山地，西部为川西高山高原及川西南山地；受此地形影响，其气候与植被随之呈有规律的分布。

邛崃山脉经大相岭至大凉山一线以东，包括盆地及边缘山地，以东南季风影响为主，气候温暖湿润，雨量充沛，霜雪少见，干湿季节不明显，主要为偏湿性常绿阔叶林、亚热带针叶林和竹林等。此线以西，南端受西南季风影响为主，但冬半年西风南支流又通过本区域上空，近地面层大气又受阿拉伯、印度北部热带大陆气团控制，形成干暖气候，旱季长达半年之久，干湿季分明，主要为偏干性常绿阔叶林和亚热带针叶林；北部是高山高原，是青藏高原向东延伸的部分，实际气温超过纬度的影响。地势自西北向东南倾斜，西南季风和东南季风影响减弱，青藏高原影响更为突出。降水量显著下降，为半湿润地区。在高山峡谷主要为亚高山针叶林、硬叶常绿阔叶林；在高山和高原面上主要是高山灌丛和高山草甸；河谷以干旱灌丛为主。

不同的植被类型，如常绿针叶林、常绿阔叶林、落叶针叶林、落叶阔叶林和常绿落叶混交林，其年内植被指数过程存在着差异，可利用这种差异将彼此区分开来。为此，选取 2005 年 1 月 9 日、2 月 26 日、4

月 22 日、7 月 19 日和 10 月 23 日成像的 MODIS 数据。

二、研究方法与步骤

（一）几何校正和去云处理

数据预处理包括：通过选取控制点，利用多项式几何校正模型，采用最近邻重采样的方式，实现多期遥感数据的空间配准，其配准精度控制在 1 个像元内。对于有云的影像区域，选取其前后成像的遥感数据，以前后两时相数据的均值代替对应有云像元，从而实现去云处理。

（二）多时相特征数据的选取

本研究拟利用多时相遥感数据提取出常绿针叶林、常绿阔叶林、落叶针叶林、落叶阔叶林、常绿落叶混交林等植被类型信息。为此，我们在分析这些植被类型以及农作物和草地等的物候差异与生长过程差异的基础上，确定多时相的特征数据。根据四川主要农作物物候情况可以得出：10 月下旬，水稻和玉米已经收割，小麦和油菜还没有播种，草丛已经开始枯萎，耕地内没有大面积的农作物，此时间的数据可用于区分森林植被与农作物和草丛；年初（1 月初）到 4 月初，多数落叶树种已经完全落叶，新叶还未长出，此时段数据可用于区分常绿林（包括常绿阔叶林和常绿针叶林）与落叶林（落叶阔叶林和落叶针叶林）；春末夏初是植被生长比较茂盛的时段；4 月 22 日，小麦、油菜正处于结实成熟阶段，其叶子不再是翠绿色，而落叶树种因叶子新出而呈嫩绿色，该时段数据有利于落叶林的识别提取；5 月 16 日，小麦和油菜已经收割，正处于水田灌水和插秧之际；7 月 19 日，植被长势最好，有利于区分植被与非植被。因此，我们选 6 个时段（1 月 9 日，2 月 26 日，4 月 22 日，5 月 16 日，7 月 19 日，10 月 23 日）的数据，用于植被类型信息的提取。以 250 m 分辨率计算，四川省大约有 768 万个像元。

（三）多时相植被指数数据的生成

已有研究表明，归一化植被指数（NDVI）在提取植被信息方面具有优势，为此，利用多时相 MODIS 数据生成多时相植被指数。

$$NDVI=(DN_2-DN_1)/(DN_2+DN_1) \quad （2.1）$$

其中，DN_2 和 DN_1 分别代表近红外和红光波段的像元亮度值。在 MODIS 数据中近红外波段是第 2 通道，红光波段是第 1 通道。

NDVI 作为一个通用的植被指数，它能较好地反映植被生长的状况。它经比值处理，可以部分消除因太阳高度角、卫星观测角、地形、云/阴影和大气条件变化所产生的影响。公式（2.1）计算的数据是浮点类型，其结果取值为[-1,1]，为了便于显示，将公式（2.1）转换为：

$$NDVI_{255}=255 \cdot (DN_2-DN_1)/(DN_2+DN_1) \quad （2.2）$$

其取值为[0, 255]。该处理将小于 0 的区域均作为 0 处理，我们的试验研究表明，这不影响植被类型信息的提取，这主要是因为植被的 NDVI 值均大于 0 的缘故。利用公式（2.2），计算出各个时相的植被指数数据。

（四）基于多时相过程知识的森林植被类型信息提取

根据四川省森林植被的具体情况，将四川省森林植被分为 5 种主要植被类型：常绿针叶林、常绿阔叶林、落叶针叶林、落叶阔叶林、常绿落叶混交林。选取 2005 年 1 月 9 日、2 月 26 日、4 月 22 日、7 月 19 日和 10 月 23 日成像的 MODIS 数据。在建立基于多时相过程知识的常绿林和落叶林提取模型，以及针叶林提取模型的基础上，实现这 5 种植被类型信息的提取。

就常绿林（包括常绿阔叶林和常绿针叶林）而言，在 1 月 9 日和 10 月 23 日均具有较高的 NDVI 值；在 10 月 23 日，大多数农地因处于休耕状态，农地的植被指数较低；在 1 月 9 日，落叶林因落叶而植被指数较低。因此，利用这两期 NDVI 数据建立如下提取模型：

IF $NDVI_{(1.9)} > T_1$ AND $NDVI_{(10.23)} > T_2$ THEN 该像元为常绿林地，

取值为 1，否则为 0。

NDVI$_{(1.9)}$ 和 NDVI$_{(10.23)}$ 分别为 1 月 9 日和 10 月 23 日的 NDVI 像元值。

通过试验当 T_1 和 T_2 分别取 120 和 162 时，能有效地将常绿林提取出来，并减少了对农田植被和落叶林的误提。其试验采用提取结果与目视判读进行比较，当提取结果与目视判读一致时的取值，即为该提取模型 T_1 和 T_2 的取值。以下模型的取值均以此方法确定。

就落叶林（包括落叶阔叶林和落叶针叶林）而言，落叶林和草地在 2 月 26 日具有较低的植被指数，在 7 月 19 日具有较高的植被指数，而在 4 月 22 日，落叶林已长出了新叶，其植被指数比草地高。因此，利用这三期数据建立如下提取模型：

IF NDVI$_{(7.19)}$ > T_3 AND NDVI$_{(2.26)}$ < T_4 AND NDVI$_{(4.22)}$ > T_5 THEN 该像元为落叶林，取值为 2，否则为 0。

NDVI$_{(7.19)}$、NDVI$_{(2.26)}$ 和 NDVI$_{(4.22)}$ 分别为 2 月 26 日、7 月 19 日和 4 月 22 日的 NDVI 像元值。

通过试验当 T_3、T_4 和 T_5 分别取值为 204、136 和 80 时，能有效地将落叶林提取出来，并减少对草地植被的误提。

就针叶林而言，利用 1 月 9 日的 NDVI 和近红外波段构建针叶林的提取模型：

IF NDVI$_{(1.9)}$ > T_6 AND B_2 < T_7 THEN 该像元为针叶林，取值为 4，否则为 0。

NDVI$_{(1.9)}$、B_2 分别为 1 月 9 日的 NDVI 像元值和近红外波段的像元值。通过试验，当 T_6 和 T_7 分别取值为 80 和 1 130，能有效地将落叶林提取出来。

将常绿林（1 为常绿林像元，0 为非常绿林像元）与落叶林（2 为落叶林像元，0 为非落叶林像元）图层相加生成新的图层。在该图层中，取值为 3 的像元既有常绿林的特征也有落叶林的特征，该像元为常绿落叶混交林；取值为 1 的像元，只有常绿林的特征而无落叶林的特征，该像元为纯常绿林；取值为 2 的像元，只有落叶林的特征而无常绿林的特征，该像元为纯落叶林。

将纯常绿林（取值为 1）与针叶林（4 为针叶林像元，0 为非针叶林像元）图层相加生成新图层。在该图层中，取值为 5 的像元，既有常绿林的特征也有针叶林的特征，该像元为常绿针叶林；取值为 1 的像元，有常绿林的特征而无针叶林的特征，该像元为常绿阔叶林。

将纯落叶林（取值为 2）与针叶林（4 为针叶林像元，0 为非针叶林像元）图层相加生成新图层。在该图层中，取值为 6 的像元，既有落叶林的特征也有针叶林的特征，该像元为落叶针叶林；取值为 2 的像元，只有落叶林的特征而无针叶林的特征，该像元为落叶阔叶林。

将所提取出的常绿针叶林、常绿阔叶林、落叶针叶林、落叶阔叶林、常绿落叶混交林和非森林区重新编码为 1、2、3、4、5 和 0，并生成四川省森林植被类型图层。

以上提取步骤如图 2.3 所示。

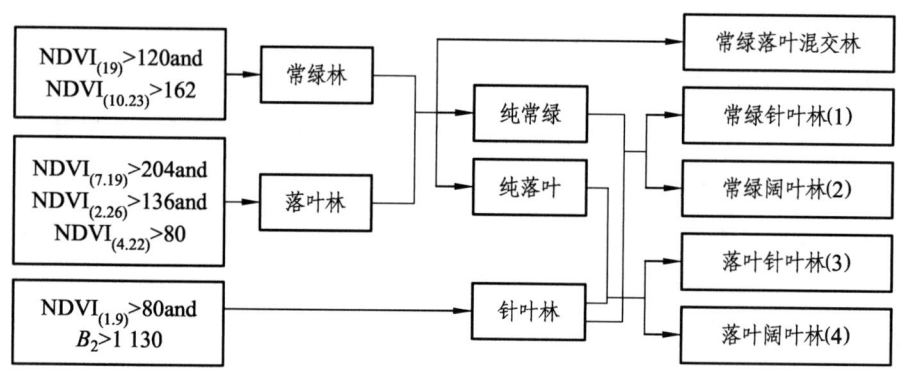

图 2.3　森林植被类型信息提取流程图

将所提取出的常绿针叶林、常绿阔叶林、落叶针叶林、落叶阔叶林、常绿落叶混交林和非森林区重新编码为 1、2、3、4、5 和 0，并生成四川省森林植被类型图层。

三、结果与服务

利用四川省 6 期植被指数数据制作各期植被指数直方图，如图 2.4 所示。

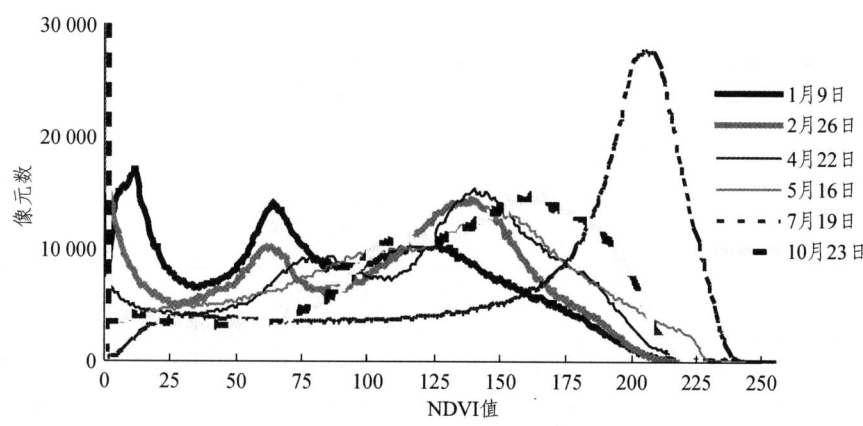

图 2.4　NDVI 直方图

从图 2.4 可以看出四川省植被指数的年内变化规律。从 1 月 9 日到 4 月 22 日，植被指数直方图表现出明显的多峰状况，植被生长状况差异明显。5 月 16 日至 7 月 19 日，却表现出明显的单峰情况，植被生长总体趋好。10 月 23 日，开始出现了多峰的趋势。

利用所提取的四川省森林植被类型图层，制作四川省森林植被类型分布图，如图 2.5 所示。利用该图层，统计出各类型面积和百分比，结果如表 2.1 所示。

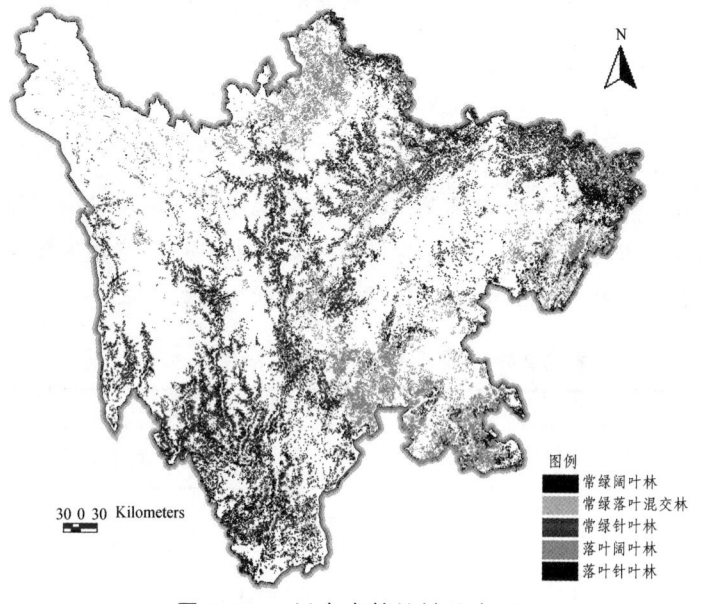

图 2.5　四川省森林植被分布图

表 2.1　主要森林植被类型统计表

代码	森林植被类型	面积/hm²	百分比/%
1	常绿针叶林	4 024 366	29
2	常绿阔叶林	2 410 708	18
3	落叶针叶林	1 902 502	14
4	落叶阔叶林	4 405 823	32
5	常绿落叶混交林	1 025 970	7
合计		13 769 369	100

从表 2.1 中可以看出，在四川省森林植被中，落叶阔叶林所占的比重最大，其次是常绿针叶林，再次是常绿阔叶林，常绿落叶混交林所占的比重最小，仅为 7%。

根据四川省总面积，算出森林植被和非森林植被的面积分别为 13 769 369 hm² 和 34 661 631 hm²，其百分比分别为 28.43% 和 71.57%。四川省 2005 年统计年鉴公布的森林覆盖率为 28.98%，与本研究所得数据相差为 0.55%，这表明，本书所提取的森林植被信息精度较高。

利用四川省石棉县和遂宁市的森林资源二类调查数据进行提取精度评价。石棉县主要森林植被类型有常绿针叶林、落叶阔叶林、落叶针叶林和常绿落叶混交林等；遂宁市主要森林植被类型有常绿针叶林、常绿落叶混交林和常绿阔叶林等。选取面积较大，分布相对均匀且有一定代表性的小班共 151 个作为检验样本。以小班中心点位置为样本点位置检验所提取植被类型的精度，其精度分析如表 2.2 所示。

表 2.2　主要森林植被类型精度（%）分析表

类型	非森林	常绿针叶林	常绿阔叶林	落叶针叶林	落叶阔叶林	常绿落叶混交叶林	合计	用户精度
非森林	22	2	1	0	0	0	25	88
常绿针叶林	1	23	0	0	1	0	25	92

续表

类型	非森林	常绿针叶林	常绿阔叶林	落叶针叶林	落叶阔叶林	常绿落叶混交林	合计	用户精度
常绿阔叶林	1	3	19	0	0	2	25	76
落叶针叶林	0	0	0	20	3	0	23	87
落叶阔叶林	0	0	0	3	24	1	28	86
常绿落叶混交林	2	1	2	0	1	19	25	76
合计	26	29	22	23	29	22	151	
制图精度	85	79	86	87	83	86		
总体精度为 84%								

从表 2.2 中可以看出，总体精度达到 84%。就用户精度而言，常绿针叶林的精度最高，为 92%。常绿阔叶林和常绿落叶混交林的精度最低，均为 76%。其他类型的精度均在 86% 以上。

该研究不仅利用了各植被类型的光谱特征，而且还利用了季相差异和生长过程差异方面的特征，实现了针叶林的提取以及落叶特征和常绿特征等信息的提取；在此基础上，通过图层相加、特征组合与逻辑判断实现了常绿针叶林、常绿阔叶林、落叶针叶林、落叶阔叶林和常绿落叶混交林的提取。经精度验证，总体精度达到 84%，类型最低精度达到 76%。该方法具有简单、有效、快速和低成本的特点。该方法对其他区域，乃及全国的森林植被类型信息的提取都具有一定借鉴意义，对植被类型的动态监测也有重要价值。

研究表明，四川省 2005 年的森林覆盖率为 28.43%。将森林植被划分为常绿针叶林、常绿阔叶林、落叶针叶林、落叶阔叶林和常绿落叶混交林五种类型，按其所占百分比由高到低的排序为落叶阔叶林、常绿针叶林、常绿阔叶林、落叶针叶林和常绿落叶混交林，所占百分比分别为

32%，29%，18%，14%和 7%。本书所提取的森林植被类型信息对四川省森林植被类型资源的利用和保护、四川的生态建设与保护具有重要的参考应用价值。

第三节 基于 LANDSAT 的南京市植被专题信息提取与应用服务

一、研究区与数据

南京市位于北纬 31°14′至 32°37′，东经 118°22′至 119°14′，地处中国东部、长江下游中部地区，是长三角辐射带动中西部地区发展的国家重要门户城市、"一带一路"倡议与长江经济带交汇的节点城市。南京南北直线距离 150 km，中部东西宽 50 至 70 km，南北两端东西宽约 30 km，呈南北长、东西窄，正南北向形态。地形以低山缓岗为主，南面是低山、岗地、河谷平原、滨湖平原和沿江河地等地形单元构成的地貌综合体。独特的水热条件、土壤类型、地形地貌等的影响使得南京拥有丰富的植被资源以及多样的农业类型，其主要植物群落为落叶阔叶林类型，林下常有的灌木层也多为落叶树种，主要农业类型包括蔬果栽培、茶叶种植、水产养殖等。

本研究主要利用南京市 2000 年 10 月 10 日、2009 年 10 月 3 日、2017 年 10 月 9 日共 3 期的 Landsat 卫星遥感影像及南京市行政边界等矢量数据，其中卫星遥感数据来源为中科院地理空间数据云平台（http://www.gscloud.cn/）。为使影像质量符合研究要求，所选数据均为十月份的影像且影像云量极低，因为此时南京市植被覆盖明显且阴影范围较小，各类植被都呈绿色，有利于避免植被受季相变化带来的影响。影像跨度近 20 年，有利于进行植被的动态变化分析。

对遥感影像进行了预处理：（1）图像配准，将三期遥感影像与南京市行政边界数据统一到相同的坐标系和投影下；（2）图像裁剪，利用南京市行政边界数据对遥感影像进行了掩膜裁剪。

二、研究方法与步骤

（一）归一化植被指数

归一化植被指数（Normalized Difference Vegetation Index，NDVI）是最常用的植被指数，可用于检测植被生长状态、植被覆盖度和消除部分辐射误差等。在 NDVI 影像上植被与非植被的影像特征差异较为明显，NDVI 计算可以将多光谱数据变换成一个单独的图像波段，用于显示植被分布。为了便于显示，本书构建了如下的改进归一化植被指数（GNDVI）模型：

$$GNDVI = 127.5 + 127.5 \times \left(\frac{NIR - Red}{NIR + Red}\right) \qquad (2.3)$$

式中：NIR 为近红外波段；Red 为红外波段。

利用该模型和三期遥感影像数据，生成三期 GNDVI 数据。

（二）植被信息提取模型

通过试验发现，利用阈值法从 GNDVI 中提取植被，其结果会造成将堤坝等部分构筑物误提为植被，致使提取精度不高。进一步通过对植被和部分构筑物的光谱采样特征分析发现，构筑物在 TM3 波段上的亮度值比植被高，具有较好的区分性。因此，选用 GNDVI 与 TM3 特征数据构建植被提取模型，如下所示：

IF $GNDVI_{(i,j)} > K1$ AND $TM3_{(i,j)} < K2$

THEN 该像元（i，j）为植被

式中：i，j 为影像数据中像元的行列号；K1、K2 均为通过试验确定的阈值。

利用以上植被提取模型及 2000 年的 GNDVI、TM3 数据对 2000 年的卫星遥感影像进行提取，通过试验，当 K1 和 K2 分别取值为 128 和 38 时，所提取的植被较为准确，漏提和多提较少，且能够避免将部分构筑物误提为植被。同样，经反复试验得到 2009 年和 2017 年的 K1、K2 分别取值为 128、60 和 127、81 时，能将其植被信息提取出来。采用目视判读的方法对 2000 年的提取结果进行点位精度评价，在目视判读为植被的随机 20 个点中，有 1 个未被提取，漏提误差为 5%，有 5 个为多提，多提误差为 25%，故总的提取点位精度为 85%。同样方法，得到 2009 年和 2017 年植被提取的点位精度分别为 87.5%、90%。三期提取结果精度较高，存在极少漏提现象和少数多提现象。

三、分析与结论

（一）南京市三期植被现状及其变化分析

2000—2017 年南京市三期植被分布情况及数据统计结果如图 2.6 和表 2.3 所示。由表 2.3 可知：2000 年的植被总面积为 4 607 km^2，占总面积的 69.91%；2009 年的植被总面积为 4 909 km^2，占总面积的 74.50%；2017 年的植被总面积为 4 513 km^2，占总面积的 68.50%。总体上，2000 年到 2009 年植被面积增加了 302 km^2，提高了 4.59%；2009 年到 2017 年植被面积减少了 396 km^2，降低了 6.00%。

表 2.3　南京市三期植被面积统计

年份/年	植被面积/km^2	百分比/%
2000	4 607	69.91
2009	4 909	74.50
2017	4 513	68.50

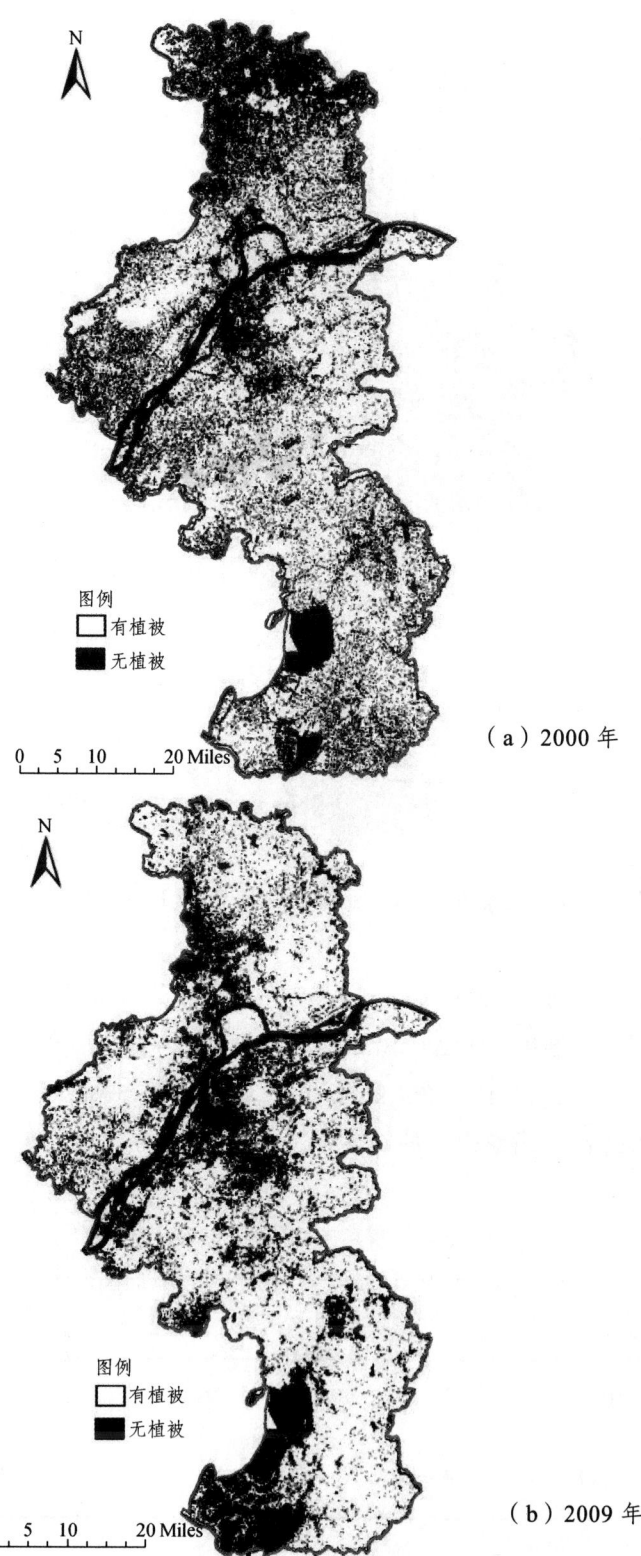

(a) 2000年

(b) 2009年

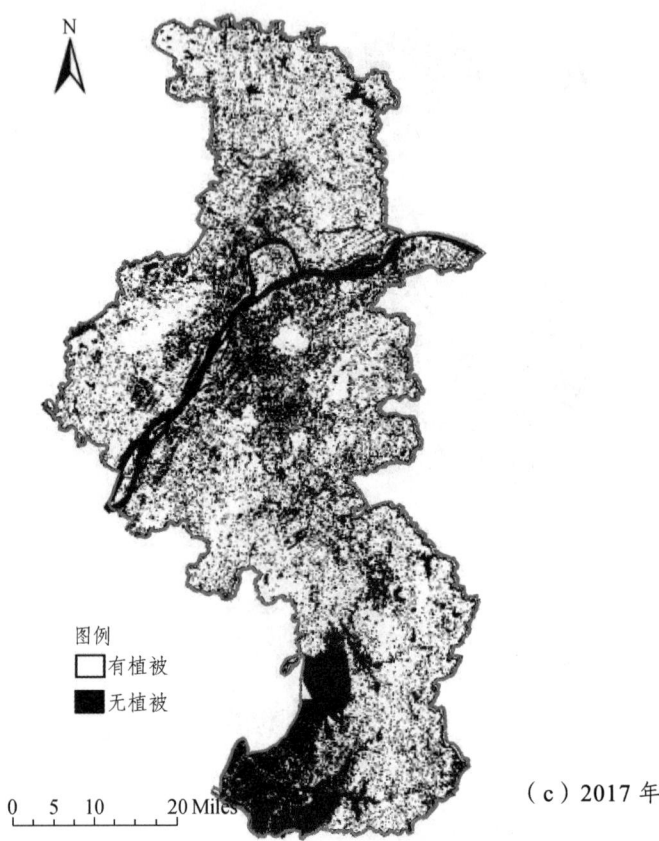

（c）2017 年

图 2.6　南京市 2000 年、2009 年、2017 年植被覆盖图

将 2000 年与 2009 年以及 2009 年与 2017 年的植被图层分别进行叠加统计分析,其结果如表 2.4、图 2.7 所示。从表 2.4 可以看出:2000—2009 年植被转入的区域共计 1 023 km², 占总面积的 15.53%; 植被转出的区域共计 721 km², 占总面积的 10.94%。

表 2.4　南京市三期植被变化情况

年份/年	植被不变/km²	植被转入/km²	植被转出/km²
2000—2009	3 886	1 023	721
2009—2017	4 033	480	876

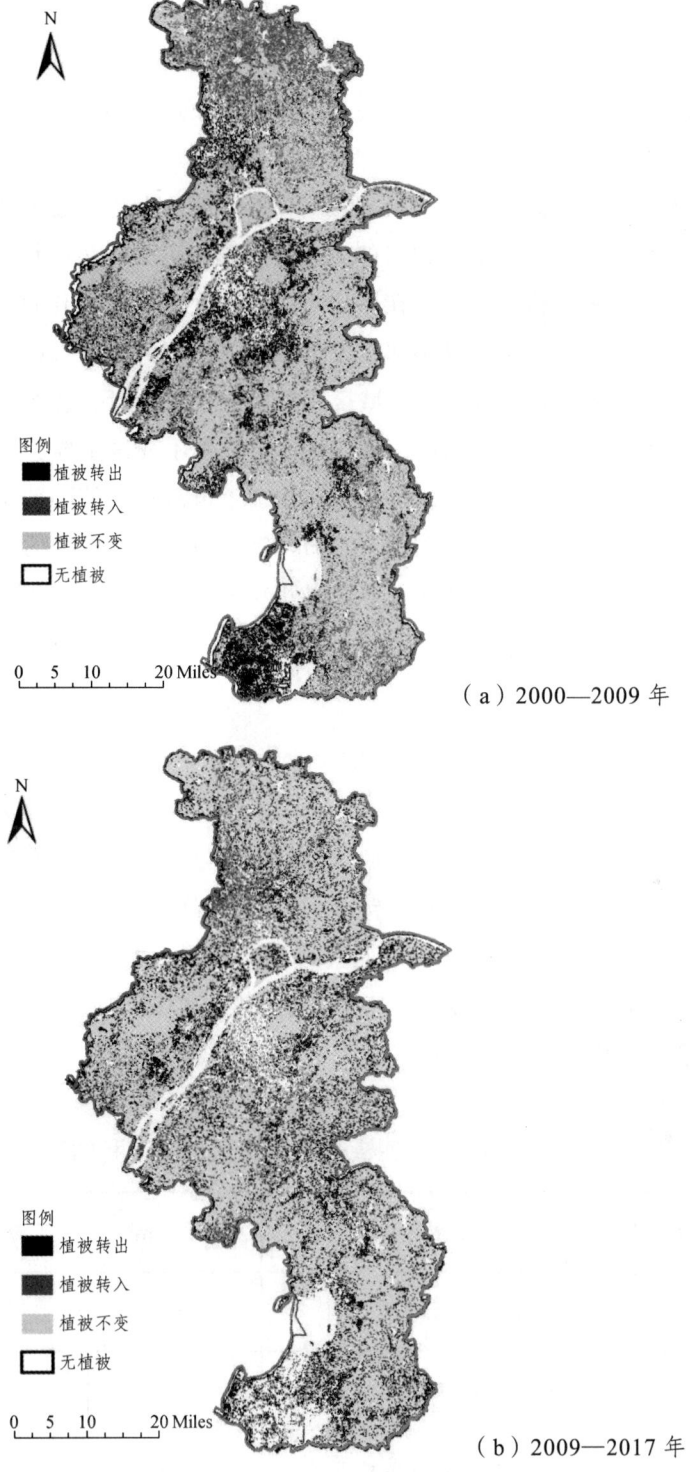

图 2.7 南京市 2000—2009 年、2009—2017 年植被变化图

植被不变区共计 3 886 km², 占总面积的 58.98%; 转入高于转出。2009—2017 年植被转入的区域共计 480 km², 占总面积的 7.28%; 植被转出的区域共计 876 km², 占总面积的 13.29%; 植被不变区共计 4 033 km², 占总面积的 61.21%; 转入低于转出。

从图 2.7 可以看出,2000 年到 2009 年植被转入的区域主要分布在南京市最北部,其次为东部和南部。由谷歌影像可知,该区域 2009 年以前土地植被极为稀疏或农田在影像对应时期还未生长农作物。植被转出的区域主要位于南京市最南部,主要原因是 2000 年后农田由庄稼种植变为了水产养殖。其次位于主城区周围及居民点附近,说明由于城市的快速发展部分植被被建筑物或道路取代。植被不变区主要为覆盖茂密森林的山体区域及其附近;2009 年到 2017 年植被转入的区域位于八卦洲以北,据谷歌影像可以推测其在 2017 年前为未长农作物的裸土地。植被转出的区域主要分布在居民点及城市中心周围。植被不变区以郊区草地、农田以及山体为主。

(二) 植被空间变化类型分析

对三期植被提取结果进行编码,2000 年、2009 年、2017 年有植被的分别为 1,2,4,无植被的均为 0。将 3 个图层相加得到植被空间变化类型数据,其取值分别为 0、1、2、3、4、5、6、7。各类型的分布面积和占比情况如表 2.5 和图 2.8 所示。制作植被空间变化类型空间分布图,如图 2.9 所示。

表 2.5　南京市各植被空间变化类型面积情况

编码值	类型名称	面积/km²	百分比/%
0	三期均无植被	744	11.30
1	仅 2017 年有植被	215	3.26
2	仅 2009 年有植被	225	3.41

续表

编码值	类型名称	面积/km²	百分比/%
3	2009，2017年均有植被	798	12.11
4	仅2000年有植被	456	6.92
5	2000，2017年均有植被	265	4.02
6	2000，2009年均有植被	651	9.88
7	三期均有植被	3 235	49.10
总计		6 589	100.00

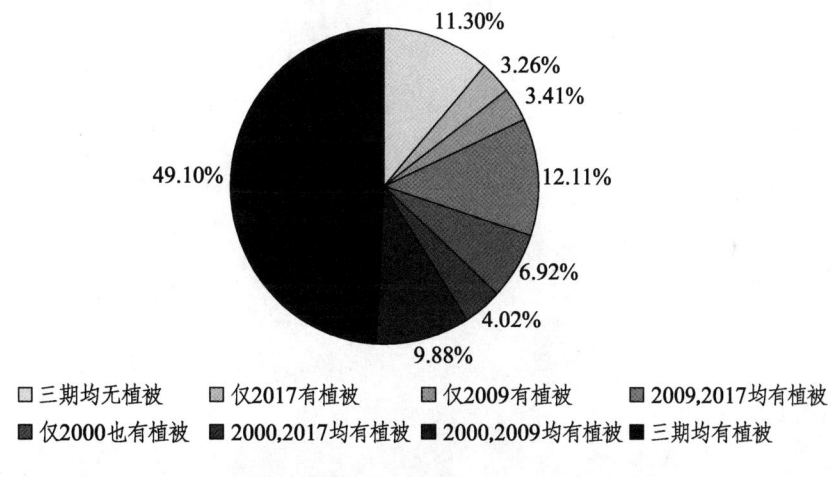

图 2.8　南京市各植被空间变化类型占比情况

由表 2.5 和图 2.8 可知，各类型按面积由大到小的排序为：①三期均有植被的区域面积为 3 235 km²，占 49.10%；②2009，2017 年均有植被的区域面积为 798 km²，占 12.11%；③三期均无植被的区域为 744 km²，占 11.30%；④2000，2009 年均有植被的区域为 651 km²，占 9.88%；⑤仅 2000 年有植被的区域为 456 km²，占 6.92%；⑥2000，2017 年均有植被的区域为 265 km²，占 4.02%；⑦仅 2009 年有植被的区域为 225 km²，占3.41%；⑧仅2017年有植被的区域为215 km²，占3.26%。通过分析得到：三期均无植被的主要为道路、建筑物、水体和无农作物覆盖的农田等；仅2017年有植被的类型说明2009年到2017年间采取了相关的绿化措施；仅2009年有植被的类型说明2000年到2009年间有植被生长而到2017年却遭到破坏；2009年和2017年均有植被的类型说明2000年到2009年有植被增长，一直到2017年均保持；仅2000年有植被的类型说明2000年到2009年期间植被遭到破坏，一直到2017年仍未恢复；2000年和2017年均有植被的类型说明2000年到2009年植被遭到破坏，2009年到2017年恢复；2000年和2009年均有植被的类型说明2000年到2009年植被一直保持，2009年到2017年间受到破坏；三期均有植被的类型主要为森林及植被状态好的地区。

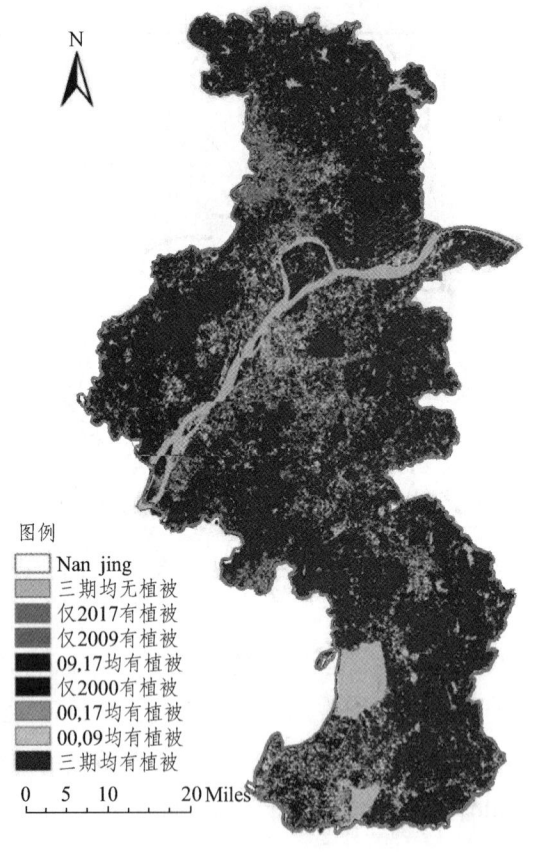

图 2.9　南京市 2000—2009—2017 年植被空间变化类型分布

由图 2.9 可知各变化类型的空间分布：三期均无植被的主要为水体、城市居民区、道路等区域；仅 2017 年有植被的区域主要位于八卦洲以北；仅 2009 年有植被的区域主要位于南京市最北部，少量分布在一些居民点附近；2009，2017 年均有植被的区域主要分布在最北部，其次为东、南部；仅 2000 年有植被的区域主要分布在南京市最南端；2000，2017 年均有植物的区域主要分布在八卦洲以北、城中心周边区域以及居民点周围；2000，2009 年均有植被的区域主要位于南京市中部及南部；三期均为植被的区域主要为森林茂密的山体及南京市周边植被状态较好的农田。

本书揭示出了植被的时空变化特征，但是对植被动态变化的生态效益还缺少定量化的分析，以后将结合定位观测数据加强该方面的分析。本书所用的遥感数据空间分辨率为 30 m，就精细植被覆盖变化而言，以后还需要利用高分辨率遥感数据或多源数据协同来开展研究。

以此为基础，进一步还可以从弹性思维视角研究植被动态变化与气温、空气质量等弹性因子的相关性，探索绿色植被在城市受到极端干扰后自身修复方面所起的促进作用，并为我国城市的弹性建设提供新思路。

（三）结果与应用服务

本书利用南京市的三期卫星遥感数据，构建了植被提取模型，提取了三期植被覆盖信息，并对南京市植被的时空变化进行了分析，得到以下结论：

（1）通过本书研究，探索出了一种植被提取模型方法。利用该模型方法从南京市 2000 年、2009 年、2017 年三期卫星影像中提取了三期植被信息，其精度分别为 85%、87.5%、90%。该模型方法具有应用推广价值。

（2）变化过程上，南京市植被总面积呈现出 2000—2009 年增加，2009—2017 年下降的趋势。2000 年的植被总面积为 4 607 km²，2009 年的植被总面积为 4 909 km²，2017 年的植被总面积为 4 513 km²。2009 年的植被在 2000 年的基础上增加了 302 km²，占总面积的 4.58%；2017 年的植被在 2009 年的基础上减少了 396 km²，占总面积的 6.01%；三期均有植被的区域面积为 3 235 km²，占总面积的 49.10%。

（3）空间分布上，2000—2009 年植被转入的区域主要分布在南京市最北部，其次为东部和南部。植被转出的区域主要位于南京市最南部，其次位于主城区周围及居民点附近。植被不变区主要为有茂密森林覆盖的山体区域及其附近；2009—2017 年植被转入的区域位于八卦洲以北，植被转出的区域主要分布在居民点及城市中心周围，植被不变区以郊区草地、农田以及山体为主。

（4）植被变化类型上，2000—2009—2017 年三期植被时空变化图中各变化类型按占比从大到小依次为：三期均有植被（49.10%），2009、2017 年均有植被（12.11%），三期均无植被（11.30%），2000、2009 年均有植被（9.88%），仅 2000 年有植被（6.92%），2000、2017 年均有植被（4.02%），仅 2009 年有植被（3.41%），仅 2017 年有植被（3.26%）。

（5）变化原因上：植被的转出主要是由于城市的扩张导致农村城镇化，土地类型以及农业类型的改变；植被转入主要是由于国家和政府制定并实施了生态环境建设相关政策和法规，取得了显著的成效。

该研究成果可为南京市植被的保护与利用，生态环境的建设与保护提供该区域位置决策信息服务。

第四节 基于多时相 LANDSAT 遥感数据的四川省汶川县积雪和植被覆盖过程信息提取与应用服务

一、试验区与数据

试验区为汶川县，该县为 2008 年汶川大地震的震中所在地。该县位于青藏高原东部边缘、四川省西北部，居川西北高原和阿坝藏族羌族自治州东南部，东西宽 84 km，南北长 105 km，总面积 4 084 km²，县城平均海拔 1 236 m。汶川东邻彭州市、都江堰市，南靠崇州市、大邑县，西接宝兴县、小金县，西北和东北分别与理县、茂县相连，南距省会成都 146 km，北离州府马尔康 202 km。汶川辖威州、绵虒、映秀、漩口、水磨、三江、耿达、卧龙八镇，龙溪、克枯、雁门、银杏四乡[①]。

所用遥感数据为 Landsat-5 TM、Landsat-7 ETM、Landsat-8 OLI 数据，均从"中国地理空间数据云"网站下载得到。

非遥感数据包括汶川县行政区划矢量边界数据和 DEM 数据。汶川县行政区划矢量边界数据来自汶川县基础地理信息数据库；DEM 数据也是从"中国地理空间数据云"网站下载得到。

二、提取方法

（一）植被提取方法

本研究所提取的植被是指被绿色植物覆盖的地表范围，除了我们通常所说的森林、灌丛、草地等，还包括了生长期及成熟期的农作物所在的水田和旱地，植物繁茂时的公园、绿化带等城市绿地，长在裸岩上的苔藓和藤条植物等。

归一化差值植被指数（NDVI，Normalized Difference Vegetation Index）是 Deering 于 1988 年提出的，NDVI 值在[-1，1]的范围内。其公式如下：

$$NDVI=(NIR-RED)/(NIR+RED) \quad (2.4)$$

其中：NIR、RED 分别为近红外波段反射率和红光波段反射率，TM 影像的红光波段和近红外波段为 TM3 和 TM4（由于 ETM 影像的红光波段和近红外波段与 TM 的波段编号一致，下面只针对 TM 影像数据处理做详细介绍），OLI 影像的红光波段和近红外波段为 OLI4 和 OLI5。

NDVI 可以反映有无植被覆盖以及植被覆盖的高低，利用 NDVI 进行植被的提取以及变化研究是非常普遍和有效的方法。因此，本书选用归一化植被指数进行植被覆盖信息提取以及变化研究。

为了便于后面的计算与统计，本书将 NDVI 值拉伸在 0 到 255 之间。

[①] 编者注：汶川现辖 9 镇，含灞州，4 乡已撤。

同时,为了便于区分,将在[−1,1]的范围内 NDVI 值,设为 $NDVI_a$,在[0,255]的范围内 NDVI 值,设为 $NDVI_b$。

由此,构建了如下的植被覆盖提取模型:
IF
    $NDVI_b \geqslant T1$ THEN 该像元为植被像元,并赋值为 1
ELSE
    $NDVI_b < T1$ THEN 该像元为非植被像元,赋值为 0
ENDIF

在该模型中,T1 为植被与非植被的阈值。T1 的确定是根据目视判读和采样分析而获得。各期影像的 T1 阈值如表 2.6 所示。

表 2.6 不同影像的植被覆盖提取阈值

时间	阈值
2007-9-18	195
2008-7-18	195
2014-6-1	180

(二)积雪提取方法

就 Landsat-5 TM 影像而言,在波段 1~4 上,积雪和云的反射率平均值远远高于其他地物的反射率平均值,可以将积雪和云提取出来。积雪在波段 5 的波谱上由于含水量的增大其反射率下降,云层和积雪在 4、5、7 波段上表现出来的变化特征差异很大,结合已有研究所提出的积雪归一化指数 NDSI,并根据本研究的需要对其进行改进,将云层和积雪区分开来,最终提取出汶川县的积雪覆盖信息。各波段对应的波长见数据源部分。

根据表 2.7 绘制出不同地物的光谱反射率曲线,如图 2.10 所示。图中,波长从 0.5 到 2.5 分别对应波段 1 至 5 和 7。

表 2.7　不同地物光谱反射率均值统计（%）

波段	积雪	植被	阴影	水体	居民地	云	裸地
TM1	57.17	1.14	2.52	6.08	7.34	48.47	15.94
TM2	86.40	2.64	2.49	6.48	8.08	54.34	22.99
TM3	81.03	2.06	1.85	4.42	7.44	52.61	24.29
TM4	82.11	18.74	3.33	3.67	11.08	56.70	31.04
TM5	14.91	7.99	1.32	1.49	9.37	52.45	41.54
TM7	11.74	3.89	0.73	1.03	7.92	50.81	38.20

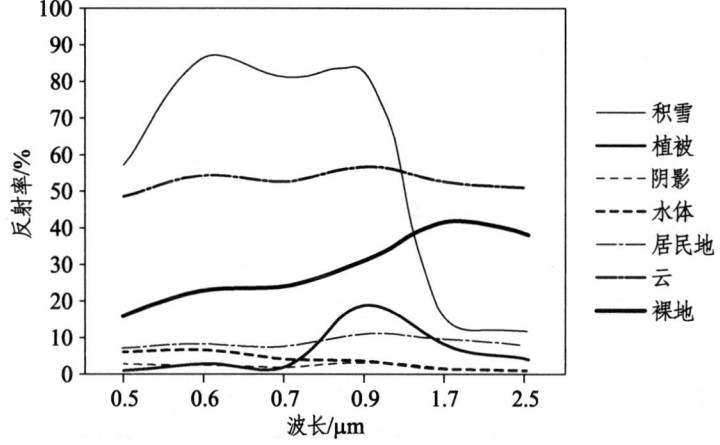

图 2.10　不同地物的光谱反射率曲线

选取 TM2、TM3、TM4、TM5 三个波段作为积雪提取的特征波段。TM2/TM5 可以区分积雪、云和其他地物，但是水体、阴影被误提，TM4 可以很好地增强积雪与其他地物之间的差异，剔除水体、阴影的影响。

IF
　　TM2/TM5 > T2 and TM4 > T3
THEN

该像元为积雪像元,其值设为 1,否则为非积雪像元,其值设为 0。采用该模型,经过反复试验得到阈值,T2=2.5,T3=0.15。

三、提取结果与区域位置信息服务

(一)2007、2008、2014 年植被覆盖提取与区域位置信息服务

利用以上模型和参数,分别提取得到了 2007 年、2008 年、2014 年的植被覆盖信息,并对云、积雪等所造成的影响,结合目视判读进行修改完善。在此基础上,统计各年的植被与非植被面积及其所占百分比,如表 2.8 所示。

表 2.8　2007、2008、2014 年植被与非植被覆盖情况

年份	2007		2008		2014	
类型	非植被	植被	非植被	植被	非植被	植被
面积/km²	453.70	3 629.52	652.74	3 430.48	522.41	3 560.81
比例/%	11.11	88.89	15.99	84.01	12.79	87.21

从表中可以看出:2007 年的非植被覆盖面积为 453.70 km²,占全县面积的 11.11%;植被覆盖面积为 3 629.52 km²,占全县面积的 88.89%。2008 年的非植被覆盖的面积为 652.74 km²,占全县面积的 15.99%;植被覆盖的面积为 3 430.48 km²,占全县面积的 84.01%。2014 年的非植被覆盖的面积为 522.41 km²,占全县面积的 12.79%;植被覆盖的面积为 3 560.81 km²,占全县面积的 87.21%。

通过采样和目视判读,对结果数据进行精度评价,如表 2.9 所示。

表 2.9　植被样点精度评价

时间	提取为植被的点数	误提	正确	正确率/%	实际为植被的点数	漏提	漏提率/%	提取精度/%
2007-9-18	200	9	191	95.5	200	10	5.0	95.0
2008-7-18	200	14	186	93.0	200	12	6.0	94.0
2014-6-1	200	11	189	94.5	200	11	5.5	94.5

从表中可以看出，三期植被提取的精度均在 94%及其以上。2007年 9 月 18 日的提取精度最高，为 95.5%。

（二）2007、2008 年植被覆盖变化分析与区域位置决策服务

将 2007 年的植被覆盖图层中，植被覆盖设为 1，非植被覆盖设为 0；2008 年的植被覆盖图层中，植被覆盖设为 2，非植被覆盖设为 0；然后，将两期图层相加，形成 2007 年与 2008 年植被覆盖时空变化图层，其取值范围为 0~3，表示 4 种变化类型，对其进行面积统计。其结果如图 2.11 和表 2.10 所示。

表 2.10　汶川县 2007、2008 年植被覆盖变化情况

取值	覆盖期	变化类型	面积/km²	比例/%
0	两期均非植被覆盖	无变化的非植被覆盖区	450.66	11.04
1	仅 2007 年有植被覆盖	植被受损消失区	202.07	4.95
2	仅 2008 年有植被覆盖	植被新增区	3.03	0.07
3	两期均有植被覆盖	无变化的植被覆盖区	3 427.44	83.94

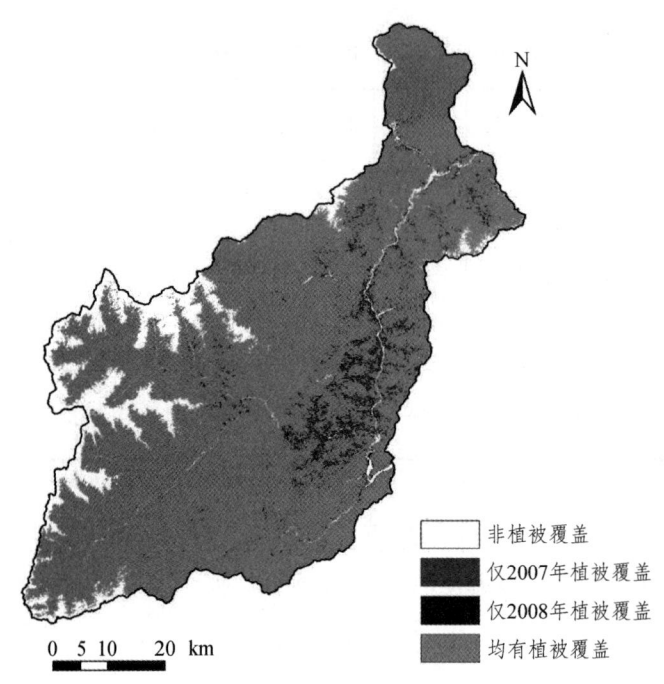

图 2.11 汶川县 2007—2008 年的植被覆盖变化

从表 2.10 中可以得出,无变化的非植被覆盖区面积为 450.66 km², 占全县面积的 11.04%;无变化的植被覆盖区面积为 3 427.44 km², 占全县面积的 83.94%;植被消失区的植被覆盖面积为 202.07 km², 占全县面积的 4.95%;植被新增区植被覆盖的面积为 3.03 km², 占全县面积的 0.07%。

2007 年没有植被覆盖,而 2008 年有植被覆盖的主要原因是水库等导致周边的植被覆盖发生变化。

2007 年有植被覆盖,2008 年没有植被覆盖的主要原因是"5·12"地震等导致大部分的植被发生变化,该情况如图 2.12 所示。左边为 GOOGLE Earth 影像,右边为 LANDSAT 影像,其波段合成:TM4(R)、TM3(G)、TM2(B)。

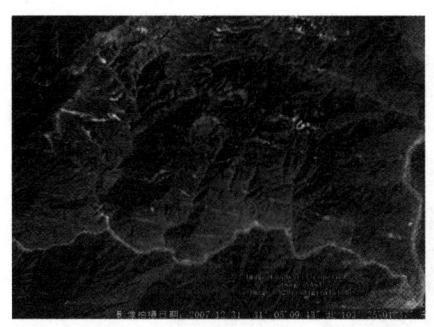 

成像日期：2007-12-31　　　　　　　　成像日期：2007-9-18

成像日期：2008-12-31　　　　　　　　成像日期：2008-7-18

图 2.12　植被消失区植被覆盖验证的局部示意图

（三）2008、2014 年植被覆盖变化分析

将 2008 年与 2014 年的两期植被覆盖数据进行空间叠加统计，其结果如表 2.11 和图 2.13 所示。

表 2.11　汶川县 2008、2014 年植被覆盖变化情况

取值	覆盖期	变化类型	面积/km²	比例/%
0	两期均非植被覆盖	无变化的非植被覆盖区	505.54	12.38
1	仅 2008 年有植被覆盖	植被受损消失区	16.87	0.41
2	仅 2014 年有植被覆盖	植被恢复新增区	147.20	3.60
3	两期均有植被覆盖	无变化的植被覆盖区	3 413.61	83.60

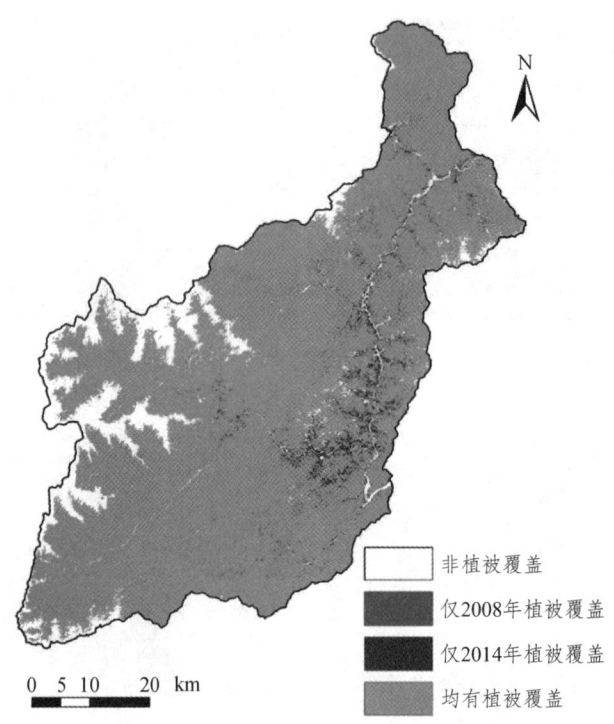

图 2.13 汶川县 2008—2014 年植被覆盖变化

从表 2.11 中可以得出：两期为非植被覆盖面积为 505.54 km²，占全县面积的 12.38%；两期均有植被覆盖面积为 3 413.61 km²，占全县面积的 83.60%；仅有 2008 年 7 月 18 日植被覆盖面积为 16.87 km²，占全县面积的 0.41%；仅有 2014 年植被覆盖面积为 147.20 km²，占全县面积的 3.60%。

部分变化的样片如图 2.14 所示。

成像日期：2008-12-31　　　　　　　成像日期：2008-7-18

成像日期：2014-12-19　　　　　　　成像日期：2014-6-1

图 2.14　植被新增区的植被覆盖精度验证的局部示意图

（四）各期积雪覆盖提取与分析

采用模型，提取各期积雪覆盖信息，其结果如表 2.12 和图 2.15 所示。

表 2.12　2009 年各期积雪覆盖情况

时　间	面积/km²	比例/%
2009-3-15	205.43	5.03
2009-8-14	4.72	0.12

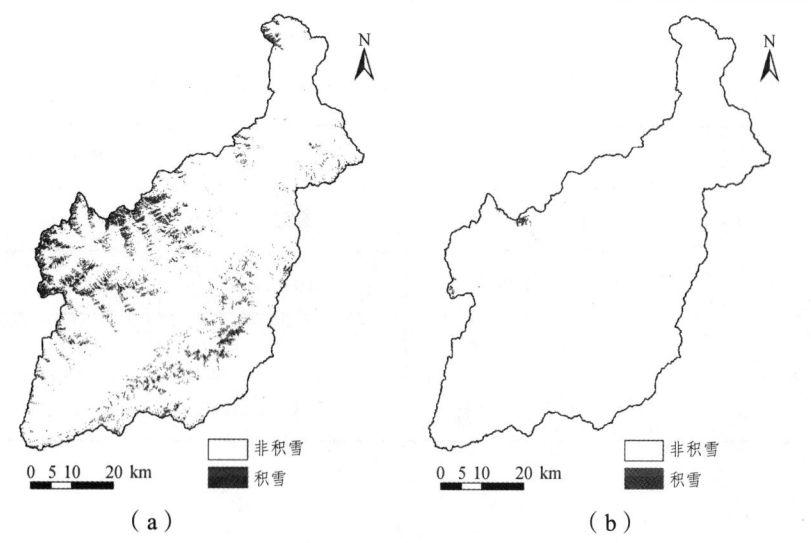

图 2.15　汶川县各期影像的积雪提取结果

图 2.15（a）、(b) 分别表示 2009 年 3 月 15 日、2009 年 8 月 14 日的积雪提取结果。

对各期提取结果进行精度评价，如表 2.13 所示。

表 2.13　积雪样点精度评价

时间	数据类型	提取为积雪的点数	误提	正确	正确率	实际为积雪的点数	漏提	漏提率/%	提取精度/%
2009-3-15	TM	100	12	88	88%	97	7	7.2	92.8
2009-8-14	TM	40	4	36	90%	40	2	5	95

（五）2009 年年内（3 月 15 日，8 月 14 日）积雪覆盖变化分析与位置信息服务

对提取的两期积雪数据进行栅格计算，有积雪覆盖取值为 1，非积雪覆盖为 0。3、8 月的两期影像的取值范围为 0~3，0 代表的是非积雪覆盖，1 代表的是仅 3 月份的有积雪覆盖，2 代表的是仅 8 月的有积雪覆盖，3 代表的是均有积雪覆盖。汶川县 2009 年 3、8 月的积雪覆盖变化情况如表 2.14 和图 2.16 所示。

表 2.14　2009 年汶川县积雪覆盖情况

取值	类型	面积/km²	比例/%
0	非积雪覆盖	3 877.37	94.96
1	仅 3 月积雪覆盖	201.13	4.93
2	仅 8 月积雪覆盖	0.41	0.01
3	均有积雪覆盖	4.30	0.11

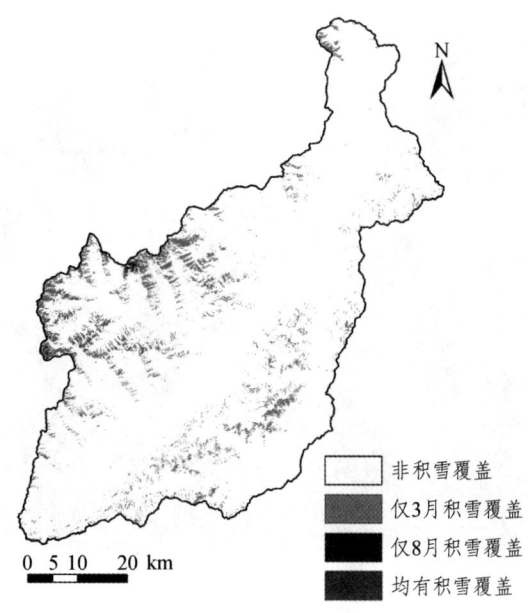

图 2.16　汶川县 2009 年年内积雪覆盖变化情况

第五节　基于无人机遥感影像的树木信息提取与服务

一、实验区与数据

该实验区为成都市郫都区的两块银杏林地。该实验区为平地。所使用的数据为大疆（DJI）PHANTOM2 VISION+ 无人机获取的影像。其影像为鱼眼影像，对鱼眼影像进行鱼眼镜头校正和几何校正。经校正后的影像如图 2.17 所示。

从图 2.17 中可以看出，该影像获取的时间为秋季，银杏叶子呈金黄色。该影像中有 3 块银杏苗圃地，选取其中的两块作为试验地块。

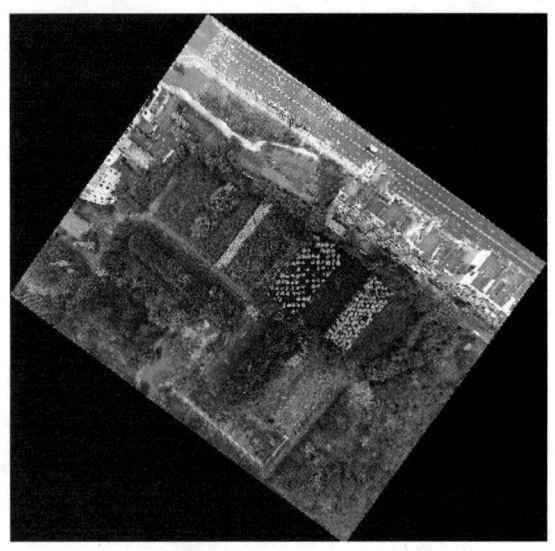

图 2.17　校正后的无人机影像

二、方法与步骤

（一）构建差值黄叶指数

通过影像特征和亮度值分析，发现通过红光波段（B3）与蓝光波段（B1）的差值组合，可以增强树木树冠的黄叶信息，为此，我们探索构建了差值黄叶指数（HYZS），其表达式如下：

$$HYZS = B3 - B1 \qquad (2.5)$$

利用上述表达式，计算产生差值黄叶指数。

（二）树冠覆盖信息提取

利用差值黄叶指数建立黄叶状态的银杏树冠提取模型，如下：
if　HYZS > 40　then
该像元为银杏树冠像元，其取值为 1
Else

该像元为非银杏树冠像元，其取值为 0

Endif

利用以上模型提取银杏树冠信息，对提取结果进行综合处理，去除 5 个像元以下的细小区域。其结果如图 2.18 所示，红色为银杏树冠。

将提取的树冠结果栅格数据进行矢量化，得到树冠覆盖的多边形图斑，选取面积在 1 m² 以上的树冠图斑，建立树冠覆盖 GIS 数据库，其结果如图 2.19 所示。

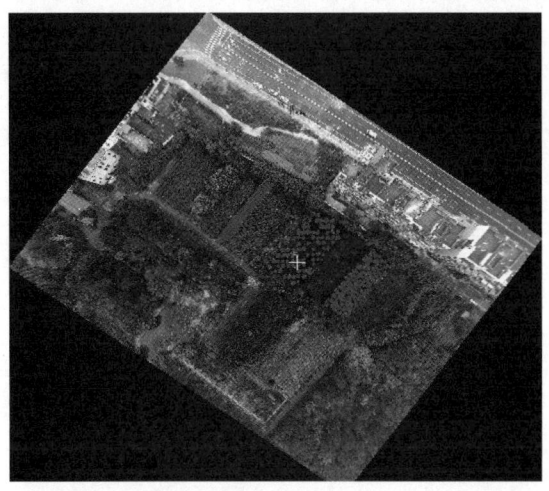

图 2.18　银杏树冠（呈红色）

图 2.19　银杏树冠覆盖多边形（呈红色）

（注：面积大的为地块 1，面积小的为地块 2）

（三）林地地块树冠覆盖情况分析

通过屏幕数字化，数字化苗圃地地块的范围，该实验区有 2 个银杏苗圃地地块，建立其 GIS 数据库。将地块图层与树冠覆盖 GIS 数据图层进行空间连接分析，并在此基础上，进行统计分析，得到统计结果数据，并计算出各地块的树冠覆盖率，如表 2.15 所示。树冠覆盖率为地块内所有树冠覆盖的总面积占该地块面积的百分比。

表 2.15　树冠覆盖情况　　　　　　　　单位：m^2

林地地块		树冠覆盖					树冠覆盖率/%
地块号	面积	覆盖多边形数	最小面积	最大面积	平均面积	总面积	
1	869.79	65	1.15	13.87	3.43	223.16	26
2	576.35	20	1.06	167.32	13.23	264.59	46

（四）地块内树木株数的估算

在树冠 GIS 数据库中，添加株数字段。

（1）地块 1：将树冠覆盖面积小于等于平均面积（3.43 m^2）的多边形选取出来，每个多边形即为一棵树的树冠，因此，其株数赋值为 1。对面积大于平均面积的多边形，用其面积除以 3.43 m^2，并取整，将此数作为该多边形中的树木株数。通过检查，有两个多边形的树木棵数计算有误。一个为 1 棵误算为 2 棵，另一个为 3 棵误算为 4 棵。对其进行修改后，统计得到的株棵数为 79。

（2）地块 2：按照以上方法，同样以平均面积（3.43 m^2）进行分析计算处理，得到地块 2 的株数为 83 株。

(五)精度分析

就树冠提取而言,所提取的树冠均为黄叶状态的银杏树冠,因此,其误提率为 0。有少量的银杏叶因其黄色状态不足而未被提取出来,主要位于树冠边沿部分。通过采样估算,未被提取的最多占 5%,因此,其漏提率为 5%。因此,其提取的总体精度较高。树冠覆盖率是相对数字,其精度取决于树冠覆盖的提取精度和地块范围的判读精度,因地块范围判读为目视判读,因此,其精度较高。

就株数的估算而言,对于林地地块 1,无漏估算。在自动提取计算的株数中,多出了 2 株。多估算数占真实总数 79 的百分比为 2.53%。对于地块 2,自动提取计算的株数为 83 株,而真实的株数为 89 株数。漏算株数为 6 株,占真实总数 89 的百分比为 6.74%。因此,其株数自动提取估算的精度较高。

三、结果分析与应用服务建议

通过本书的研究,探索出了利用大疆 PHANTOM2 VISION+无人机遥感估算银杏苗圃地的树木株数及其树冠覆盖率的技术路线和方法。该方法简单、适用、有效且成本低。

通过该研究,提出了黄叶指数,该指数可以用于反映树冠的黄色状态,其黄色状态越强,其指数值越高。利用该黄叶指数,通过一定的阈值,可以将黄叶树冠提取出来。

利用该技术方法,估算出的银杏苗圃地的树木株数的精度较高,估算出的树冠覆盖率精度较高,能达到要求。该技术方法,适用于对叶子呈黄色状态的树冠覆盖信息的提取,而不适合用于提取呈其他颜色状态的树冠覆盖信息。对于株数的估算,适用于树冠大小差异不大的情况,或者,树冠相互分离明显的情况,这样,其估算精度较高。利用该方法可以探测出黄叶的空间位置,为观赏银杏黄叶提供位置信息服务。

第六节 基于无人机的农村宅基地整理复垦信息提取与服务

一、试验区与数据

试验区为成都市新都区清流镇,在该区实施了增减挂钩项目,有多个农村居民点的部分建筑物被拆除,其宅基地被整理复垦为耕地,需要测定复垦耕地的面积。该试验区地势平坦,通过垂直摄影,容易生成正射影像。所用无人机为大疆无人机小精灵2,其价格在1万元以下,利用该无人机获取无人机遥感影像。所用参考遥感数据为整理前的高分辨率遥感数据,将其作为基准影像,其影像分辨率约为0.6 m。原有居民点的建筑物在该影像上可见。

二、研究方法

(一)整理复垦耕地地块面积测定

将无人机遥感影像与整理前的基准影像进行对比,利用各地物的影像判读知识进行目视判读、屏幕数字化,建立整理复垦耕地的GIS数据库,通过计算,测定得到各复垦耕地地块的面积。其结果如图2.20~20.22和表2.16所示。从图2.22中可以看出,房屋被拆后,其宅基地被整理复垦为耕地。在该耕地地块上种植了油菜,其油菜的长势明显比其左上角的原耕地上的油菜长势要差。由此可见,复垦耕地的质量不如周边原耕地的质量好。

(a) 整治前的房屋

(b) 整治后的耕地

图 2.20 地块 1 整治前后对比图

（a）整治前的房屋

（b）整治后的耕地

图 2.21　地块 2 整治前后对比图

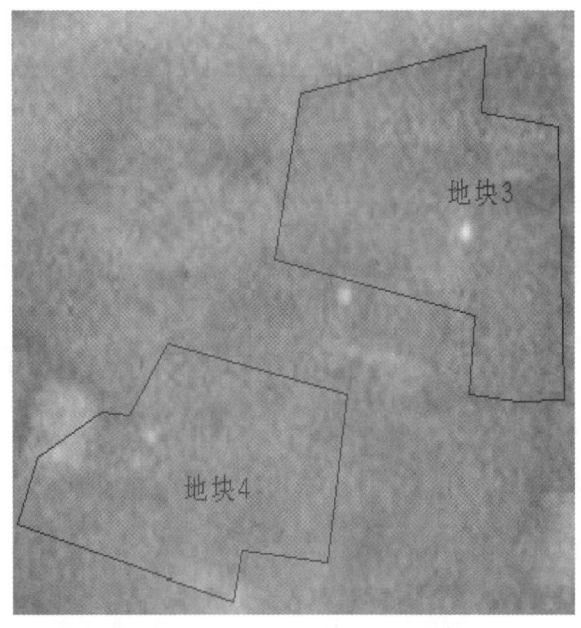

(a)整治前的房屋

(b)整治后的耕地

图 2.22 地块 3、4 整治前后对比图

表 2.16　整理复垦耕地地块面积表　　　　　单位：m²

地 块 号	无人机影像面积
地块 1	1 281.37
地块 2	4 184.35
地块 3	709.31
地块 4	573.12

（二）精度评价

为了评价整理复垦耕地地块面积的大疆无人机遥感测定的精度，随机在基准影像和拼接后的无人机影像上选取 3 个明显的同名地块，分别测量其面积。以基准影像上测定地块的面积为真值，无人机影像上测定地块的面积减基准影像上测定地块的面积为差值，差值占基准影像上测定地块的面积的百分比，即为面积误差。其情况如图 2.23 和表 2.17 所示。

图 2.23　精度评价地块分布图

表 2.17 地块面误差表 单位：m²

地块号	基准影像上测定地块的面积	无人机影像上测定地块的面积	差值	面误差/%
地块 1	1 250.38	1 242.64	-7.74	-0.619
地块 2	1 138.40	1 148.75	10.35	0.901
地块 3	758.95	759.90	0.95	0.125
地块 4	1 378.08	1 375.24	-2.84	-0.206
地块 5	1 638.84	1 645.25	6.41	0.391

从表中可以看出，其面积误差可控制在 1%以内。因此，整理复垦耕地地块面积的大疆无人机遥感测定的面积精度可达 99%。

（三）效率分析

飞行时间估计 1 h，无人机起飞前准备半个小时，飞行航拍 25 min，飞后整理 5 min。1 人负责飞行，1 人负责航拍。在成都平原，1 天估计可以获取 40 个居民点的数据，数据处理 2 人天。因此，大概 4 人天可以完成 40 个居民点的整理复垦耕地地块面积的大疆无人机遥感测算工作，并形成图表、影像和文字报告。

三、结果与应用服务

该研究表明，可利用价格在 1 万元以下的大疆无人机来获取农村居民点的无人机遥感影像。以具有地理坐标的高分遥感影像作为基准影像，利用该技术方法，可以测算出农村居民点内整理复垦耕地地块的面积，且具有较高的精度。从该试验研究来看，宅基地整理复垦地块面积小且分散，面积最小的为 573.12 m²，最大的为 1 281.37 m²。如果地块非集中连片，则一个地块可用一景影像覆盖，可省去拼接的步骤。如果范围大，则需多景覆盖和拼接。在平原地区和坝区，已积累了具有地理坐标的高分遥感影像和大比例尺的地图，因此已具备应用该方法的条件。该研究为平原地区农村居民点整理复垦耕地地块的面积测定探索出了一条新的技术方法，这为建设用地增减挂钩的监测和管控提供了科技支撑，该研究成果具有较大的应用前景和推广价值。

试验表明，该技术方法易学、易用，具有效率高、成本低、风险小的特点。

该研究还表明，该无人机起飞条件要求不高，有几平方米的空地就可起落。该无人机飞行的高度在 200 m 以下，因而，对云雾和空管的限制要求也很低，具有飞行灵活的优点。

总之，该研究为农村居民点整理复垦耕地地块的面积测算探索出了一套有效的技术方法，该方法具有成本低：效率高的特点，特别适合在平原和坝区推广应用。

第三章

面向对象的地表遥感专题信息提取与服务

第一节　面向对象的地表遥感专题信息提取概述

以面向对象分类技术为基础，列举了多尺度分割原理、遥感影像分类特征空间建立与优化方法、决策树与随机森林分类原理以及精度评价方法、eCognition 软件和 ENVI 软件具有面向对象的分类模块。

一、多尺度分割原理

（一）影像分割算法

面向对象的影像分析是为了应对高分辨率遥感影像分析应用需求而兴起的遥感信息解译方法。该方法所处理的基本单元是影像对象，而不是单个规则像元。利用像元的形状、光谱、纹理等特征，根据一定的分割算法，将影像分为众多特性相近的区域，这些区域即被称为影像分割对象。多尺度分割是指在最大保留影像信息的前提下，以任意尺度生成异质性最小、同质性最大的影像分割对象的过程，使不同的地物类型可以在相应尺度的对象上得到反映。现有的影像分割方法有上千种，其中分形网络演化方法（Fractal Net Evolution Approach，FNEA）是目前应用最为广泛的一种多尺度分割算法。

该算法基本思想是基于像素，遵循异质性最小的原则，以自下而上的区域增长方式合并具有相似特性的相邻对象（图 3.1）。FNEA 算法核心在于，其在合并相邻区域对象过程中，综合考虑了光谱异质性与形状异质性因子的特征值。因此，影像分割结果在不同分割尺度、光谱参数、形状参数对应下存在一定差异。在进行多尺度分割之前，必须充分考虑各影响参数间的相互关系。

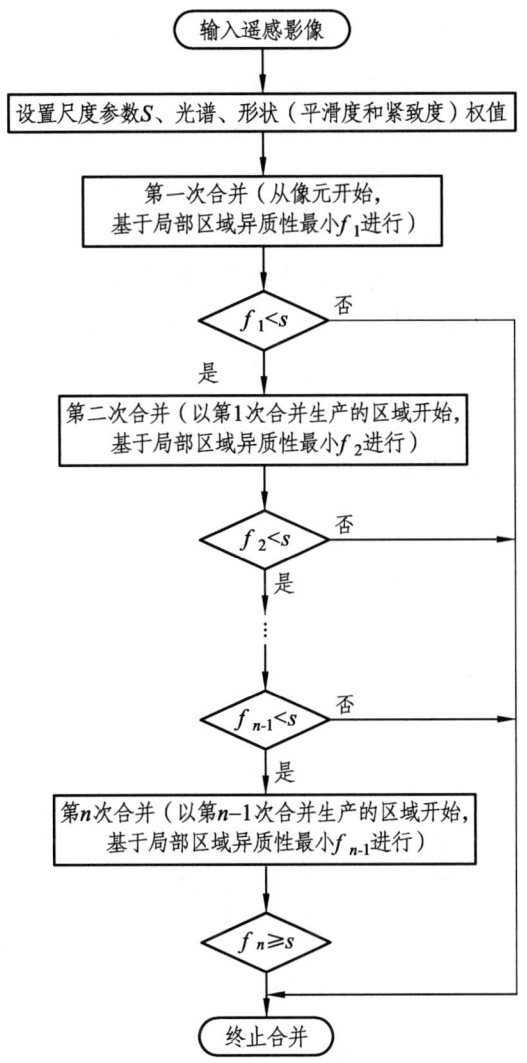

图 3.1　FNEA 算法流程图

（二）最优分割尺度

地理实体的格局与过程随观测尺度变化而表现为不同地学特征的现象称为尺度效应。在多尺度分割中具体表现为同一地物在某一分割尺度下表现为异质的结构要素，而随着影像对象分割尺度值的增大，影像的空间结构特征发生变化，在较大的分割尺度下该地物表现为同质的结构要素。地物信息提取的不确定性与尺度之间的关系是众多尺度效应中最令人关注的部分，而影像对象层中混合对象数目所占比重是影响地物信息提取不确定性的主要因素。选择各类地物的最优分割尺度可以保证影像对象层中混合像元最少，分割效果更好。

同一影像上不同土地利用类型具有不同的光谱、纹理和几何特征，其最优分割尺度也存在一定差异，单一分割尺度无法适用于不同地物。如图 3.2 所示，针对某一特定的地物目标，若分割尺度过小，会产生过度分割的现象，分割结果破碎，对象内部特征属性与地物目标真实属性相差较大；若分割尺度过大，则会产生欠分割现象，一个对象中包含多种地物目标，导致后续分类结果精度降低。本书采用基于多尺度分割的多层次分割方法，分层次探究各类地物目标的最优分割尺度，使分割对象与不同地物目标真实轮廓相近。

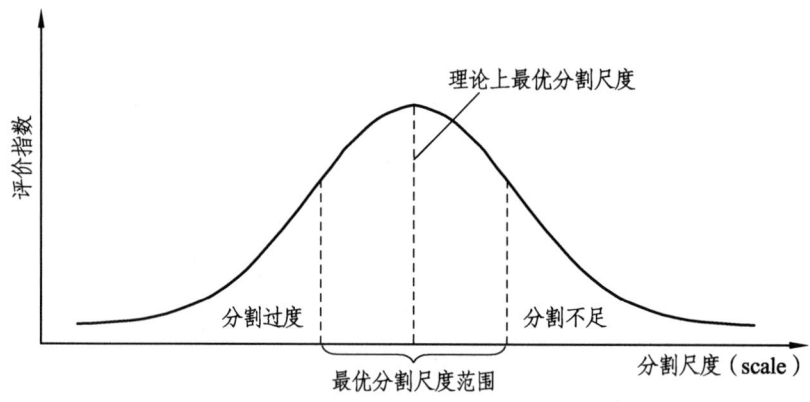

图 3.2　最优分割尺度示意图

（三）最优分割参数选取方法

在 eCognition 软件中，多尺度分割参数包含了尺度参数、波段权重以及均质性因子（图 3.3）。均质性参数由两对权重之和为 1 的指标组成，光谱因子（Color）与形状因子（Shape）的权重之和为 1，平滑度（Smoothness）与紧致度（Compactness）的权重之和为 1。其中某项因子在多尺度分割中所占权重增加，则另一项因子所占权重相应降低。

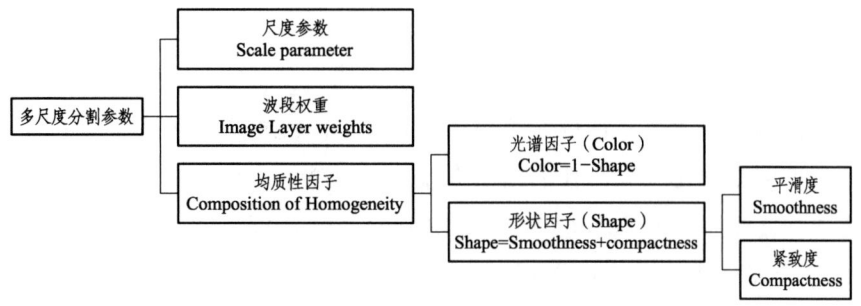

图 3.3　多尺度分割参数示意图

经过以上分析可知，在进行高分遥感影像多尺度分割实验前，需选取适应于不同地物目标的参数组合，以便于提高分类精度。参数的选取一般遵循以下原则。

1. 波段权重

波段权重的设置遵循以下两条原则：①以各个波段地物目标信息丰富程度为基准，波段所含专题要素的信息量越大，则波段权重值越大；②波段相关性原则。

2. 最优分割尺度

常用的最优分割尺度选取方法有最大面积法、均值方差法、邻域绝对均值方差比【the Ratio of Mean Diff. to Neighbors（ABS）to Standard Deviation，RMAS】等方法。最大面积法通过重复分割影像，获取影像对象的最大面积，获取各地物目标的最优分割尺度，该方法主观性较强，无法保障尺度选取的准确性。均值方差法通过获取影像中所有对象像元灰度值的均值方差，构建均值方差曲线，当对象之间光谱差异最大即均值方差曲线出现峰值时，所对应尺度即为最优分割尺度，该方法在选择特定地物目标的分割尺度时有一定的效果。邻域绝对均值方差比法（RMAS）基于对象内部高同质性、对象之间高异质性准则，以此构建RMAS指数指标获取地物目标最优分割尺度，该方法计算量较大、操作过程较复杂。

为了选取更理想的分割尺度，本书基于 ESP（Estimationof Scale

Parameters)最优尺度评价算法,通过 Dragut 等人提出的 ESP2 尺度评价工具进行最优尺度估算。对所得结果进行人工验证,结合最大面积法实验结果,选取各地物目标的最优分割尺度。ESP 算法通过计算不同分割尺度下影像对象同质性的局部方差(Local Variance,LV),以及局部方差的变化率值(Rateof Change,ROC),共同判别分割效果是否最佳。ROC 计算公式如式(3.1)所示:

$$ROC = \frac{LV_i - LV_{i-1}}{LV_{i-1}} \times 100 \qquad (3.1)$$

其中,LV_i 表示第 i 层次对象的局部方差值,LV_{i-1} 表示将 LV_i 当作基准的更小尺度下对象的局部方差值。

当局部方差的变化率值(ROC)最大时即出现峰值时,此时所对应的分割尺度为最佳分割尺度。一般情况下,通过 ESP 算法获取的 ROC 曲线出现的峰值并非只有 1 个,针对不同的地物目标会得出多个最优分割尺度。

3. 均质性因子

均质性因子中形状因子的作用是减轻分割结果的破碎程度,减少"同物异谱"或"异物同谱"以及"椒盐噪声"现象的影响,光谱因子在影像分割中也起着非常重要的作用。进行多尺度分割时,定义形状因子权重的同时也定义了光谱因子的权重,随着形状因子权重值的增大,分割对象形状大小越规整,但不能较好地反映地物的实际形状,光谱均质性遭到一定损失。所以在多尺度分割时应尽可能提高光谱因子的权重,其权重值不应小于 0.1。

形状因子由平滑度和紧致度两项指标组成,其中平滑度用以表征分割后对象多边形的光滑程度,紧致度用以表征分割后对象多边形的形状接近矩形的程度。紧致度因子权重值越大,则平滑度因子权重值相应减小,分割对象边界越不规则。所以在多尺度分割时应对平滑度因子适当取值,可以有效避免分割对象边缘锯齿状现象,其权重值不应小于 0.1。

二、遥感影像分类特征

影像对象的特征属性反映了地物目标的相关信息，是遥感影像的主要依据，由构成影像对象的像元特征信息以及像元之间的空间关系决定。通过统计、分析影像对象的特征，可以将具有相似特性的对象划分为一类。本研究采用的遥感影像分类特征包括：光谱特征、纹理特征、指数特征以及几何特征。

（一）光谱特征

遥感影像光谱特征描述了各类地物所具有的光谱信息，与影像对象的像元灰度值、颜色有关。由于大多数地物的光谱信息都存在一定的差异性，因此在遥感影像分类过程中，利用光谱特征区分地物是最常用的方式。如表3.1所示，一般常用的光谱特征有光谱均值（Mean）、光谱标准差（Standard Deviation）、亮度（Brightness）、比率（Ratio）和光谱最大差分（Max.diff）等。其中：光谱均值用于统计各类地物的平均像元灰度值，反映了各类地物在不同波段上的反射能力；光谱标准差用于表征地物光谱信息在波段之间的离散型；亮度值反映了地物在影像中的明暗程度。

表 3.1 遥感影像光谱特征

特征名称	计算公式	特征描述
光谱均值	$\overline{C}_L = \dfrac{1}{n}\sum\limits_{i=1}^{n} C_{Li}$	由构成一个影像对象的 n 个像元的灰度值计算得到平均值
光谱标准差	$\sigma_L = \sqrt{\dfrac{1}{n-1}\sum\limits_{i=1}^{n}(C_{Li}-\overline{C}_L)^2}$	由构成一个影像对象的 n 个像元的灰度值计算得到标准值

续表

特征名称	计算公式	特征描述
亮　度	$b = \dfrac{1}{n_L}\sum\limits_{i=1}^{n_L}\overline{C_i}$	一个影像对象所有波段光谱均值的平均值
贡献率	$r_L = \dfrac{\overline{C_L}}{\sum\limits_{i=1}^{n_L}\overline{C_i}}$	一个影像对象在某一波段上光谱均值与其在所有波段光谱均值总和的比值
光谱最大差分	$m = \dfrac{\max\limits_{i,j \in k_B}\left|\overline{C_{Li}} - \overline{C_{Lj}}\right|}{b}$	影像对象在不同波段的平均灰度的最大差异

注：$\overline{C_L}$ 表示光谱均值；n 表示构成对象的像元数；C_{Li} 表示像元灰度值；σ_L 表示光谱标准差；b 表示亮度；n_L 表示影像的波段数；r_L 表示贡献率；k_B 表示具有亮度权重的波段。

（二）纹理特征

纹理是一种反映相邻像元的空间分布属性的影像特征，在影像上通常表现为局部存在差异而宏观上又具有一定规律的特性，体现了影像对象共有的内在属性。纹理特征体现了某一像元及其相邻像元的区域性特征，而并非单个像元的特征，因此主要应用于面向对象的影像分类过程中，特别是针对于信息量大、细节丰富、地物关系复杂的高分辨率遥感影像，构建特征空间过程中加入纹理特征可以有效提高分类精度。目前，常用遥感影像纹理特征提取方法有灰度共生矩阵（Grey-Level Co-occurrence Matrix，GLCM）、灰度行程长度法、自相关函数法等，而基于灰度共生矩阵（GLCM）的纹理特征提取方法的应用范围最广。如表3.2 所示，在 eCognition 软件中，常用的纹理特征统计量包括：GLCM Mean（均值）、GLCM Correlation（相关性）、GLCM Homogeneity（同质性）、GLCM Contrast（对比度）、GLCM StdDev（标准差）、GLCM Ang. 2nd moment（角二阶矩）、GLCM Dissimilarity（非相似性）、GLCM Entropy（熵）、GLDV Mean（归一化灰度矢量均值）、GLDV Ang. 2nd moment(归一化灰度角二阶矩)、GLDV Contrast(归一化灰度矢量对比度)、GLDV Entropy(归一化灰度矢量熵)。

表 3.2　遥感影像纹理特征

特征名称	计算公式	特征描述
GLCM Mean	$\mu_i = \sum_{i,j=0}^{N-1} i(P_{i,j}), \mu_j = \sum_{i,j=0}^{N-1} j(P_{i,j})$	反映纹理的规则程度,纹理规律性越强值越大
GLCM Homogeneity	$f_{\text{Hom}} = \sum_{i,j=0}^{N-1} \frac{P_{i,j}}{1+(i-j)^2}$	反映影像局部灰度均匀性
GLCM Contrast	$f_{\text{Con}} = \sum_{i,j=0}^{N-1} P_{i,j}(i-j)^2$	反映影像的清晰度和沟纹的深浅程度,纹理沟纹越深,对比度越大,影像效果越清晰
GLCM StdDev	$f_{\text{Std}} = \sqrt{\sum_{i,j=0}^{N-1}(i-\mu_i)(P_{i,j})} \times \sqrt{\sum_{i,j=0}^{N-1}(j-\mu_j)(P_{i,j})}$	像元值与均值偏差的度量
GLCM Ang. 2nd moment	$f_{\text{Asm}} = \sum_{i,j=0}^{N-1} P^2_{i,j}$	影像灰度值分布均匀性的度量,灰度分布越均匀值越大
GLCM Dissimilarity	$f_{\text{Dis}} = \sum_{i,j=0}^{N-1} p_{i,j}|i-j|$	是灰度线性关系的度量,影像局部对比度越高,非相似性也越高
GLCM Correlation	$f_{\text{cor}} = \frac{\sum_{i,j}^{N-1} P_{i,j}(i-\mu_i)(j-\mu_j)}{\sqrt{\sigma^2_i} \times \sqrt{\sigma^2_j}}$	反映灰度共生矩阵行或列元素之间的相似程度
GLCM Entropy	$f_{\text{Ent}} = \sum_{i,j=0}^{N-1} \frac{(i-j)^2 P_{i,j}}{\ln P_{i,j}}$	影像信息量的度量,反映影像纹理的复杂程度

续表

特征名称	计算公式	特征描述
GLDV Mean	$f_{\text{GLDV\_Mean}} = \sum_{k=0}^{N-1} \sum_{|i-j|}^{k} P_{i,j} \times k$	反映影像的纹理变化信息
GLDV Ang. 2nd moment	$f_{\text{GLDV\_Asm}} = \sum_{k=0}^{N-1} \sum_{|i-j|}^{k} P_{i,j}^{2}$	反映影像灰度分布的均一性程度
GLDV Contras	$f_{\text{GLDV\_Con}} = \sum_{k=0}^{N-1} \sum_{|i-j|}^{k} P_{i,j} \times k \times k$	反映影像的灰度差异程度

注：N 是矩阵行或列的数目；μ_i 和 μ_j 是矩阵元素的纹理均值；$P_{i,j}$ 是在矩阵 (i,j) 处元素的归一化值；σ_i^2 和 σ_j^2 是矩阵元素的方差。

（三）指数特征

通过对 GF-2、GF-6 遥感影像多光谱波段进行代数运算，可以得到突出显示地物属性的指数特征。如表 3.3 所示，本研究采用的指数特征有归一化植被指数（NDVI）、归一化水体指数（NDWI）、比值植被指数（RVI）、土壤调整植被指数（SAVI）、差值植被指数（DVI）、绿蓝波段比率（G/B）、红绿波段比率（R/G）。

表 3.3 遥感影像指数特征

特征名称	计算公式	特征描述
NDVI	$\dfrac{NIR - R}{NIR + R}$	反映植被生长状况和空间分布的最优指标，值越大表示该区域植被覆盖越密集
NDWI	$\dfrac{G - NIR}{G + NIR}$	通过计算绿色波段与近红外波段的差值，达到突出水域与抑制植被的效果

续表

特征名称	计算公式	特征描述
RVI	$\dfrac{NIR}{R}$	利用植被在红色波段和近红外波段反射差异，增强植被信息
SAVI	$\dfrac{1.5\times(NIR-R)}{0.5+NIR+R}$	对 NDVI 指数的改进，在植被覆盖度高的地区，能减少土壤背景的影响
DVI	$NIR-R$	对土壤背景的变化极为敏感
G/B	$\dfrac{G}{B}$	反映绿色波段和蓝色波段光谱比率
R/G	$\dfrac{R}{G}$	反映红色波段和绿色波段光谱比率

（四）几何特征

不同类型的地物之间往往存在一定的形状差异，而相同类型的地物形状、大小相近，所以通过对影像对象的几何特征进行统计分析，完善和补充遥感影像的特征空间，有利于提高影像分类精度。如表 3.4 所示，本书采用的几何特征有长宽比（Length/width）、密度（Density）、矩形化拟合（Rectangular Fit）、形状指数（Shape Index）、紧致度（Compactness）等。

表 3.4　遥感影像几何特征

特征名称	计算公式	特征描述
长宽比	$\gamma=\dfrac{l}{w}$	反映影像对象的细长程度，对象越细长，则值越大
密　度	$d=\dfrac{\sqrt{n}}{1+\sqrt{\mathrm{Var}(X)+\mathrm{Var}(Y)}}$	反映构成影像对象的像元分布情况

续表

特征名称	计算公式	特征描述
矩形化拟合	$r = \dfrac{A}{rec_{\min}}$	反映影像对象与矩形的相似程度,对象形状越接近于矩形,则值越大
形状指数	$s = \dfrac{e}{4 \times \sqrt{A}}$	反映影像对象边界的光滑度,对象越平滑则值越小,对象越破碎则值越大
紧致度	$c = \dfrac{l \times w}{A}$	反映构成影像对象的像元紧密程度

注:γ 为影像对象的长宽比;l 为影像对象的长度;w 为影像对象宽度;d 为影像对象密度;n 为构成影像对象的像元数量;$\sqrt{\mathrm{Var}(X)+\mathrm{Var}(Y)}$ 为椭圆半径;r 为影像对象矩形化拟合;A 为影像对象的面积;$rec_{\min}$ 为影像对象最小外接矩形的面积;s 为影像对象的形状指数;e 为影像对象的边界长度;c 为影像对象的紧致度。

(五)特征空间优化方法

在基于面向对象的遥感影像分类过程中,适当增加对象特征可以提高分类精度,但过高的特征维度会导致数据量异常庞大,在影响计算速率的同时也会造成特征冗余,使分类器的训练精度受到影响。因此需要通过有效的特征优化方法,选取适宜的特征空间子集,从而达到空间降维的目的。本书通过索尔福德预测模型(Salford Predictive Modeler,SPM)进行特征优选,通过其内置的 CART 建模引擎、Random Forests 建模引擎分别构建特征空间,获取样本分离度、特征重要性排序等信息,对贡献率高的特征通过加权增强进行二次决策树构建,并通过剪枝优化去除一些对分类精度影响不大的特征,减小数据量,以提高分类器计算速率与训练精度。

三、面向对象分类方法

面向对象的分类方法可分为基于规则的分类和基于样本的监督分类两大类，其中，基于样本的监督分类方法包括：标准最邻近分类法（Nearest Neighbor Classification）、最大似然法（Bayes 分类）、支持向量机分类（Support Vector Machine，SVM）、K 最邻近分类（K Nearest Neighbor，KNN）、决策树分类（Decision Tree）、随机森林分类（Random Forests）。过往研究表明，决策树分类方法和随机森林分类方法在土地利用信息提取中分类精度高于其他基于样本的监督分类方法，因此本研究选择决策树分类方法和随机森林分类方法对 GF-2、GF-6 影像进行面向对象分类，并对两种算法进行对比分析。

（一）决策树

决策树是一种基于样本与特征空间进行分叉筛选的机器学习算法，可以将其看作一个树状预测模型，其主体结构包含一个根节点、若干个内部节点和叶节点（图 3.4）。其中：根节点是全体训练数据的集合；每一个内部节点表示对一个特征或属性的测试，每一个分支代表一个属性的输出；每一个叶节点表示一个类，对应一种决策结果。决策树的生成是一个递归过程，从根节点开始，有向到达内部节点进行特征判断，并按照值选择输出分支，直到到达叶节点，叶节点存放的类别作为决策结果。

决策树算法以节点划分方式为依据分为以下 3 种：ID3 决策树、C4.5 决策树、CART 决策树。ID3 是决策树算法中很常用的一种方法，其主要思想是通过信息增益（Information gain）来进行决策树的划分属性选择。C4.5 算法可以看成是对 ID3 算法的一个改进，引入信息增益率（Information gain ratio）来选择最优划分特征属性，克服了信息增益划分法偏向于选择可取数值较多的属性的问题。ID3、C4.5 决策树算法都是基于信息熵来进行划分节点选取的，主要用于分类问题。而 CART 决策树全称为分类回归树（Classification And Regression Tree，CART），既可以用于分类，也可以用于连续变量的回归问题。与 ID3、C4.5 算法不同，CART 决策树算法采用二分递归方法，通过在每个节点处进行布尔运算，生成直观、简洁的二叉树（图 3.4）。此外，CART 决策树使用基尼系数（Gini）作为特征选择的标准，基尼系数的定义如下：

$$\text{Gini}(D)=\sum_{k=1}^{y} p_k(1-p_k) = 1-\sum_{k=1}^{k} p_k^2 \quad (3.2)$$

式中：D 是样本集；k 是类别数；p_k 表示第 k 类样本所占的比例。

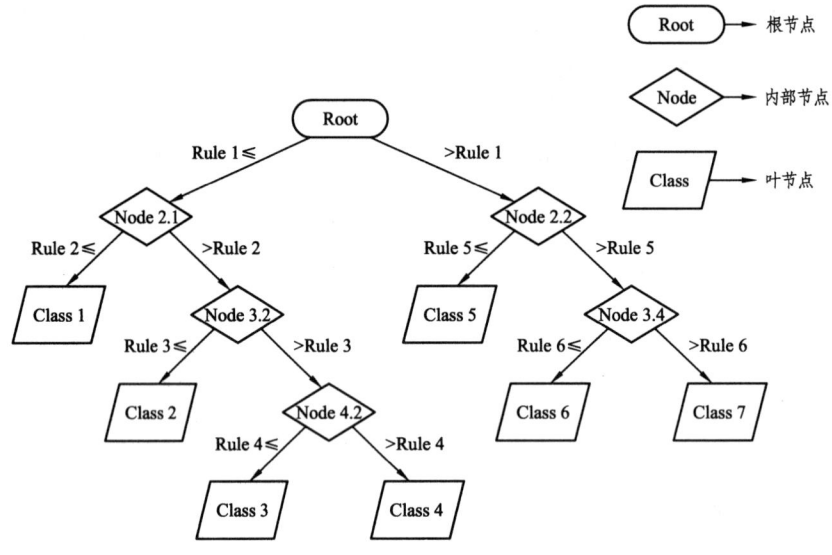

图 3.4　CART 决策树结构示意图

对于定义属性 α 计算条件的基尼系数计算公式如下：

$$\text{Gini}(D,\alpha) = \sum_{v=1}^{v} \frac{|D^v|}{|D|}\text{Gini}(D^v) \quad (3.3)$$

式中：Gini（D，α）表示条件 α 下样本集 D 的基尼系数；V 为属性 α 所有的可能取值；(D^v) 为条件 α 下样本 D 的子集。

基尼系数用来描述样本的纯净度，基尼系数越小，代表样本集 D 的纯度越高，越容易划分。最优划分属性选取的原则是：选取划分后基尼系数最小的属性即能够最有效区分样本的属性。

(二)随机森林

随机森林算法由统计学家 Leo Breiman 提出,通过集成学习思想将多棵决策树整合为"森林",用以解决单一预测问题。随机森林采用了 Bagging(Bootstrap aggregating,自主抽样集成)策略,对于一个输入样本,将其分为 n 个训练集,然后在每个训练集上构建一个相互独立的模型,得到若干个分类结果,最后通过投票的方式决定最终的分类结果(图 3.5)。相较于决策树算法,随机森林能够处理具有高维特征的输入样本,且在运算量没有显著提高的前提下提高了预测精度。

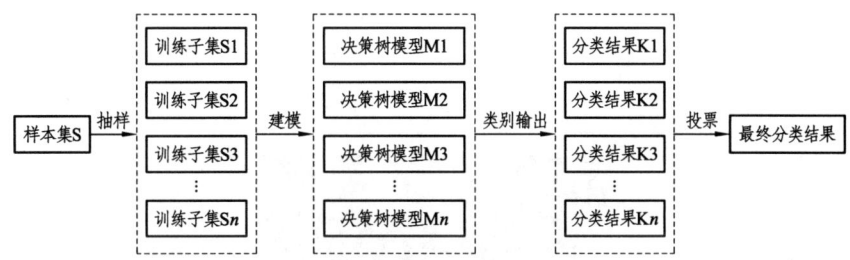

图 3.5 随机森林算法过程

第二节 基于 LANDSAT 和 GF-6 的德阳市水体信息提取与服务

一、试验区与数据

本研究区为四川省德阳市。德阳市部分区域处于成都平原、部分区域处于龙门山脉,地形丰富多样,有高山、丘陵、低山、平原和盆地五种地形,德阳市境内水体丰富多样。因此本书选取德阳市为研究区域具有一定的代表性。使用数据有 GF-6 和 Landsat-8 影像，德阳市数字高程数据以及德阳市统计年鉴等。对二种遥感影像分别进行一系列的预处理过程。

二、研究方法与步骤

（一）不同遥感影像上的水体信息特征分析

水体在 Landsat-8 遥感影像中的特征分析如表 3.5 所示。

表 3.5　德阳市水体在 Landsat-8 遥感影像上的特征分析

主要水体类型	影像局部图（753 波段组合）	水体特征
城区大型河流		河流颜色呈深蓝色，轮廓清晰，色调均匀，形状为自然弯曲条带状，在城镇区较宽；易识别
小型坑塘		颜色呈蓝黑色或黑色，色调均一，形状为小多边形面状，面积较小，分布广泛，易识别；易与阴影混淆

续表

主要水体类型	影像局部图（753 波段组合）	水体特征
细小支流	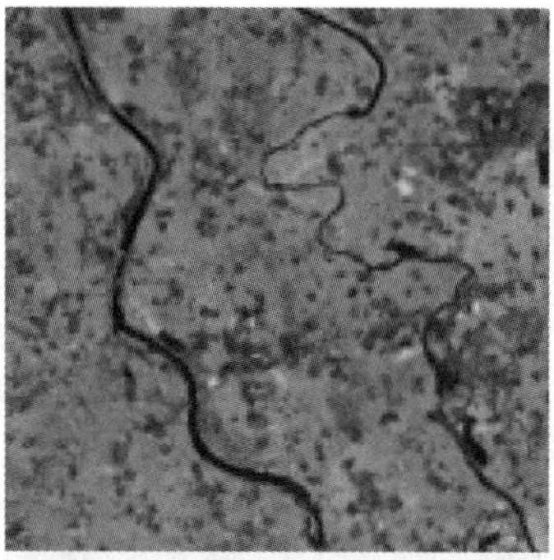	细小支流颜色呈深蓝色和蓝黑色，宽度越小颜色越偏向黑色，形状呈自然弯曲细条带状，易识别，存在混合像元，某些地方出现不连续的情况
大型水库	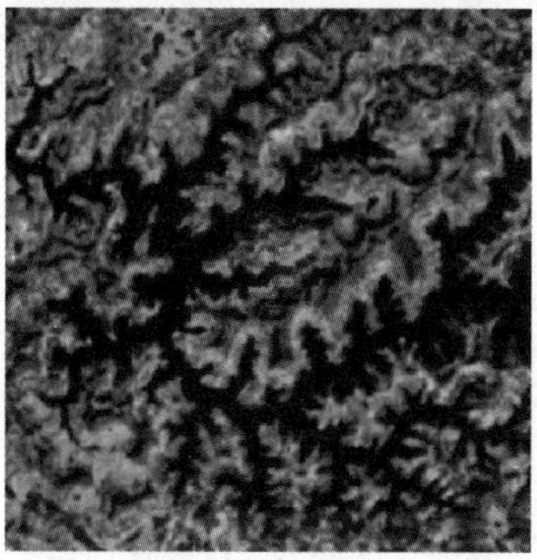	水库颜色与河流的颜色呈现出较大的差异，河流水体普遍为蓝色，水库的颜色呈黑色，不规则，面积较大，易识别，但是易与山体阴影和建筑阴影混淆

GF-6 遥感影像中水体特征分析如表 3.6 所示。

表 3.6　德阳市水体在 GF-6 遥感影像上的特征分析

主要水体类型	影像局部图（431 波段组合）	水体特征
城区大型河流	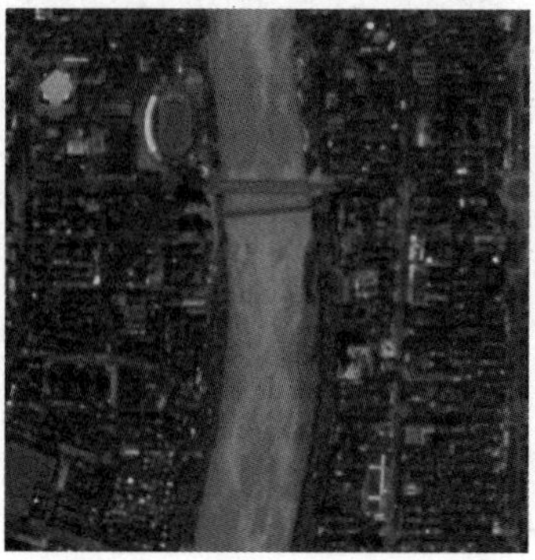	河流颜色呈绿色，色调不均匀，但是轮廓清晰，形状为自然弯曲条带状，在城镇区较宽；可以清晰地识别出桥梁以及桥梁阴影，水体背景多以建筑居多

续表

主要水体类型	影像局部图（431波段组合）	水体特征
小型坑塘		颜色黑色，色调均一，形状为不规则多边形面状，面积较小，分布广泛，多为人工水塘，用于灌溉，易识别，周围背景多为耕地
细小支流		细小支流颜色呈绿色，与大型河流颜色一致，较细长，形状呈自然弯曲细条带状，易识别
大型水库		颜色呈蓝黑色，不规则，面积较大，由于影像分辨率较高，可以通过人工识别出水体波浪，易识别，周围背景多为耕地和植被

（二）影像分割

利用 e-cognition 软件，通过研究，确定 Landsat 影像的分割参数设置为：① 除了近红外波段的权重值为 2 外，其他各个波段的权重值=1；② 多尺度分割中选取的尺度=100；③ 形状因子=0.1，紧致度因子=0.5；④ 光谱特征分割尺度=100。GF-6 影像的分割参数设置为：① 与 Landsat 影像的权重值相同，除近红外波段的权重值为 2 外，其他各个波段的权重值=1；② 多尺度分割选取的尺度=100；③ 形状因子 shape=0.5、紧致度因子 compactness=0.5；④ 光谱特征分割尺度为 100。得出的影像分割结果见图 3.6 与图 3.7。由分割效果图可以看出，Landsat 影像中大型水库和河流可以很好地分割出，但是分割线光滑度相对较差，且水体边缘的吻合性不够高，在一些超小型水体的分割上，效果较差。在 GF-6 影像中，由于影像空间分辨率较高，因此在分割效果上比 Landsat 影像要好，一些较小的坑塘水体也可以很好地分割出。

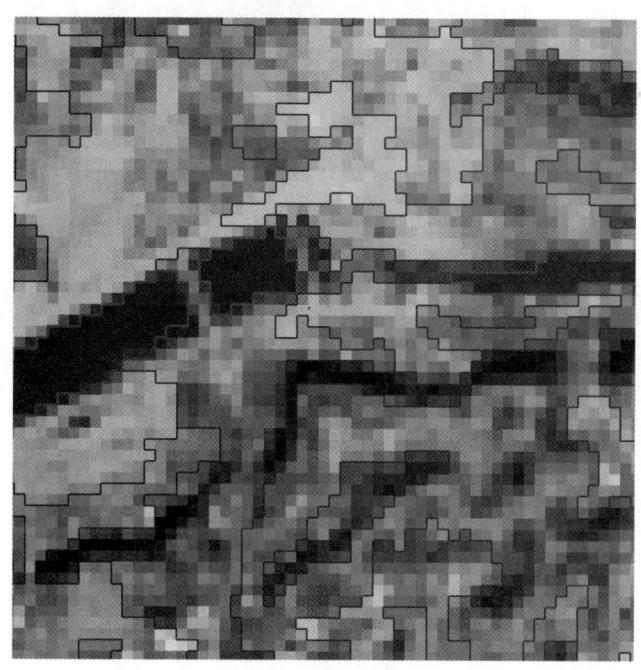

（a）河　流

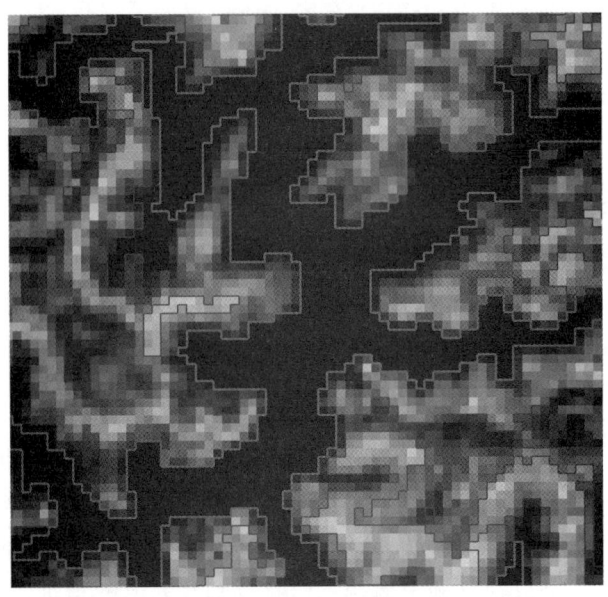

(b)水　库

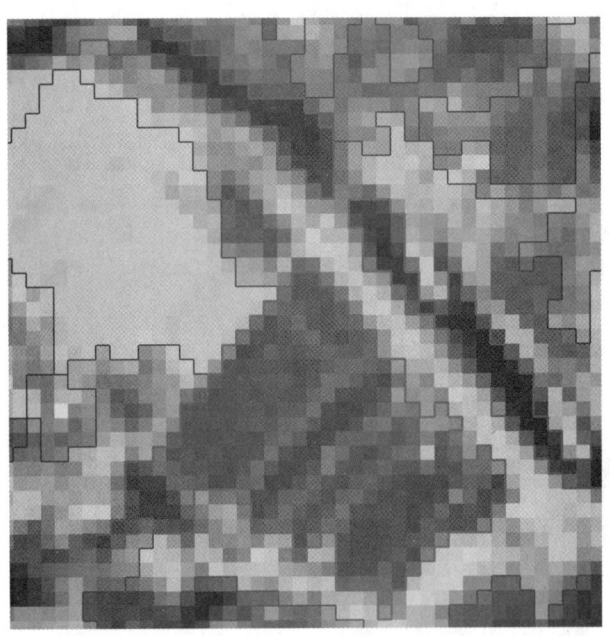

(c)坑　塘

图 3.6　Landsat 影像分割结果示意图

(a)河　流

(b)水　库

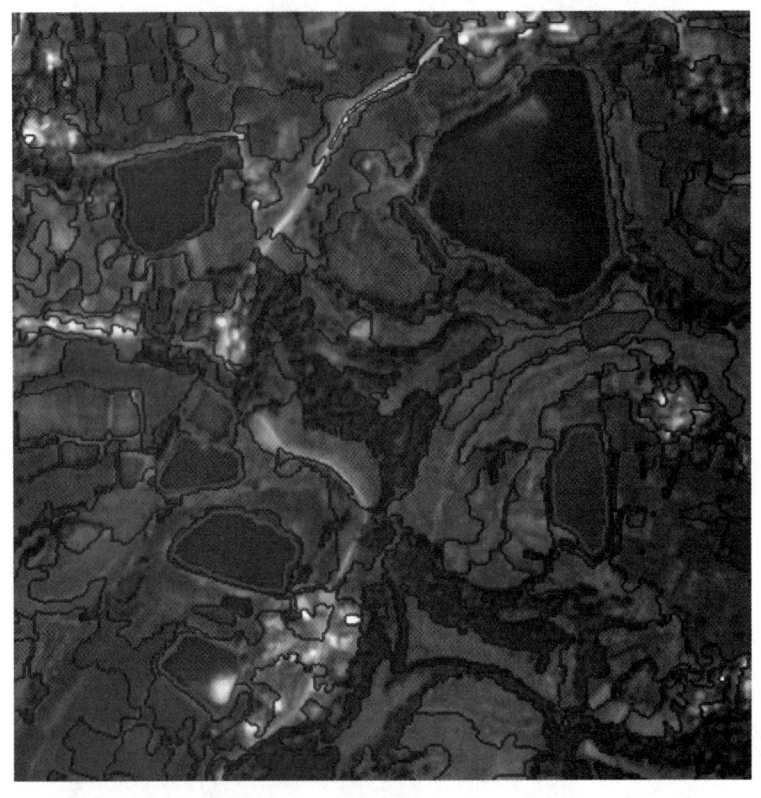

(c)坑　塘

图 3.7　GF-6 影像分割结果示意图

(三)水体提取规则的建立与水体信息提取

通过研究,构建出研究区域 Landsat 影像的水体提取规则集,如表 3.7 所示。

表 3.7　德阳市 Landsat 影像水体提取规则集

知识规则集	说　明
Mean Layer NIR<1 200 and MNDWI>−0.03	较明显特征的大块水体提取
LSWI>0.27 and Brightness<1 000	细小支流沟渠提取
EWI=0.65 and Shape index>1.5	小块坑塘水体的提取
Contrast NIR>0 and NDWI3>−0.2	剔除裸地的影响
Area>30 and EWI<0.5 and NDBI<0.02	剔除建筑以及阴影的影响

根据上文的水体提取规则，提取出的德阳市 2020 年丰水期与枯水期的水体如图 3.8 和图 3.9 所示。

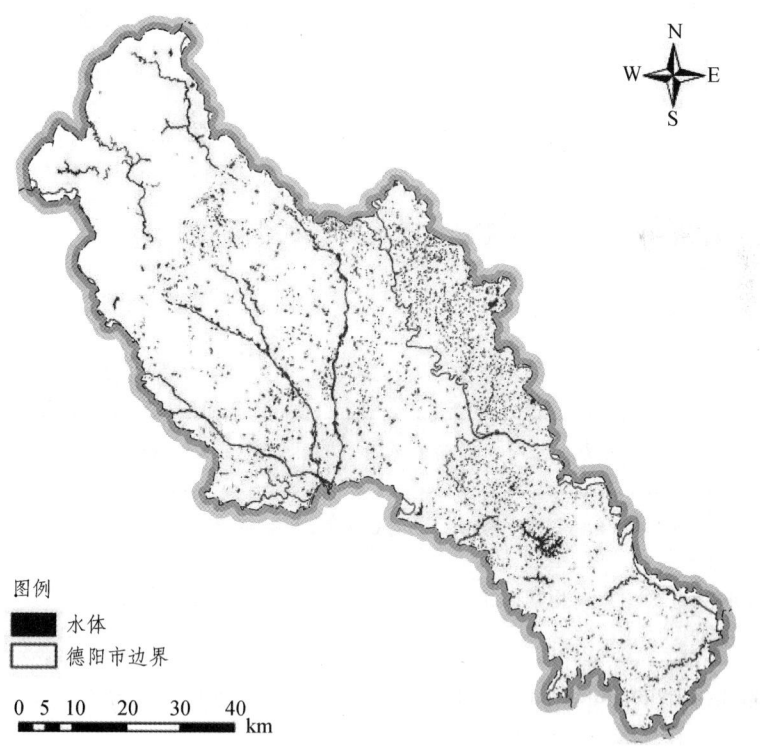

图 3.8　德阳市 2020 年枯水期水体

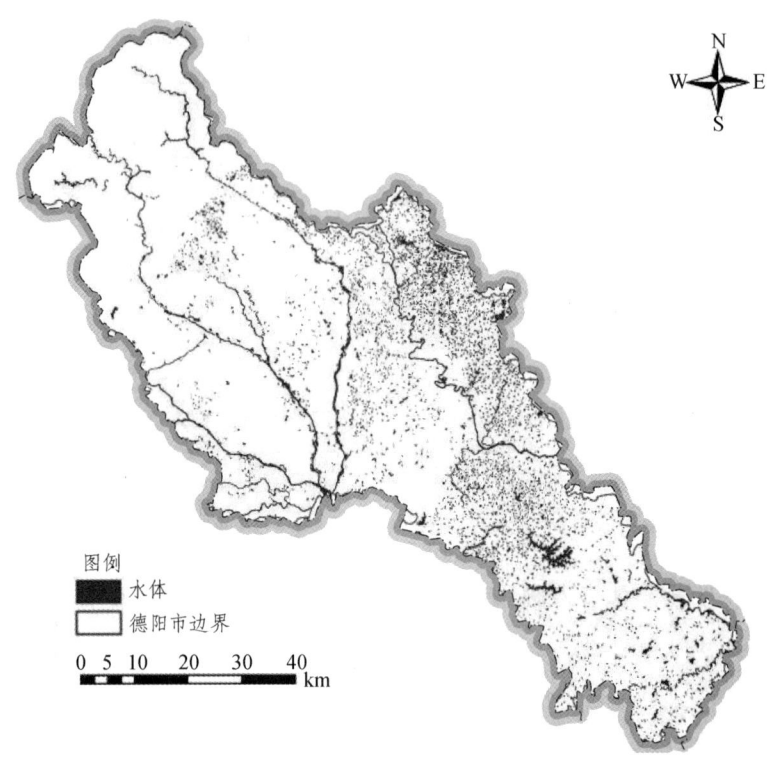

图 3.9 德阳市 2020 年丰水期水体

通过研究，构建出德阳市 GF-6 影像的水体提取规则集，如表 3.8 所示。

表 3.8 德阳市 GF-6 影像水体提取规则集

知识规则集	说 明
Mean Layer NIR<800 and NDWI>−0.06	较明显特征的大块水体提取
Length/Width>3.6 and GLCM Homogeneity>0.05	细小支流沟渠提取
Brightness<700 and NDWI>−0.08	小块坑塘水体的提取
Mean Layer NIR<900 and Brightness<1 000	剔除裸地的影响
Area>18 and Mean Layer Band1>610	剔除建筑以及阴影的影响

根据以上的GF-6影像水体提取规则,提取出的德阳市水体如图3.10所示。

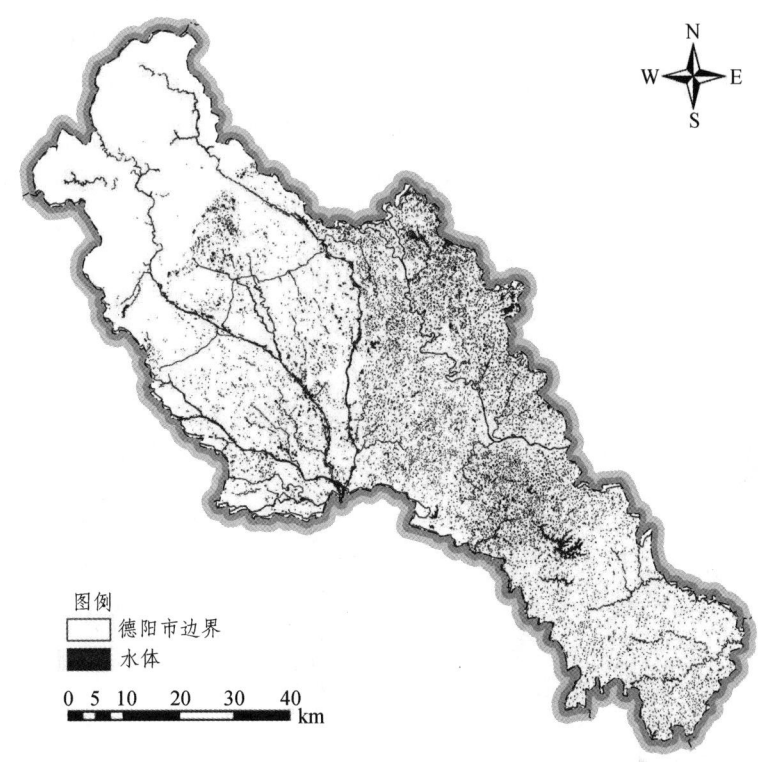

图 3.10 德阳市 GF-6 影像水体提取结果

(四)基于DEM河网提取山区水体

德阳市的西北部分区域为地形起伏较大的山地,水体分布较少,主要为天然的细小河流,在 Landsat 影像中无法通过肉眼识别。因此本书采用 30 m×30 m 的德阳市 DEM 数据在 GIS 技术的支撑下提取出研究区的河网数据,用河网来代替提取结果完成对山地区域细小河流的提取。确定将河网的缓冲半径设置为 5 m,对河网进行缓冲区分析,其生成结果可以基本与影像重合。对于宽度极小的河流则用河网生成的缓冲区来替代,既可以提高细小河流的提取精度,还可以确保其连续性。

DEM 河网提取使用 D8 算法计算距离权落差,第一步先对 DEM 进行洼地填充，以确保每个像元都能参与计算，进行洼地填充是为了保证在后续进行流向计算时消除洼地的影响。第二步，根据填洼结果得到水流的方向，形成 8 个不同方向的流向矩阵并且最终得到汇流累积量，采用地图代数设定阈值。通过不断的试验，选取最优的阈值（流量 ≥ 3 500），该阈值的最小值较大的原因在于只针对德阳市的山地区域，该区域的河流数量较少且细，因此阈值相对较大时得到的结果越符合实际，最终发现当阈值设定为 3 500 时提取出的河网效果最好。将河网与原始 DEM 和 Landsat-8 遥感影像（5、4、3 波段显示）进行叠加如图 3.11 所示，效果较好。第三步，将提取出的河网和基于面向对象提取出的水体结果相结合得到最终的矢量水体数据。

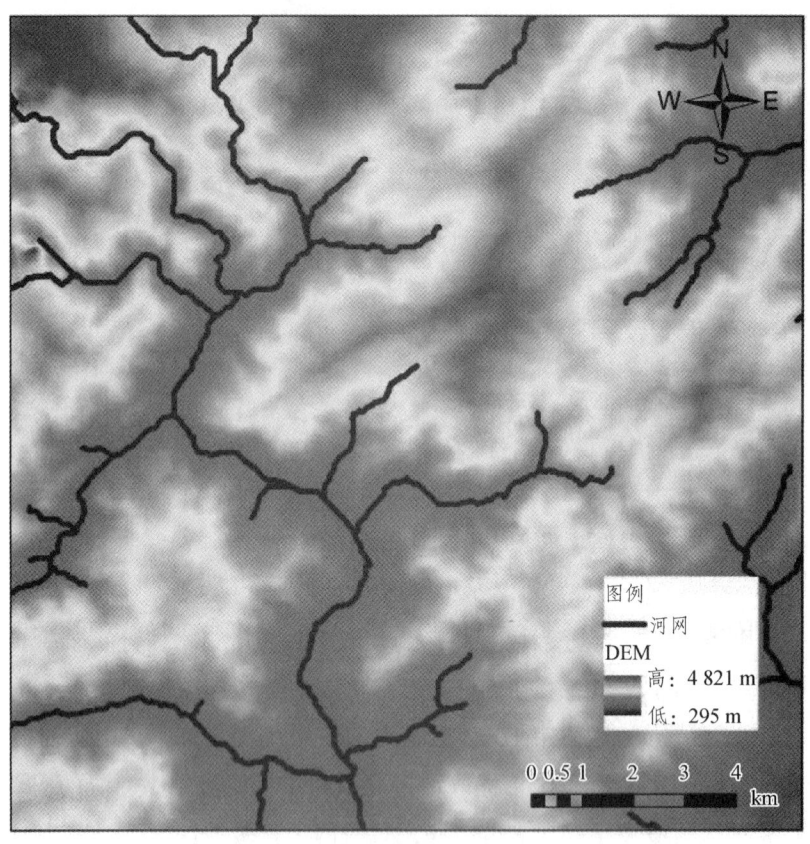

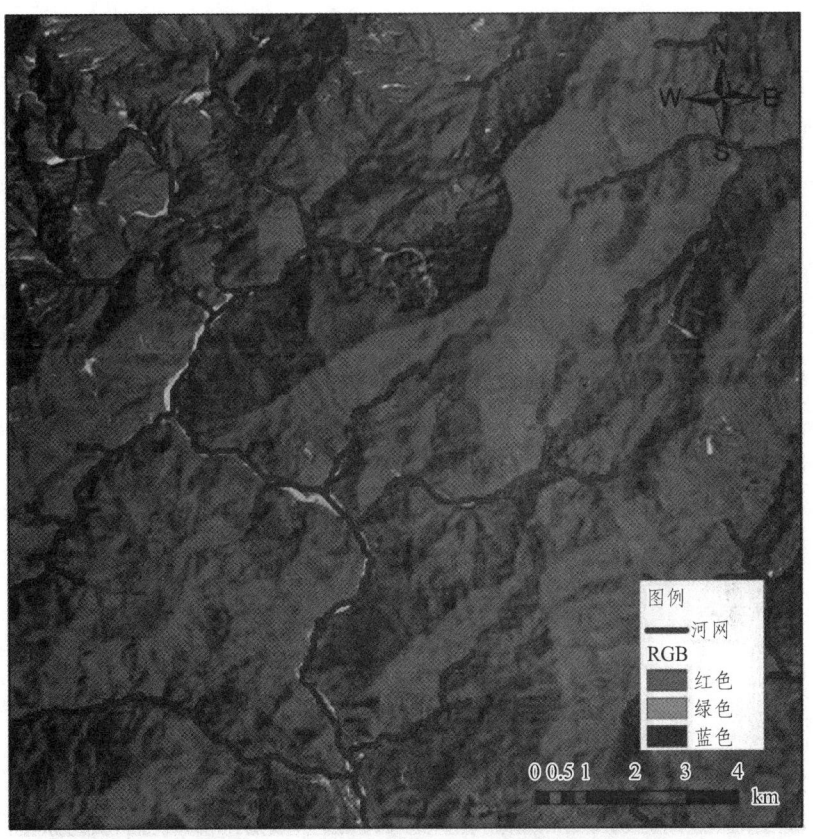

图 3.11 德阳市河网分布局部图

（五）精度分析

本书选用 Google earth 影像对提取结果进行精度评价。基于 GF-6 影像提取的误提率 9.57%，漏提率为 11.88%。基于 Landsat-8 OLI 影像提取的误提率 15.96%，漏提率为 16.94%。

（六）提取结果对比分析

分别将 Landsat-8 OLI 影像和 GF-6 影像的提取结果与原影像叠加分析，分别选取了大型河流、细小支流、小型坑塘和大型水库的局部图像进行显示，具体如图 3.12 和图 3.13 所示。

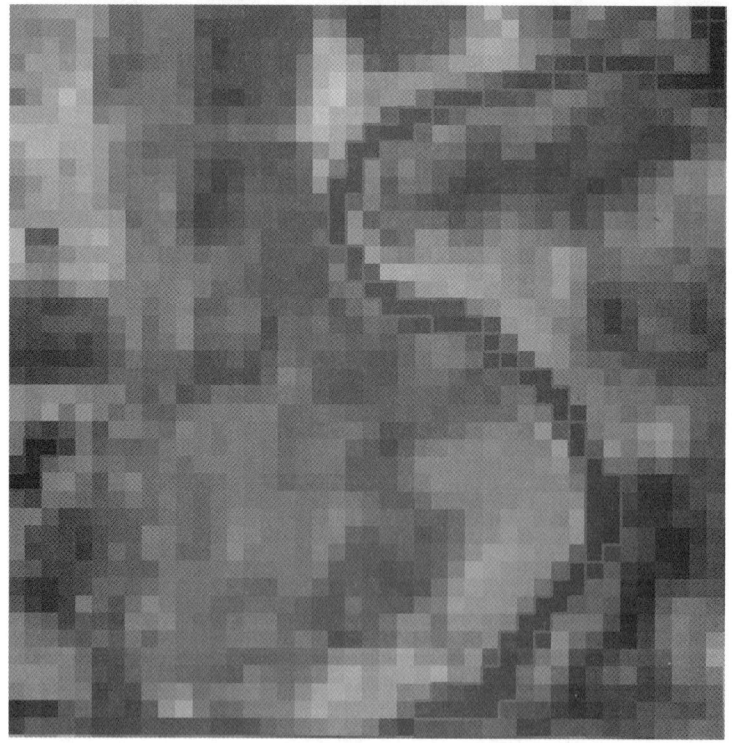

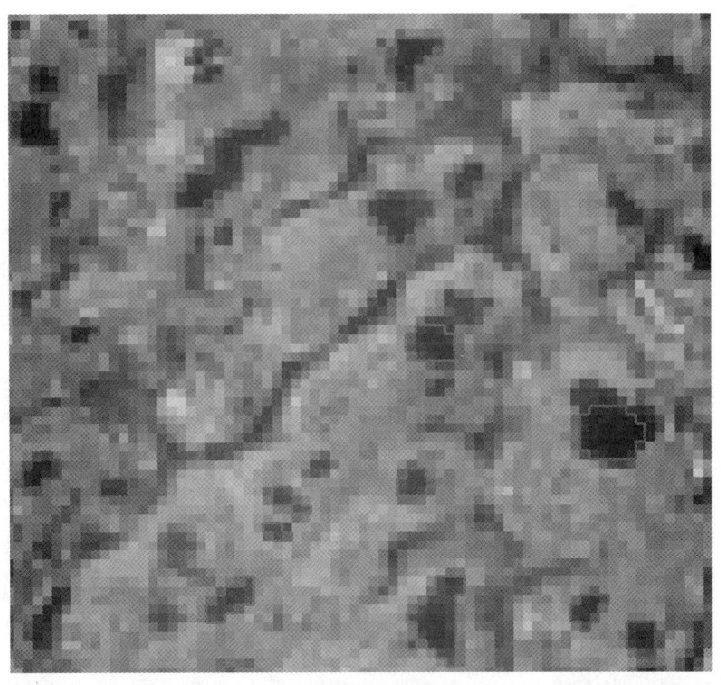

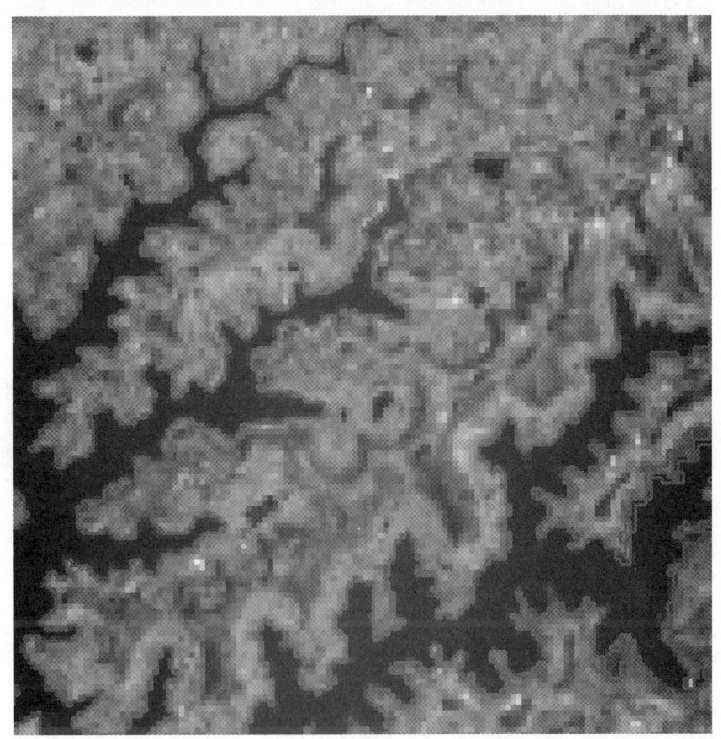

图 3.12 Landsat-8 影像提取结果局部图

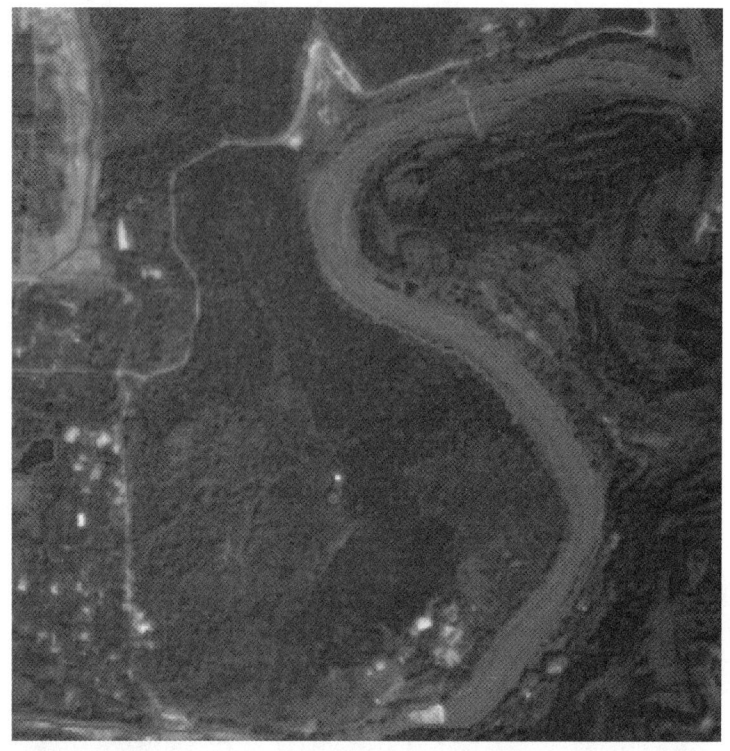

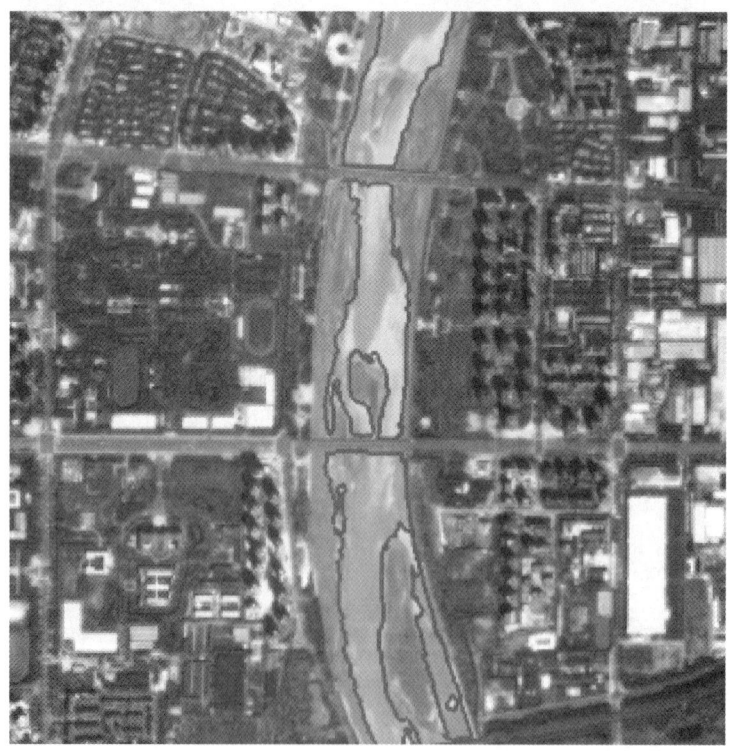

第三章 面向对象的地表遥感专题信息提取与服务 | 101

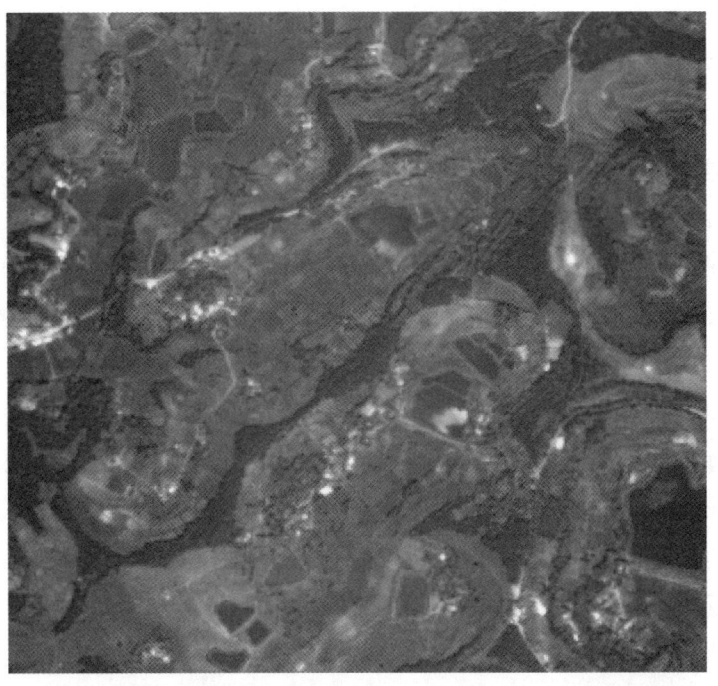

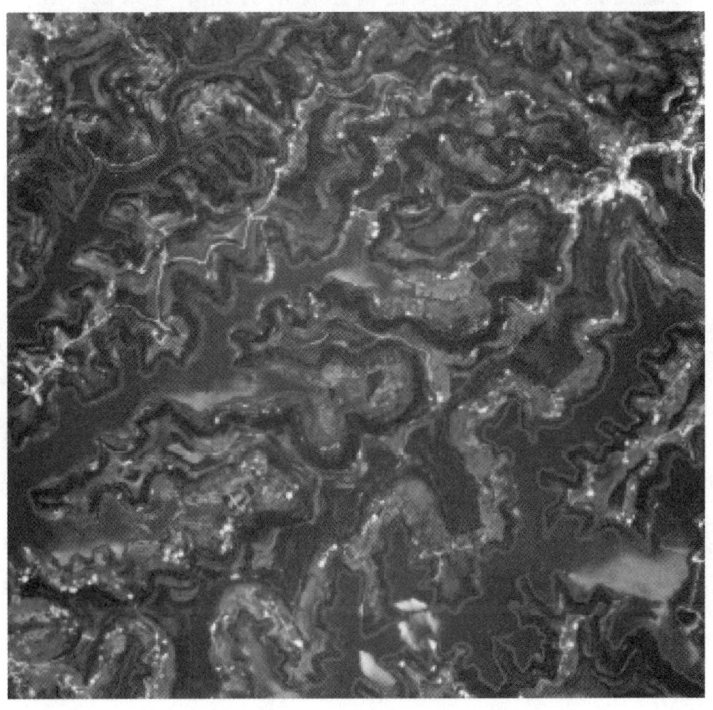

图 3.13 GF-6 影像提取结果局部图

由上图可以看出，对于较宽的大型河流，通过高分影像可以很清晰地看出河流水体与滩涂滩地，并且通过高分六号提取出的水体可以将河流与桥梁、河滩地等较容易与混淆的地物分离开，但是造成了河流呈现出不连续的现象，因此需要对提取出的结果进行进一步处理；在Landsat影像上的大型河流由于分辨率较低的原因不能将水体与河滩地分辨开，因此提取出的河流水体较连续。对于比较窄的细小支流，Landsat影像的提取效果较高分六号影像的效果相差较多，由于空间分辨率的关系，细小河流的宽度仅有两到三个像元的大小，因此在一些极窄的河段，出现提取结果间断较严重的现象。对于面积较大的大型水库而言，两种影像在边界上都存在提取边界不够准确的现象，但是Landsat影像的提取结果的边界过大，不能与原影像很好地重合，而GF-6影像的提取结果在某些边界上出现提取不足的情况，但是这种情况较少，总体而言效果是良好的。对于，Landsat影像而言，在大型水库和大型河流的提取上效果较好，在细小支流和坑塘水体上存在较多的漏提错提现象，这多是由影像的分辨率导致的，在分割时也不能很好地将一些面积较小的坑塘单独分割出来。对于GF-6影像而言，大型河流、细小支流和大型水库的提取结果都非常好，对于坑塘水体会存在错提的现象，多是将一些水田误提为水体，这与影像的时间也存在关系，但是漏提的现象则较少。

三、结果分析

在ArcGIS软件中统计出德阳市2020年的水体总面积与数量，并且统计出研究区内水库坑塘与河流的数量、面积与占比，如表3.9所示。

表 3.9 2020 年德阳市水体数量与面积

项　目	水库坑塘	河流（包括细小支流）	总计
数量/（个/条）	17 492	34	17 526
面积/hm^2	9 547.92	4 928.01	14 475.93
占水体总面积比重	65.96%	34.04%	1

由表 3.9 可知，2020 年德阳市地表水体总面积为 14 475.93 hm^2，其中包括：水库坑塘等小型水体 17 492 个，面积总计为 9 547.92 hm^2，占德阳市水体总面积的比重为 65.96%；河流（包括细小支流）总计 34 条，面积为 4 928.01 hm^2，占德阳市水体总面积的比重为 34.04%。不同类型水体分布如图 3.14 所示。

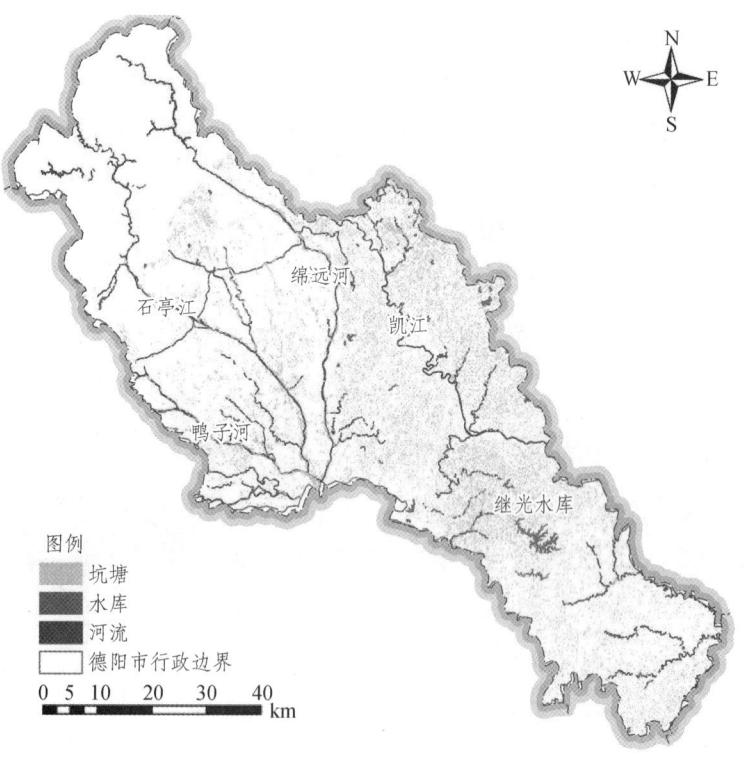

图 3.14 2020 年德阳市不同类型水体分布图

第三节　聚落信息提取及应用服务

一、试验区与数据

本书研究区为四川省遂宁市安居区，位于四川盆地中部，涪江中游，遂宁市西南方，东接遂宁市船山区、北靠遂宁市大英县、西邻资阳市乐至县、南连资阳市安岳县和重庆市潼南县，总面积 1 258.2 km²。安居区地处川中丘陵腹地，地质构造简单，褶皱平缓，地貌类型单一，有琼江贯穿该区全境，琼江为涪江的第一支流，位于涪江西岸，全长大约 233 km，流域面积大约 4 440 km²。安居区下辖 1 个街道和 21 个乡镇（4 乡、17 镇）：柔刚街道，安居镇、东禅镇、分水镇、石洞镇、拦江镇、保石镇、白马镇、中兴镇、横山镇、会龙镇、三家镇、玉丰镇、西眉镇、磨溪镇、聚贤镇、观音镇、常理镇、莲花乡、步云乡、大安乡、马家乡①。安居区的主要经济来源是农业，随着城市逐步城镇化，其工业经济也渐渐地挑起了安居区经济发展的大梁。

所用数据为 Sentinel-2（2019 年 4 月 7 日）数据和 GF-1（2017 年和 2018 年）数据。

二、聚落影像特征分析

根据聚落的概念可知，聚落是人类聚居和生活的场所，分为城市聚落和乡村聚落。通常是指固定的居民点，有极少数是游动性的，聚落的

---

① 编者注：截至 2021 年 10 月，安居区下辖 2 个街道和 16 个镇，含凤凰街道，已撤销观音镇和 4 乡。

建筑外貌因居住方式不同而异。针对本书的研究区遂宁市安居区,将根据聚落内房屋屋顶呈现色彩将建筑物分为蓝色系屋顶、红色系屋顶、灰色系屋顶以及高亮屋顶,并对各类建筑特征进行采样与特征描述,如表3.10所示。

表3.10 聚落内信息影像特征分析表

类别	GF-1 融合影像(2 m)	Sentinel-2 融合影像(10 m)
城镇聚落		
特征	规模大于乡村和集镇的聚落。城镇聚落内一般人口数量大、密度高、职业和需求异质性强。 聚落内部建筑的形状轮廓、屋顶材质基本能够识别,道路、河流与居民点、林地等基本能够区分	聚落内部建筑物色彩清晰,但其内部建筑物详细轮廓较为模糊,与河流、林地、裸地等背景地物目视情况下能基本区分开,建筑物与细小道路以及建筑物之间分界线不清晰
紧致乡村聚落		
特征	居民以农业为经济活动主要形式的聚落。 聚落内部不同材质的屋顶基本可以分辨出,周围被耕地或林地包围,附近道路大都细小或者无法识别	聚落内部建筑物无法准确识别,只可看到不同颜色的像元且难以组成完整的轮廓形状,但与周围耕地、林地的区分还是较明显,可以大范围识别出

续表

类别	GF-1 融合影像（2 m）	Sentinel-2 融合影像（10 m）
零散乡村聚落		
特征	聚落内部建筑物分布零散，沿细小道路呈条状分布或零散分部，由于房屋顶材质呈现的色彩有差异可以与周围林耕地区分开来，但乡村道路很难清晰识别	可以从与林耕地不同色彩特征的像元识别出是建筑物，无法辨识单个建筑形状轮廓
红色系屋顶		
特征	能清晰识别并区分房屋与空地，形状规则，在城镇聚落中大多成片出现，在乡村聚落中多与蓝、灰屋顶混杂出现，因其色彩与林耕地差异较大，更容易识别出来	在城镇聚落中大多成片出现，易识别，但在乡村聚落中多与蓝、灰屋顶混杂出现，数量少且难以单独识别
蓝色系屋顶		

续表

类别	GF-1 融合影像（2 m）	Sentinel-2 融合影像（10 m）
特征	能清晰识别并区分蓝顶房屋与其他地物，形状规则，有淡蓝、深蓝、蓝黑等不同种蓝顶出现，在城镇聚落中大多成片出现，在乡村聚落中多与红、灰屋顶混杂出现	在整幅影像上最容易识别，在城镇中大都成片出现，在乡村聚落中零散分部且易识别，与周围林耕地形成明显的对比
水泥灰屋顶	 	 
特征	能清晰识别并区分房屋与空地，但颜色容易与道路混淆，形状规则，在城镇聚落中大多成片出现，在乡村聚落中多与红、蓝屋顶混杂出现	在城镇聚落中灰顶房屋大多成片出现，无法区分灰顶房屋与空地。在乡村聚落中多与红、蓝顶房屋混合出现，只占十个左右像元，难以单独、高精度地区分出来
高亮屋顶	 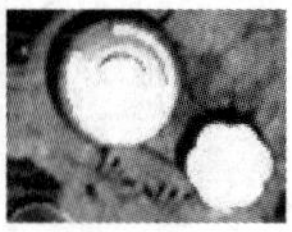	 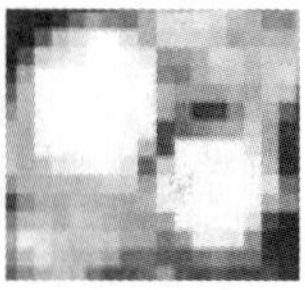
特征	能清晰识别并区分房屋与空地，影像上表现为高亮，形状规则，在城镇聚落中大多成片出现，在乡村聚落中多与红、灰屋顶混杂出现	该类建筑在影像上表现为高亮，多为白色特殊建筑物或白顶厂房等本身为白色的建筑物。极少数为云遮挡区域

三、GF-1 聚落信息提取

（一）第一层分割分类提取

第一层分割时形状因子权重比大一些，同时使用大尺度进行分割，使得道路、水体等形状特征明显的地类在分割后比较完整且连续，因此适合在第一层进行提取。首先对道路进行规则的设置，从对地物特征的知识发现中可以看出道路与河流这两类地物的对象 Length/Width 的均值远远高于其他几种地类，对于道路而言其 Length/Width 的值与 Compactness 的均值是同时远高于其他地类的，在实际进行阈值范围试验时发现在大片的林地中也有部分对象的 Length/Width 值和 Compactness 值是高于道路的，因此需要设立规则将这部分林地排除开来。最终确立道路提取的规则为：

Compactness>2 and Length/Width>=2.6 and NDVI<=0.22

利用此规则可以将研究区内的道路较为完整地提取出来，提取效果如图 3.15 所示。

(a) 城镇聚落内道路

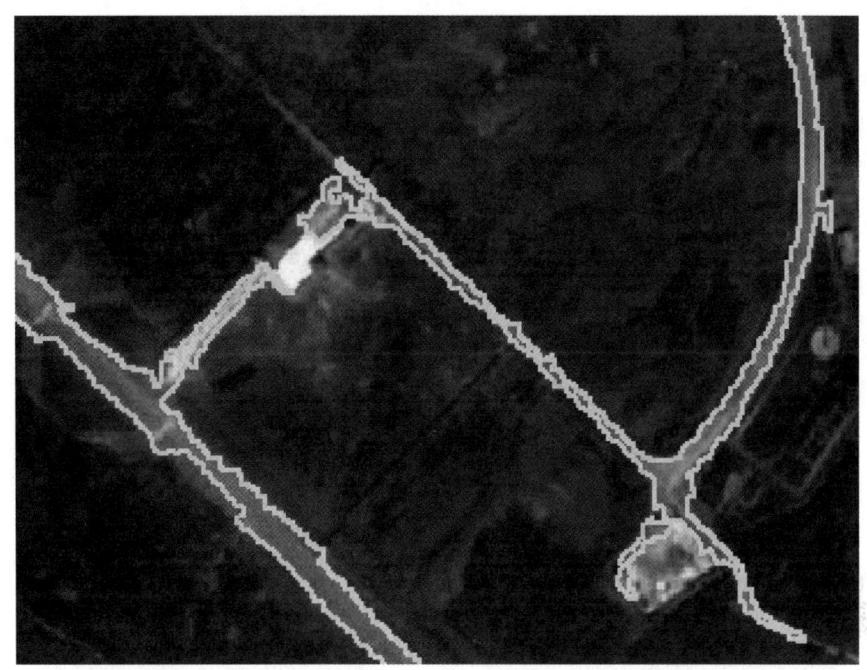

(b) 细小道路

图 3.15　GF-1 影像道路提取局部效果 (RGB:321)

在第一层中除了道路以外,水体也是特征十分明显的地类。在研究区内水体由河流、坑塘以及水库这几类构成,通过对影像的知识发现可以看出,对于水体而言整体的 Brightness 是远小于其他地类的,可以作为主要的提取条件;但仅仅只靠这一个条件是不够的,在进行特征阈值范围试验时发现部分较为浓密的林地区域其 Brightness 值也同样偏低,光靠该值不足以将其区分,再次进行分析后发现水体的纹理特征中的角二阶矩的值是远大于林地的,因此再加上角二阶矩特征作为提取条件则可以很好地提取出水体。最终确定的水体提取规则为:

Brightness<=1560 and Ang.2ndmoment>=0.0007

利用此规则进行的水体提取效果如图 3.16 所示。

在第一层中将除了水体与道路的其他未分类的区域全部归类为其他地类,使用规则为 not road and not water。在对水体与道路提取后结果如图 3.17 所示。

(a)河 流

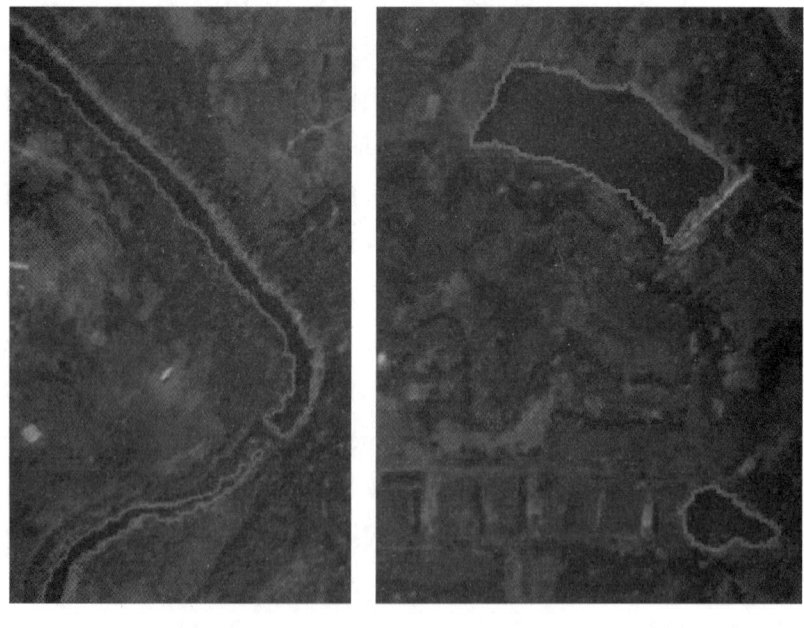

(b)细小河流　　　　　　　　(c)坑　塘

图 3.16　GF-1 影像水体提取局部效果（RGB:321）

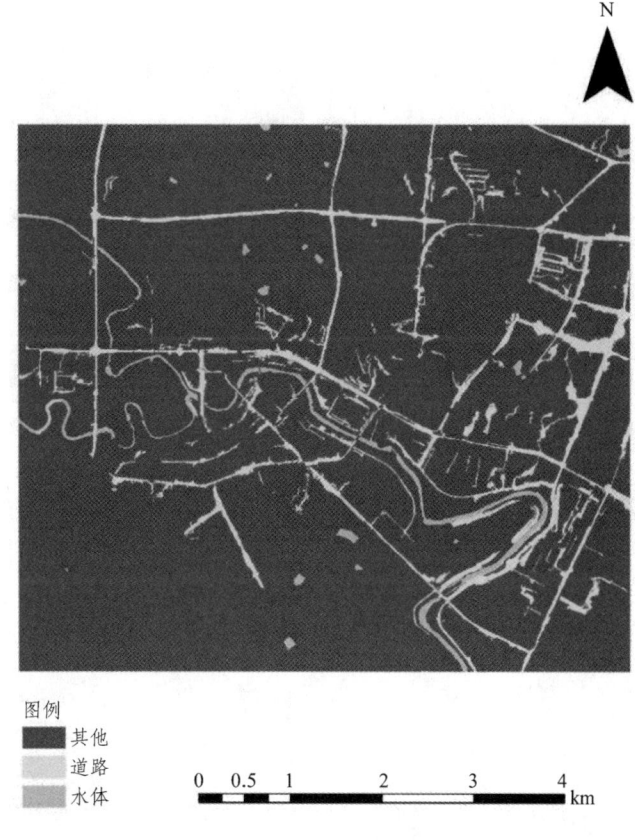

图 3.17　GF-1 影像城镇聚落区水体、道路提取效果

（二）第二层（Level 2）分割分类提取

在 Level 2 中首先对该层选择继承 Level 1 中的其他类来进行后续分类提取工作。目前还未进行分类的地类有蓝色系建筑、红色系建筑、灰色系建筑、高亮色系建筑、绿地耕地以及其他不属于以上类别的地类。

结合对影像的知识发现可以得知高亮色系建筑的特征最为突出与简单，因此先对该类地物进行规则设置。使用规则为 Brightness>5 100，提取结果如图 3.18 所示。

其次对蓝色系建筑进行规则的设定与提取。根据统计的光谱信息可以看出对于该类建筑 B3 波段与 B1 波段的差值较大，不同波段之间的值有明显的波动，根据此信息建立规则为 B3-B1<-510，根据实验可以看出仅使用此规则即可将该类地物较好地提取出来。对蓝色系建筑的提

取结果如图 3.19 所示。

（a）零星建筑　　　　　　　　（b）大型建筑

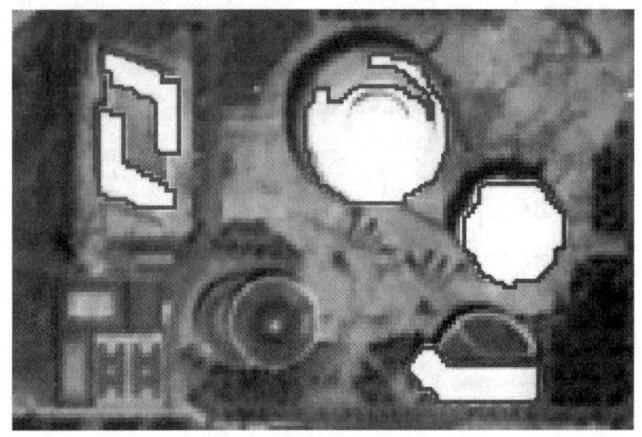

（c）不规则建筑

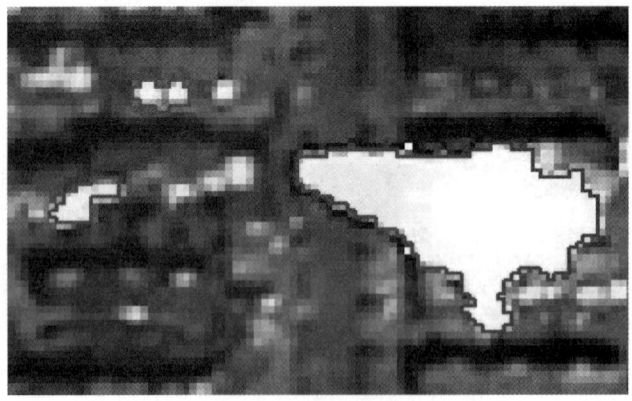

（d）云误提取

图 3.18　GF-1 影像高亮建筑提取局部效果（RGB:321）

(a) 成片建筑

(b) 大型建筑

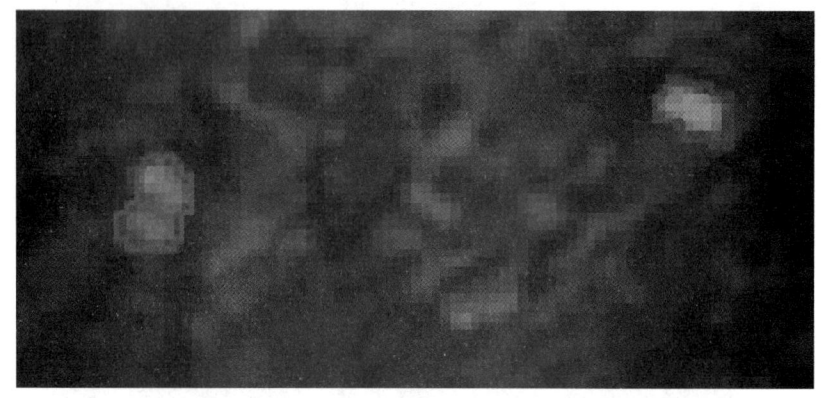

(c）零星建筑

图 3.19　GF-1 影像蓝色系建筑提取局部效果（RGB:321）

对于在影像中观察到呈现红色系的建筑，在对其特征信息进行分析后可以看出该类建筑在 B3 与 B4 波段上的反射率较高，与蓝色系建筑的反射率值近似，因此需要在提取时排除蓝色系建筑，并结合其他特征进行分类提取，具体规则设置如下：

NOT 蓝色系建筑 and NOT 高亮建筑 and B3-B1>=350 and Area<=1100 and B3>3550 and StdDev.B2>=300

为了突出研究目标即聚落，设置的绿地与耕地地类的特征值中 NDVI 值与 NDWI 值较为明显，在第一层中已经排除了水体与道路的影像，结合知识发现设置该类分类提取规则为：

NOT 蓝色系建筑 and NDWI<−0.26

建筑类中较为常见的为灰色系建筑，不论在城镇聚落还是乡村聚落中都是大片存在的，由于分辨率的局限性，无法将大片的建筑细分开来，因此分类提取后的聚落内建筑常作为一个对象存在。结合知识发现对灰色系建筑的提取效果如图 3.20 所示，提取规则设置如下：

NOT 蓝色系建筑 and NOT 高亮建筑 and NOT 红色系建筑 and NOT 绿地与耕地 and StdDev.B3>=280 and Rectangular Fit>0.53

至此，对于 GF-1 影像内的地物信息基本提取完成，还未分类的地物则归类到其他类中。

第三章　面向对象的地表遥感专题信息提取与服务 | 115

（a）城镇聚落内建筑

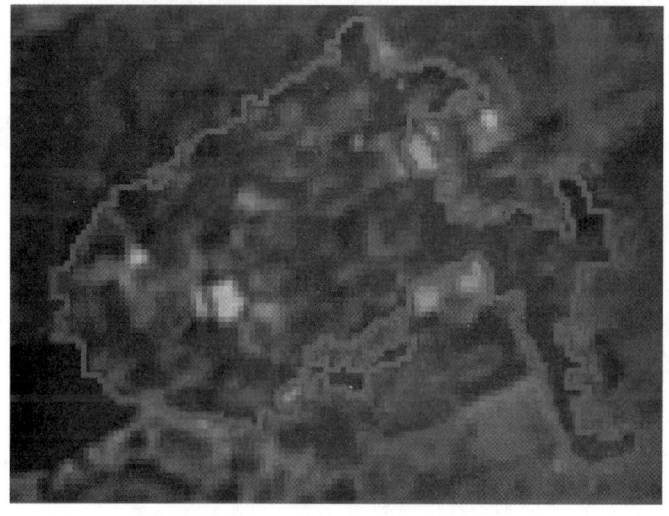

（b）乡村聚落内建筑

图 3.20　GF-1 影像灰色系建筑提取局部效果（RGB:321）

(三)第三层(Level 3)分割分类提取

第三层为最终分类层。其中对影像采用和第二层同样的分割尺度,以保证继承的完整性,在此将分类后的各个类别按照蓝色系建筑、红色系建筑、灰色系建筑、高亮色系建筑、绿地与耕地、道路、水体以及其他来一一进行继承,最终出图。研究区的城镇聚落区域的地物信息在 GF-1 影像上的最终提取结果如图 3.21 所示。

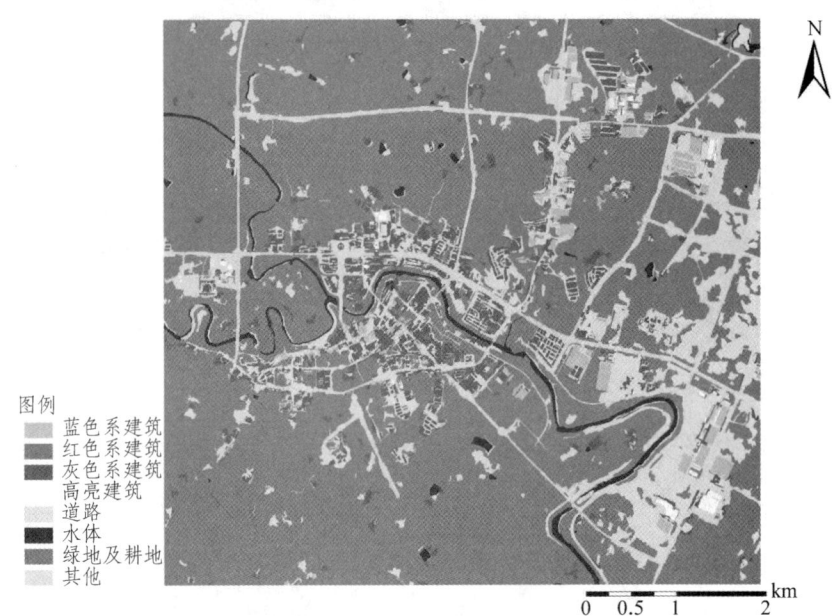

图 3.21 GF-1 影像城镇聚落内信息分类提取结果

(四)精度评价

按照分类提取后的类别结果在各个类中随机生成 50 个左右的样本点进行精度评价,如表 3.11 所示。

表 3.11　GF-1 影像地物识别提取结果精度评价

地物类别	样点数	用户精度 /%	错分误差 /%	生产者精度 /%	漏分误差 /%
绿地	49	95.92	4.08	95.92	4.08
水体	46	100.00	0.00	93.88	6.12
道路	50	94.00	6.00	87.04	12.96
其他	50	82.00	18.00	87.23	12.77
灰色系建筑	50	86.00	14.00	91.49	8.51
高亮建筑	13	92.31	7.69	80.00	20.00
蓝色系建筑	47	95.74	4.26	97.83	2.17
红色系建筑	16	75.00	25.00	85.71	14.29
总体精度= 91.28%					
Kappa 系数= 0.898 3					

GF-1 影像地物识别的总体精度较高，达到 91.28%，Kappa 系数值为 0.898 3，效果理想。

四、Sentinel-2 聚落信息提取

在对 Sentinel-2 影像进行分类提取时，根据对分割参数的分析后设

计的分割方案确定第一层（Level 1）用于粗略区分大片建筑聚集区域（城镇聚落）、道路、河流、绿地与耕地以及其他类别，拟使用形状因子的权重为 0.9，搭配紧致度因子权重为 0.5，以及分割尺度为 50 来对影像进行初步的分割；第二层（Level 2）用于将第一层提取结果里植被类中的小面积的乡村聚落与植被进行区分提取，对提取结果进行细化，针对地物特征拟使用形状因子的权重为 0.1，也就是光谱因子权重为 0.9，搭配紧致度因子权重为 0.5 以及分割尺度 35 为第二层的分割尺度对影像进行分割。第三层（Level 3）使用与第二层同样的分割尺度与各类参数，目的在于对第一、二层分类后的地物类型进行继承，使其在同一图层同时展现出来。

（一）Level 1 分类提取

第一层分割时形状因子权重偏大，使得形状特征明显的道路、水体可以完整地与建筑类及绿地分割开来，建筑类中建筑密度高的城镇聚落可以整体与周边的背景地类如绿地等分隔开来。由于影像本身的精度影响，在城镇聚落内部若分割得过于细致会导致提取效果更差，因此将按照建筑、水体、道路、绿地与耕地以及其他这五类进行分类提取。

首先对绿地与耕地进行提取，根据其在 NDVI 以及 NDWI 特征上的特殊性，对该类地物设置规则为 NDWI<-0.42，便可以将其与其他地类区分开。

根据对影像的知识发现可以看出水体类的亮度值远低于其他类别，但易与绿地中的部分林地混淆，据此设置规则为：

NOT 绿地与耕地 and Brightness<=640

在分割后的哨兵二号影像中道路的形状特征中 Length/Width 的值仍旧是远大于除水体外的其他类别，同时其内部紧致度会较高，道路两侧多与绿地或裸地邻接，因此也需设置规则将其区分开，据此将提取规则设置如下：

Brightness>90 and Compactness>=3 and Length/Width>=2.4 and NDVI<=0.38

在对以上三类进行提取后只剩建筑类与其他类。其他类中裸地占比最大,这类地类普遍亮度偏高,城镇聚落内多由灰色系建筑构成亮度偏低,因此设置规则为 Brightness>1 000 and NOT 绿地耕地 and NOT 道路,来对城镇聚落进行提取。剩余还未进行分类的地物归为其他类。最终提取结果如图 3.22 所示。

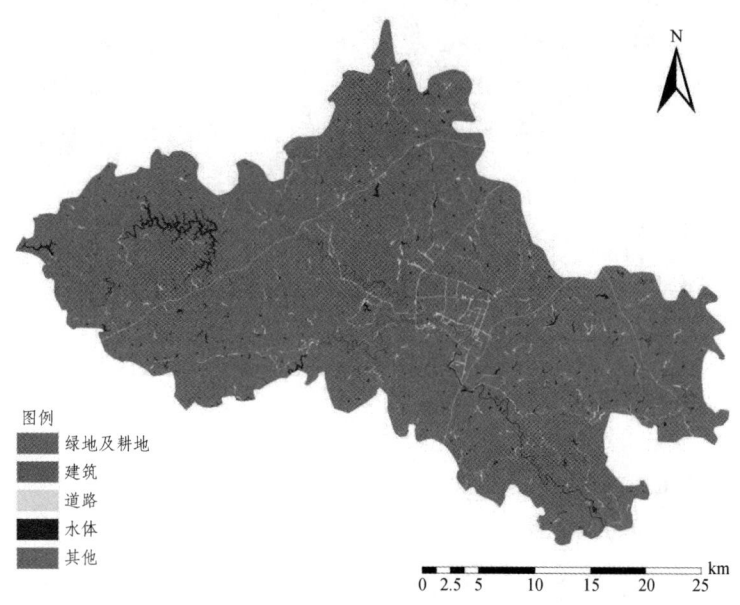

图 3.22　Sentinel-2 影像安居区 Level 1 层提取结果

(二) Level 2 分类提取

在 Level 1 层进行分类后,由于分割尺度较大,面积较小的乡村聚落则被分到了绿地与耕地类中,因此在 Level 2 层仅仅继承 Level 1 层中的绿地与耕地类进行二次分类提取。在该层仅需要将绿地耕地与建筑以及其他类分别提取。

结合知识发现得出的结论对绿地与耕地设置提取规则为:
NDWI< −0.42 and RVI>=2.3
对建筑类设置提取规则为:
NOT 绿地与耕地 and GLCM Contrast(all dir.)>2 500
在对以上两类进行分类后还未被分类的则归类于其他类中,提取结果如图 3.23 所示。

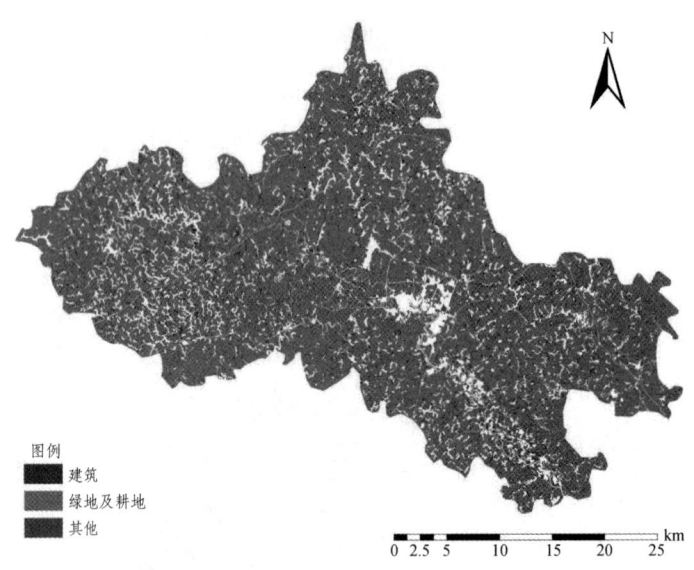

图 3.23　Sentinel-2 影像安居区 Level 2 层提取结果

（三）Level 3 结果

第三层为最终分类层。其中对影像采用和第二层同样的分割尺度，以保证继承的完整性，在此将分类后的各个类别按照建筑、绿地与耕地、道路、水体以及其他类来分别进行继承，最终提取结果如图 3.24 所示。

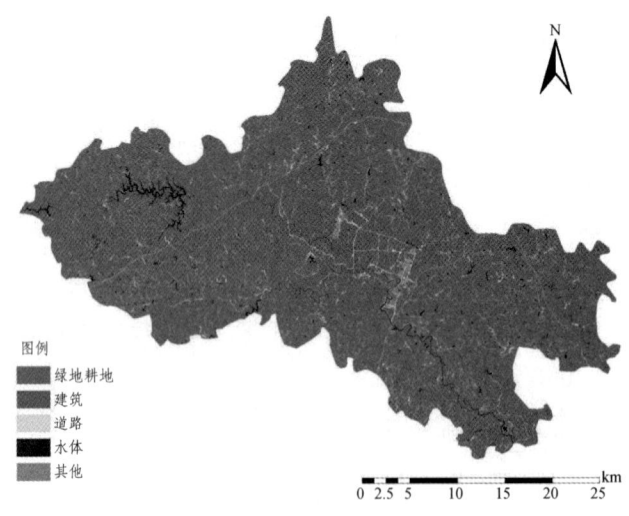

图 3.24　Sentinel-2 影像安居区地物信息提取结果

(四)精度评价

根据对影像分类后的分类结果对建筑类随机生成 190 个随机样本点,结合对哨兵二号数据中各类地物的目视判读对其精度进行计算,其结果如表 3.12 所示。

表 3.12　Sentinel-2 影像地物识别提取结果精度评价

地物类别	用户精度/%	生产者精度/%	误判误差/%	漏判误差/%
建筑	86.48	86.21	13.52	13.79
非建筑	84.17	84.48	15.83	15.52
总体精度=85.4%				
Kappa 系数=0.71				

其总体精度达到 85.4%,根据高分辨率 Google 影像对其进行简单的目视修改来提高提取结果的准确性。

五、结果分析与服务建议

(一)提取结果对比

提取结果对比如表 3.13 所示,就 GF-1 影像而言,建筑信息更加详细,可以很好地识别零散聚落,而在哨兵二号影像上大多会被漏提取。

表 3.13 两种影像提取效果对比表

类别	GF-1	Sentinel-2
城镇聚落	可以大致将聚落内部不同建筑类型以及城镇聚落内部道路区分开	难以提取聚落内部细节信息
乡村聚落	难以提取出内部细节信息，可以确定乡村聚落范围	难以提取出乡村聚落内部细节信息，轮廓范围较 GF-1 影像上的提取结果更大
零散建筑	部分可以提取出	难以提取出来

Sentinel-2 影像更适合于进行多年间聚落扩展情况研究以及进行聚落整体情况的现状分析研究。

就成本而言，GF-1 影像获取成本高，且处理耗费长。而 Sentinel-2 影像对同样大小的区域进行分割其处理耗时少，且该数据免费。

（二）现状分析

以柔刚街道的高分提取结果为例，其聚落内部不同类型建筑物分布情况，如图 3.25 和表 3.14 所示。

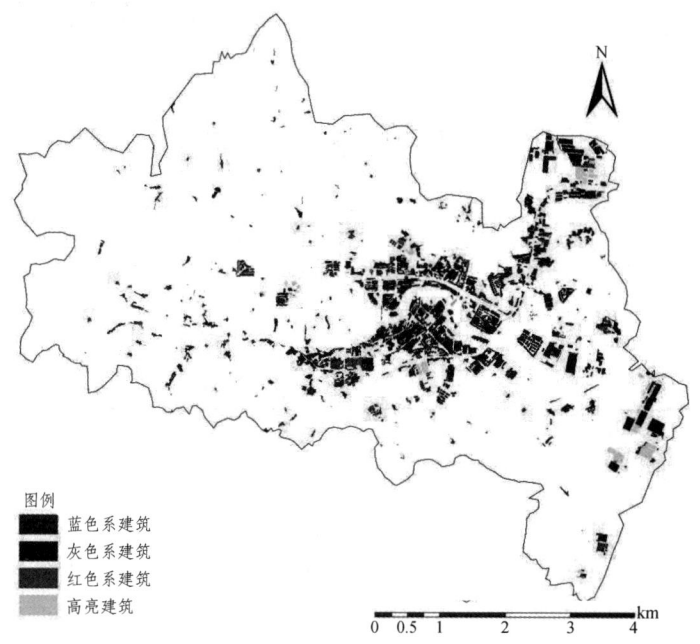

图 3.25　柔刚街道聚落内建筑物提取结果

表 3.14　柔刚街道聚落内建筑物信息统计表

类　别	建筑面积 /km^2	占总建筑面积比/%	占柔刚街道总面积比/%
蓝色系建筑	0.62	18.40	1.41
灰色系建筑	2.27	67.28	5.15
红色系建筑	0.27	7.88	0.60

续表

类 别	建筑面积 /km²	占总建筑面积比/%	占柔刚街道总面积比/%
高亮建筑	0.21	6.31	0.48

基于 Sentinel-2 遥感影像提取的安居区聚落信息，经统计分析得到，安居区境内聚落面积约 10 159.35 hm²，占该区总面积 125 800 hm² 的 8.08%。

为了揭示高程对于聚落空间分布的影响，基于研究区的 ASTER GDEM V2 高程数据，对高程使用等距离分级法将 DEM 数据进行重采样，将重采样结果与提取结果进行叠加分析，并将不同高程区间内占地面积以及其中聚落分布情况进行统计，结果如表 3.15 所示。

表 3.15　不同高程区间上聚落分布统计表

高程 E/m	总占地面积/m²	聚落面积/m²	占总聚落面积比/%	占该级比/%
$E=258$	5 232 960	1 077 943	1.06	20.60
$258<E\leqslant325$	648 185 760	60 201 744	59.26	9.29
$325<E\leqslant392$	574 342 560	38 741 382	38.13	6.75
$392<E\leqslant458$	27 331 560	974 100	0.96	3.56
$E>458$	3 107 160	598 328	0.59	19.26

可以看出，安居区内的主要聚落分布在高程 258 m~392 m，其面积占整个安居区聚落总面积的 97.39%，占该级高程总面积的 16.04%。其中在 258 m~325 m 的高程范围内的聚落最多，总面积达到 6 020.17 hm²，占聚落总面积的 59.36%。

第四节 基于 GF-2 和 GF-6 的土地利用信息提取与服务

一、试验区与数据

试验区为成都市新都区下辖的新都街道与三河街道。新都区位于成都市北部，为成都市中心城区之一，总面积 496 km²。地理位置为北纬 30°40′40″~30°57′58″，东经 103°54′02″~104°16′54″，全区平均海拔 510 m，地势平坦。新都区属于中亚热带湿润季风气候区，气候温和、雨热同期、四季分明。年平均气温 16.1℃，累年平均无霜期 279 d。年平均降水量 828.3 mm，降水夏季多、冬季少，秋季降水略多于春季。2020 年全区生产总值 877.9 亿元，其中第一产业产值 36.9 亿元，第二产值 275.1 亿元，第三产值 565.9 亿元，三次产业结构为 4.2∶31.3∶64.5。2020 年地方一般公共预算收入 67.6 亿元，城镇常住居民人均可支配收入 5.01 万元，农村常住居民人均可支配收入 2.95 万元。

新都街道与三河街道为成都市向北发展的重点区域，具有承接成都市中心城区经济辐射连接德阳、绵阳经济产业带，延伸中心城区经济社会功能的绝大优势。新都街道面积 65.61 km²，下辖 16 个社区与 14 个行政村，常住人口 29.5 万人。三河街道面积 26.33 km²，下辖 7 个社区，常住人口 15.4 万人。

所使用数据为 2020 年覆盖新都区的高分二号（GF-2）、高分六号（GF-6）两种高分辨率遥感影像。高分二号的影像时间为 2020 年 7 月 28 日；高分六号的影像时间为 2020 年 8 月 25 日。

二、研究方法与步骤

通过最优分割尺度与均质性因子的选取实验，最终将 GF-2、GF-6 影像分为 3 层，在分割尺度为 179、178 时得到的对象层上提取水域；在此基础上以 133、123 的分割尺度，得到第二层对象层，并提取耕地、林地和裸地；在第二层的基础上以 65、61 的尺度分割获取第三次对象层，并提取建设用地、交通用地、设施农用地和阴影。GF-2、GF-6 影像多层次结构最优分割参数信息如表 3.16 所示，为了更加客观、高效地选取每类地物相对应的最优特征参数，实验采用地物目标特征值差异分析与索尔福德预测模型（Salford Predictive Modeler，SPM）相结合的方式对特征参数进行优选。通过知识发现，其土地利用类型提取规则如表 3.17 和 3.18 所示。

表 3.16 GF-2、GF-6 影像多层次结构最优分割参数

影像	层次	土地利用类型	最优分割尺度	形状因子	紧致度
GF-2	Level 1	水域	179	0.5	0.6
	Level 2	耕地、林地、裸地	133	0.4	0.5
	Level 3	建设用地、交通用地、设施农用地、阴影	65	0.5	0.5
GF-6	Level 1	水域	178	0.4	0.6
	Level 2	耕地、林地、裸地	123	0.3	0.5
	Level 3	建设用地、交通用地、设施农用地、阴影	61	0.6	0.5

表 3.17 GF-2 土地利用类型提取规则

土地利用类型	提取规则集
水域	BRIGHTNESS≤1 882.696 04 and GLCM_ENTROPY_ALL_DIR ≤8.012 32 BRIGHTNESS > 1 882.696 04 and AREA > 202.500 00 and RATIO_GREEN > 0.281 85
耕地	RATIO_RED ≤ 0.218 68 and GLCM_HOMOGENEITY_ALL_DIR> 0.071 77
林地	RATIO_RED≤0.218 68 and GLCM_HOMOGENEITY_ALL_DIR = 0.071 77
裸地	RATIO_RED > 0.218 68
建设用地	MEAN_RED >1 403.738 04 and LENGTH ≤ 110.652 04 and GLDV_ANG_2ND_MOMENT_ALL_DIR = 0.015 75 and G_B = 1.045 01 or G_B > 1.139 45 MEAN_RED > 1 403.738 04 and LENGTH = 110.652 04 and GLDV_ ANG_2ND_MOMENT_ALL_DIR > 0.015 75 and MEAN_BLUE > 2 184.660 64
交通用地	MEAN_RED > 1 403.738 04 and LENGTH ≤ 110.652 04 and GLDV_ANG_2ND_MOMENT_ALL_DIR > 0.015 75 and MEAN_BLUE= 2 184.660 64 and RATIO_GREEN > 0.242 17 MEAN_RED > 1 403.738 0 and LENGTH > 110.652 04
设施农用地	MEAN_RED > 1 403.738 04 and LENGTH ≤ 110.652 04 and GLDV_ANG_2ND_MOMENT_ALL_DIR ≤0.015 75 and G_B > 1.045 01 and G_B ≤1.139 45
阴影	MEAN_RED ≤1 403.738 04

表 3.18 GF-6 土地利用类型提取规则

土地利用类型	提取规则集
水域	GLCM_ENTROPY_ALL_DIR ≤ 7.372 33 and STANDARD_DEVIATION_RED ≤160.430 57 GLCM_ENTROPY_ALL_DIR > 7.372 33 and RATIO_GREEN > 0.270 14

续表

土地利用类型	提取规则集
耕地	RATIO_RED ≤ 0.191 57 and GLCM_HOMOGENEITY_ALL_DIR > 0.075 94 and ASYMMETRY ≤ 0.863 61
林地	RATIO_RED ≤ 0.191 57 and GLCM_HOMOGENEITY_ALL_DIR ≤ 0.075 94
	RATIO_RED ≤ 0.191 57 and GLCM_HOMOGENEITY_ALL_DIR > 0.075 94 and ASYMMETRY > 0.863 61
裸地	RATIO_RED > 0.191 57
建设用地	BRIGHTNESS > 964.198 24 and MEAN_BLUE ＝ 1 579.251 22 and GLDV_ANG_2ND_MOMENT_ALL_DIR > 0.015 51 and R_G > 1.022 27
	BRIGHTNESS > 964.198 24 and MEAN_BLUE > 1 579.251 22
交通用地	BRIGHTNESS > 964.198 24 MEAN_BLUE ≤ 1 579.251 22 and GLDV_ANG_2ND_MOMENT_ALL_DIR ＝ 0.015 51 and RATIO_RED > 0.235 98
	BRIGHTNESS > 964.198 24 and MEAN_BLUE ≤ 1 579.251 22 and GLDV_ANG_2ND_MOMENT_ALL_DIR > 0.015 51 and R_G ≤ 1.022 27
设施农用地	BRIGHTNESS > 964.198 24 and MEAN_BLUE ＝ 1 579.251 22 and GLDV_ANG_2ND_MOMENT_ALL_DIR ＝ 0.015 51 and RATIO_RED ≤ 0.235 98
阴影	BRIGHTNESS ≤ 964.198 24

三、基于多层次结构的土地利用分类结果

在通过影像分割实验形成多层次结构上，以各层次最优分割参数为基础，在每层利用相对应的特征参数训练分类器并应用，从而提取8类地物。

（一）GF-2 影像基于多层次结构的土地利用分类

在通过分割参数[179，0.5，0.6]获取的 Level 1 层上，训练分类器并应用，以此提取水域；在 Level 1 层的非水域部分基础上，以[133，0.4，0.5]的参数分割得到 Level 2 层，训练分类器并应用，提取耕地、林地和裸地；将 Level 2 层的非耕地、林地和裸地部分，以[65，0.5，0.5]的参数分割获取 Level3 层，训练分类器并应用，提取建设用地、交通用地、设施农用地和阴影。土地利用分类结果如图 3.26 所示。

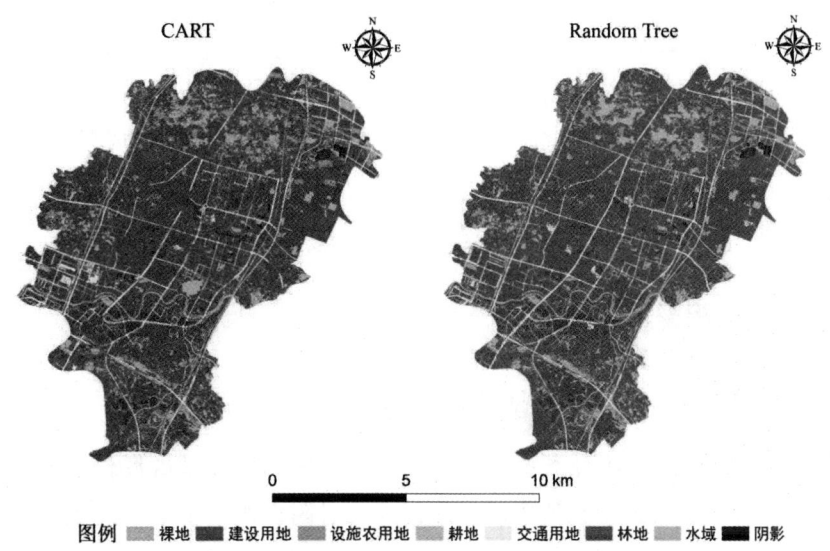

图 3.26 GF-2 影像基于多层次结构的土地利用分类结果

（二）GF-6 影像基于多层次结构的土地利用分类

在通过分割参数[178，0.4，0.6]获取的 Level 1 层上，训练分类器并应用，以此提取水域；在 Level 1 层的非水域部分基础上，以[123，0.3，0.5]的参数分割得到 Level 2 层，提取耕地、林地和裸地；将 Level 2 层的非耕地、林地和裸地部分，以[65，0.5，0.5]的参数分割获取 Level 3 层，提取建设用地、交通用地、设施农用地和阴影。土地利用分类结果如图 3.27 所示。

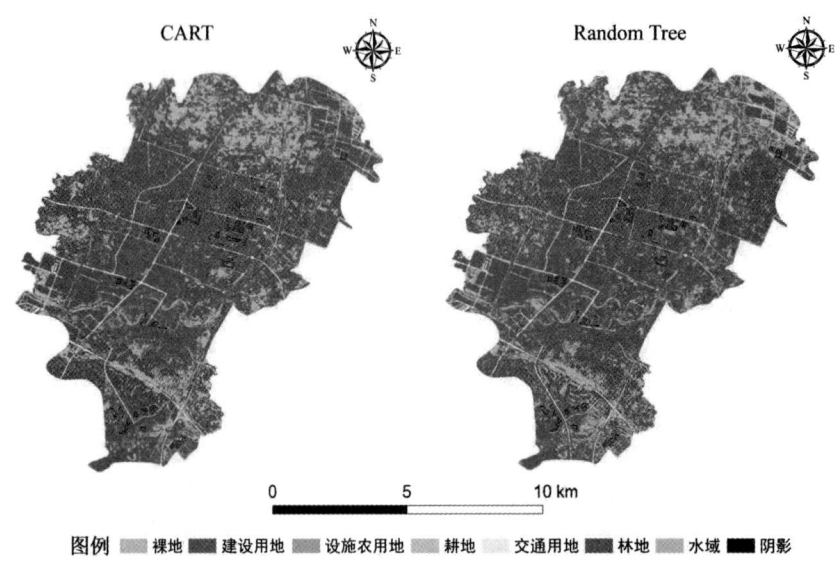

图 3.27　GF-6 影像基于多层次结构的土地利用分类结果

（三）阴影对象再分类

研究区内高层建筑与树木受传感器姿态及光照因素影响，会产生阴影斑块，对土地利用分类产生一定影响。考虑到后续精度评价时所选取的精度验证点来源于其他影像，首先通过对阴影遮挡下地物的光谱特征差异进行分析，再以[30，0.5，0.5]参数对阴影对象进行分割，并采用随机森林分类器对阴影对象进行再分类处理。最终将不同类别的阴影对象与阴影遮挡下的真实地物划分为一类，如将阴影遮挡下的建筑与非阴影区的建设用地合并为一类。

通过对土地利用分类的精度评价结果（表 3.19~表 3.22）分析可知，CART 决策树与随机森林两种算法的分类精度有一定差异。从 GF-2 影像来看，基于 CART 决策树分类的总体精度为 84.20%，Kappa 系数为 0.780 3；基于随机森林分类的总体精度为 85.93%，Kappa 系数为 0.804 3。基于 CART 决策算法的分类结果中，水域、设施农用地的分类精度较高；而交通用地的分类精度最低，Kappa 系数为 0.745 6。基于随机森林算法的分类结果中,设施农用地、裸地和水域的分类精度较高;而交通用地的分类精度最低,Kappa 系数为 0.763 3。

表 3.19　GF-2 影像 CART 决策树分类结果精度评价

土地利用类型	制图精度/%	用户精度/%	Kappa 系数
水　域	85.19	88.46	0.849 6
林　地	85.82	89.55	0.776 6
耕　地	80.28	79.19	0.773 3
裸　地	80.00	87.50	0.792 2
建设用地	86.30	83.33	0.791 8
交通用地	77.16	71.84	0.745 6
设施农用地	85.71	92.30	0.865 0
总体精度 =84.20%			
总 Kappa 系数 =0.780 3			

表 3.20　GF-2 影像随机森林分类结果精度评价

土地利用类型	制图精度/%	用户精度/%	Kappa 系数
水　域	89.29	92.60	0.891 1
林　地	88.04	90.10	0.809 0
耕　地	81.10	83.41	0.784 3
裸　地	86.49	87.67	0.858 8

续表

土地利用类型	制图精度/%	用户精度/%	Kappa 系数
建设用地	87.01	84.60	0.803 5
交通用地	78.62	75.76	0.763 3
设施农用地	92.86	86.67	0.928 0
总体精度 =85.93%			
总 Kappa 系数 =0.804 3			

表 3.21　GF-6 影像 CART 决策树分类结果精度评价

土地利用类型	制图精度/%	用户精度/%	Kappa 系数
水　域	82.76	85.71	0.824 7
林　地	87.07	86.67	0.791 0
耕　地	76.15	76.85	0.726 5
裸　地	72.06	76.56	0.709 6
建设用地	81.66	82.97	0.726 2
交通用地	67.74	62.87	0.642 0
设施农用地	83.33	76.92	0.832 0
总体精度 =81.37%			
总 Kappa 系数 =0.740 3			

表 3.22 GF-6 影像随机森林分类结果精度评价

土地利用类型	制图精度/%	用户精度/%	Kappa 系数
水　域	84.85	87.50	0.845 6
林　地	87.62	87.35	0.799 6
耕　地	77.42	78.50	0.741 6
裸　地	75.38	80.33	0.744 7
建设用地	83.04	83.92	0.746 8
交通用地	69.87	64.88	0.665 6
设施农用地	84.62	78.57	0.844 9
总体精度=82.60%			
总 Kappa 系数=0.757 5			

从 GF-6 影像来看，基于 CART 决策树分类的总体精度为 81.37%，Kappa 系数为 0.740 3；基于随机森林分类的总体精度为 82.60%，Kappa 系数为 0.757 5。基于 CART 决策算法的分类结果中，设施农用地、水域的分类精度较高；而交通用地的分类精度最低，Kappa 系数为 0.642 0。基于随机森林算法的分类结果中，水域、设施农用地的分类精度较高；而交通用地的分类精度最低，Kappa 系数为 0.665 6。

从不同的土地利用类型来看，某一土地利用类型的制图精度大于用户精度，说明其错分现象较为严重，如 GF-2 影像分类结果中有部分非建设用地被错分为建设用地，导致建设用地的用户精度较低；若某一土地利用类型的用户精度大于制图精度，说明其漏分现象更为严重，如 GF-2 影像分类结果中本应被划分为裸地的对象被分为其他土地利用类型，导致裸地的制图精度较低。

GF-2 影像分类精度整体上优于 GF-6 影像，这是因影像分辨率的不同而导致的。在 GF-6 影像分类结果中，水域、林地、建设用地、设施农用地分类精度较高，后期可使用单景影像覆盖范围更广、处理速度更快的 GF-6 影像对其进行提取，对于提取精度较低的耕地、裸地、交通用地，则通过 GF-2 影像提取，从而实现土地利用的快速更新。

（四）土地利用信息提取结果修正

本研究选取精度最高的基于随机森林算法的 GF-2 影像分类结果，在此基础上结合 Google 影像，针对分类结果中土地利用类型的错分、漏分等问题，利用目视解译方法对分类结果进行修正。最终结果如图 3.28 所示。

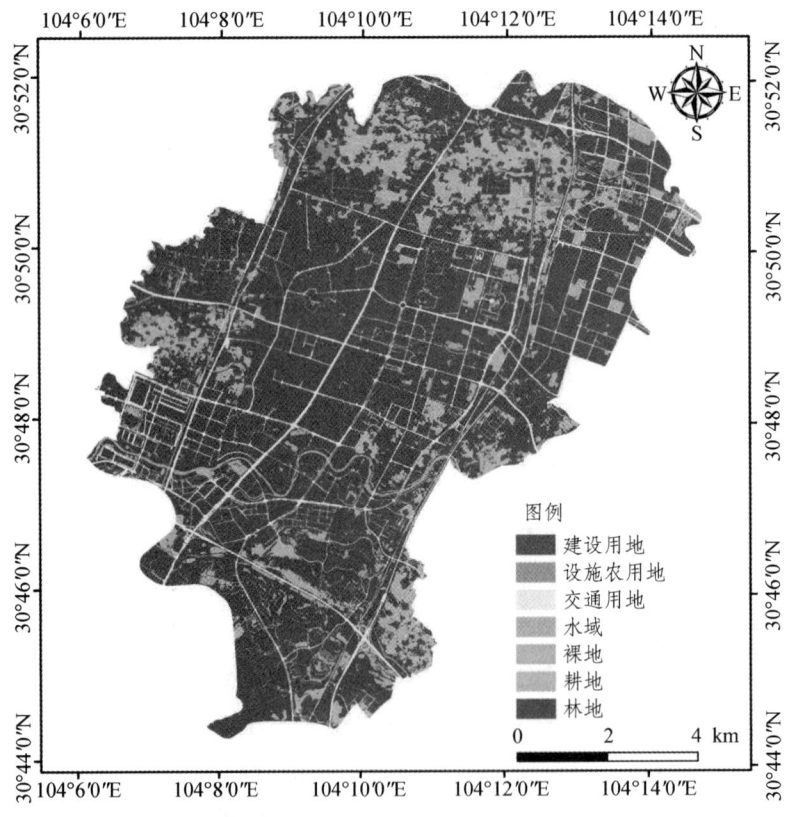

图 3.28 新都区土地利用信息提取结果

通过采样，并利用目视判读，对精度进行评价，其结果如表 3.23 所示。

表 3.23　目视解译修正后土地利用信息精度评价

土地利用类型	制图精度/%	用户精度/%	Hellden精度/%	Short精度/%	Kappa系数
水　域	92.86	96.30	94.55	89.66	0.927 4
林　地	97.57	94.27	95.90	92.10	0.959 7
耕　地	91.47	96.50	93.92	88.53	0.903 4
裸　地	96.88	92.54	94.66	89.86	0.967 5
建设用地	94.80	95.80	95.30	91.01	0.922 0
交通用地	91.03	96.60	93.73	88.20	0.901 8
设施农用地	95.00	90.48	92.68	86.36	0.949 4
总体精度=95.16%					
总 Kappa 系数 = 0.932 0					

如表 3.23 所示，修正后土地利用分类结果的精度明显提高，总体精度达 95.16%，Kappa 系数也提高至 0.932 0。

（五）POI 与 GF-6 协同的细分建设用地信息

1. 地块划分原则

本研究通过土地利用分类结果中的交通用地信息，结合高分辨率遥感影像，划分各类型建设用地的地块边界，并确定其用地类型。在进行地块划分时既要保证地物的独立性和完整性，同时还要考虑城市内部复杂的空间结构特征。如分布于居住用地底层的小型超市、便利店，其独立性较低，为了保证居住用地的整体完整性而未将其进行单独的划分；而大型的商场独立性较高，可将其单独划分为一个地块。此外，老城区中的各类建设用地的分离性较低，还需结合在线电子地图确定其地块边界，以便于后续对POI特征的提取。

2. 城市各建设用地影像特征

根据城市不同的建设用地类型，对其遥感影像特征进行分析如下：

（1）住宅用地。研究区内的住宅用地主要分为住宅小区、别墅、乡村居民点等。住宅小区中老式小区以多层建筑为主，屋顶呈暗灰色【图3.29（a）】；城市中的新建小区大多以高层建筑为主，屋顶呈红色或浅灰色【图3.29（b）】；在城市边缘地带分布着低密度住宅区，大多为低于3层的低层建筑【图3.29（c）】；此外，乡村居民点零散分布于城市外围，以聚落的形式构成形态、大小有别的"川西林盘"【图3.29（d）】。

（a）

(b)

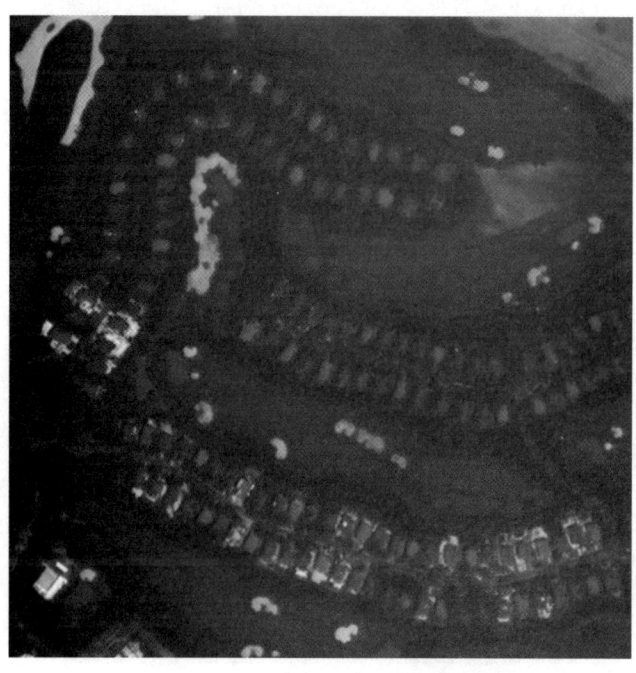

(c)

（d）

图 3.29　住宅用地遥感影像特征

（2）商服用地。研究区内的商服用地主要为大型的商业综合体、星级酒店、批发市场以及分布于学校周围的商业集中区。在影像上可以看出：商业综合体总体建筑面积较大，其内部由商场、电影院、餐厅、酒店等商服用地组成，此外还配备有高层或超高层写字楼【图 3.30（a）】；研究区内的大学、中学附近分布着大量的商服用地，形成以多层建筑为主的商业集中区，屋顶颜色以蓝色、深灰色为主【图 3.30（b）】。

（a）

（b）

图 3.30　商服用地遥感影像特征

（3）交通场站用地。汽车客运站与火车站的建筑形状都较为规则，且配备有站前广场【图 3.31（a）】；教练场占地面积较大，在高分辨率遥感影像中可以明显分辨出训练场地【图 3.31（b）】。

（a）

(b)

图 3.31 交通场站用地遥感影像特征

（4）工矿仓储用地。从遥感影像上可以看出，工矿仓储用地建筑面积较大，大型仓库、物流中心和转运中心以亮顶建筑和深灰色建筑为主【图 3.32（a）】，工厂厂房以蓝顶建筑为主【图 3.32（b）】。

(a)

(b)

图 3.32 工矿仓储用地遥感影像特征

（5）特殊用地。如图 3.33 所示，图 3.33（a）为新都宝光桂湖文化旅游区中的宝光寺，整体以低层建筑为主，屋顶呈深灰色，园区内植被覆盖度较高；图 3.33（b）为新都区看守所，其外围的高墙及内部结构在高分辨率遥感影像上可以清晰辨别出。

(a)

(b)

图 3.33　特殊用地遥感影像特征

（6）公共管理与公共服务用地。研究区内的教育科研用地、体育用地以及医疗卫生用地在遥感影像特征较为明显。教育科研用地中高等院校的占地面积较大，教学楼以多层建筑为主，且建筑密度较低，此外其内部还分布有运动场、体育馆等设施【图 3.34（a）】；中学与小学的占地面积略小于高等院校，其内部由教学楼、运动场等组成【图 3.34（b）】；体育用地是除学校等机构专用的体育设施以外的体育场馆、体育训练基地，如独立的新都区体育中心【图 3.34（c）】；医疗卫生用地中综合医院的遥感影像特征最为明显，其建筑面积较大，由门诊大楼和住院大楼构成，且配备有大型的地面停车场【图 3.34（d）】。

（六）POI 点协同下各建设用地信息提取

本研究利用 Place2Vec 模型构建 POI 数据训练集，挖掘 POI 数据的语义与地理空间信息，以便于提取 POI 特征向量，步骤如下：① 根据 POI 数据的语义信息和地理空间信息，利用简单增强法构建训练数据集；② 建立 Skip-Gram 模型对训练集进行训练，提取出 POI 数据的高维特征向量；③ 通过加权平均法，获取各地块单元的特征向量，并确定其用地类型，最终的建设用地专项信息提取结果如图 3.35 所示。

（a）

（b）

(c)

(d)

图 3.34 公共管理与公共服务用地遥感影像特征

第三章 面向对象的地表遥感专题信息提取与服务 | 145

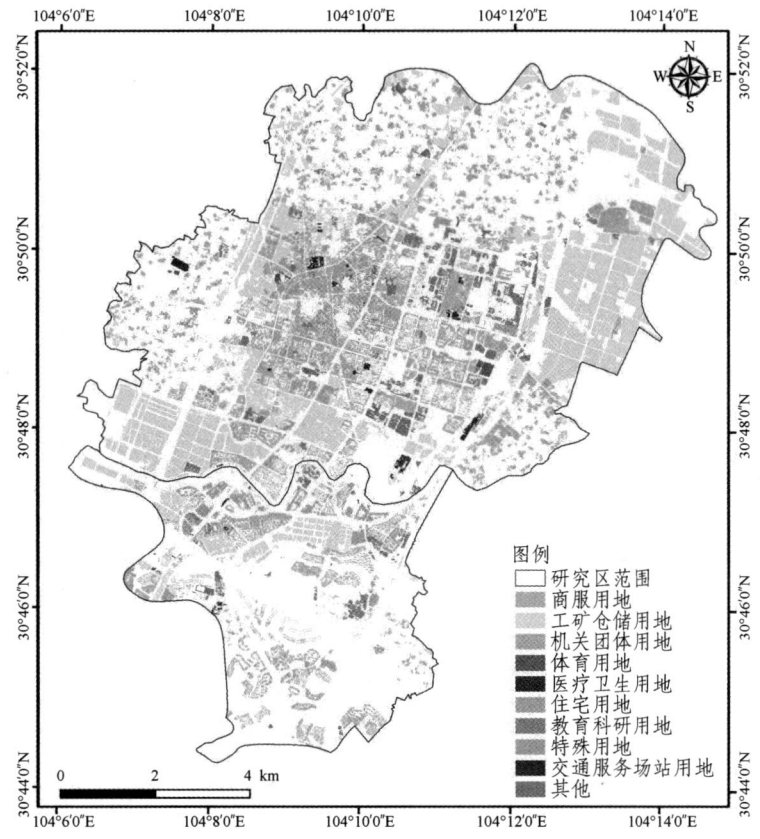

图 3.35 建设用地专项信息提取结果

（七）建设用地专项信息提取结果与精度评价

为了更加客观地评价建设用地专项信息提取的精度，本研究以成都市智慧城市时空大数据与云平台（https://www.chengdumap.cn/）、"天地图"国家地理信息公共服务平台（https://www.tianditu.gov.cn/）以及 Google 影像为辅助，在高德电子地图上选取 316 个样本点进行精度评价，如表 3.24 所示。

表 3.24　建设用地专项信息提取结果精度评价

建设用地类型	样点数	制图精度/%	用户精度/%	Hellden精度/%	Short精度/%	Kappa系数
商服用地	38	84.21	96.97	90.14	82.05	0.823 8
工矿仓储用地	81	98.75	95.18	96.93	94.05	0.983 0
机关团体用地	15	86.67	92.86	89.66	81.25	0.860 5
体育用地	5	80.00	80.00	80.00	66.67	0.796 8
医疗卫生用地	14	87.50	93.33	90.32	82.35	0.868 9
住宅用地	102	95.00	95.96	95.48	91.35	0.927 4
教育科研用地	44	86.05	97.37	91.36	84.10	0.841 5
特殊用地	9	90.00	90.00	90.00	81.82	0.896 8
交通服务场站用地	8	81.82	90.00	85.71	75.00	0.812 3
总体精度 =91.82%						
总 Kappa 系数 = 0.898 0						

总体精度为 91.82%。

四、结果分析与服务建议

（一）土地利用现状分析

本研究在基于高分辨率遥感影像提取的土地利用信息以及基于 POI

数据的建筑用地专项细分结果的基础上,以《第三次全国国土调查技术规程》(TD/T1055—2019)标准为参照,对新都区 2020 年城市土地利用现状进行制图输出(图 3.36),各类的面积及其占比如表 3.25 所示。

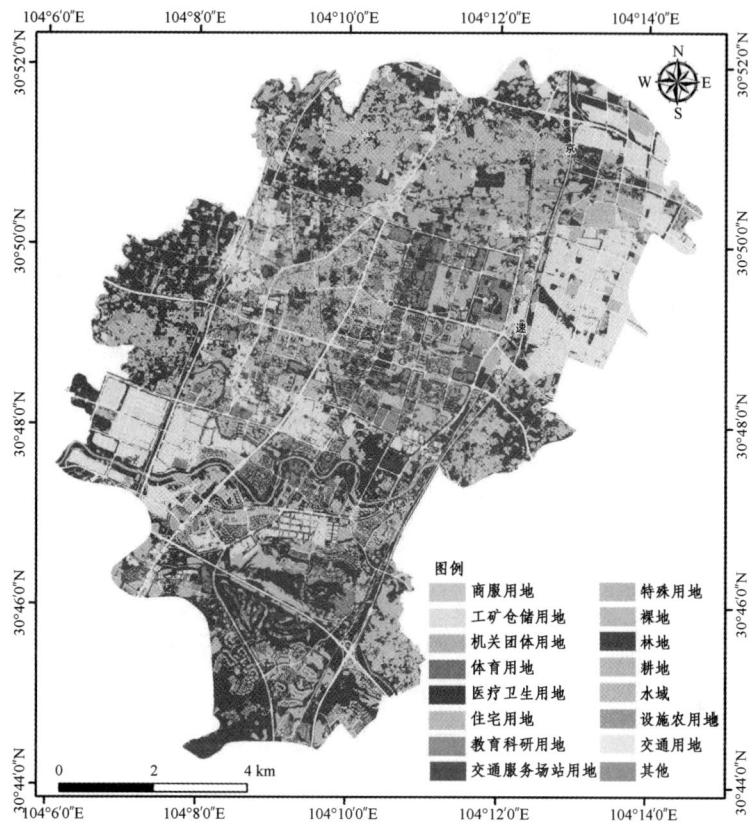

图 3.36　新都区 2020 年城市土地利用现状

表 3.25　新都区城市土地利用现状面积统计

土地利用类型		面积/km²	面积占比/%
非建设用地	林　地	41.89	38.93
	耕　地	11.22	10.43
	水　域	2.00	1.86
	设施农用地	0.83	0.77

续表

土地利用类型		面积/km²	面积占比/%
非建设用地	交通用地	9.11	8.47
	裸地	4.07	3.78
	合计	69.12	64.24
建设用地	住宅用地	15.04	13.98
	商服用地	3.21	2.98
	工矿仓储用地	16.06	14.93
	特殊用地	0.24	0.22
	交通服务场站用地	0.25	0.23
	机关团体用地	0.13	0.12
	医疗卫生用地	0.23	0.21
	教育科研用地	1.88	1.75
	体育用地	0.15	0.14
	其他	0.86	1.19
	合计	38.47	35.76

（二）城市空间结构优化建议

21世纪以来随着城市的快速发展，建设用地规模不断扩张，城市人口也不断增长，人地矛盾也日趋显著。在此背景下，结合城市自然环境、交通网络、建设用地类型以及功能分区，为城市发展提出合理的建议具有重要意义。为强化城市空间格局，应充分利用新都区自身优良的文化底蕴和区位优势，基于区域协调发展等理念，加强对生态绿地、历史文化街区的保护，打造出与自然环境有机融合的"公园城市"。具体措施如下所示：

（1）在一定的保护措施下对宝光桂湖文化旅游区为核心的历史文化街区（老城区）进行升级改造。首先，对区域内老旧的基础设施进行改造提升，如道路整修、管网更换、停车位增设等。其次，将老城区内的工矿仓储用地实行整体搬迁，并增加公园绿地、体育设施等公共管理与公共服务用地。

（2）加强对城市边缘耕地的保护，坚守 18 亿亩耕地红线，将耕地保护区内的工矿仓储用地迁出。将"川西林盘"作为乡村建设的重要载体，构建"以生态为本底，以田园为基调"的现代化农业产业园和乡村休闲旅游基地。

（3）加快产业转型与升级，在可控范围内，将现代交通产业功能区工业集中西区中占地面积大、污染严重的企业外迁至工业集中东区，或迁至配套设施完善的现代交通产业功能区石板滩片区。

（4）优化教育资源空间分布，促进教育均衡发展。在新城区、三河组团、五龙山片区以及蜀龙片区内部新建一批中、小学，继续引进优质教育单位并设立分校，如成都实验外国语学校（五龙山校区）等。

（5）完善医疗卫生服务体系，加快城市内部大型综合医院分院区的建设，提升社区医院医疗救治水平。

（6）强化生态环境保护措施，加大对公园绿地建设的支持力度，提升已建设公园绿地的基础设施。在五龙山片区和蜀龙片区应严格控制建设用地规模，恢复已被破坏的植被，改善整体生态环境。此外，还应出台相应水域保护办法，合理利用水资源，如沿毗河打造的滨水节点，为市民提供了休闲游憩的活动场所。

第四章

基于机器学习的地表遥感专题信息提取与服务

第一节　基于深度学习的遥感人工目标定位

一、目标检测技术发展

目标检测的研究，长期以来一直都是计算机视觉方向中最基本且最具有挑战性的课题之一。目标检测算法主要解决图像处理中的两个基本问题——在什么位置（图像中），是什么目标物体。这也是在图像处理过程中获取图像内容信息的两个主要任务，即定位和分类。它是构成许多诸如实例分割、行为识别、图像描述生成、目标跟踪等其他计算机视觉任务的基础。特别是近年来互联网技术、人工智能技术的发展，硬件设备的升级更新，面对多样化和丰富化的各领域需求，越来越多的研究者投入到目标检测的研究当中。

近年来，基于深度学习神经网络的目标检测在高分辨率遥感中被证明具有很好的识别效果，在大部分特定目标检测（包括城市、机场、建筑、飞机、舰船、车辆、云、海冰等遥感图像中比较重要和有价值的目标）中，识别均取得了不错的成绩。目前主要的目标检测方法分为两类，即端到端一体化的目标检测卷积神经网络和基于区域建议的目标检测卷积神经网络。

端到端的目标检测方法的特点为一个网络一步到位，主要算法为YOLO系列（YOLO v1-v5）、SSD等。较著名的YOLO系列算法最早由Joseph Redmon等人于2015年提出，之后经过各方的改进，它将物体检测作为回归问题求解，训练和检测均是在一个单独的end-to-end网络中进行，以一个阶段完成从原始图像的输入到物体位置和类别的输出。它具有网络识别速度快、背景误检率低以及通用性高的优点，但早期YOLO相比RCNN系列算法，它的物体位置识别准确性差，召回率较低。改进版性能较好的 YOLOv4 由 Alexey Bochkovskiy 等人于 2020 年提出,它集合了众多目标检测模型的优点,设计了一种高效且强大的目标检测模型,且识别准确率高、训练速度极快。YOLO 系列目前已经改进至 YOLOv7。该团队公布的结果表明,YOLOv5 的性能表现要优于 Google 开发的 EfficientDet 目标检测框架,能够实现 140FPS 的快速检测。YOLOv5 与 YOLOv4 相比模型体积小了近 90%(YOLOv4 244 MB,YOLOv5 27 MB),且准确度指标与 YOLOv4 相当,因此在当前众多目标检测领域应用广泛。

在基于区域建议的目标检测领域中,R-CNN 被开创性地提出。Ross Girshick 等人于 2013 年提出最初的 R-CNN,分为两个流程。第一步对于一张图片指出其中若干个可能包含物体的区域,被称为 Region Proposal,这里用到的是 Selective Search 算法;第二步利用当时识别表现最好的分类网络 AlexNet 对每个上述区域进行物体识别。主要有两点贡献:① CNN 可用于基于区域的定位和物体分割;② 有监督学习的训练集样本不足时,经过额外数据集预训练之后的模型经过 fine-tuning 可以得到较好的识别效果。但是存在以下问题:需要训练模型有 3 个,模型部署识别的性能较低。在此基础上 Ross Girshick 等人提出改进的 Fast R-CNN,算法过程如下:先得到 Feature Map,并且找到 ROI 映射到特征图;对每个 ROI 进行 ROI 池化的操作以得到等长的特征向量(Feature Vector),将正负样本同时处理,进行回归和分类操作,并且将损失统一起来。这一方法将 Proposal,Feature Extractor,目标识别和定位统一在一个框架当中,在神经网络中加入共享卷积的计算以获得更高的特征样本利用率。但是这一方法还是存在 R-CNN 中存在的问题,即 Region Proposal 阶段使用的 selective search 耗时太长(Region Proposal 2~3 s,特征分类 0.32 s)。任少卿等人在 2015 年提出了进一步改进版——FasterR-CNN,在提取目标区域的定位部分采用了 anchor box 的方法,即在滑动窗口上生成大小各异的目标框,取监督学习训练样本的标注区域和网络预测区域的重合比值(IOU)为一定阈值,标注这些 anchorbox 的正负值。使用 RPN 网络取代之前的 Selective Search 算法使得检测任务可以端到端的完成。由何恺明提出的 Mask-RCNN,将原本网络中涉及特征图尺寸变化部分的取整操作都舍弃,非整数位置的像素通过双线性差值填补。这使得下游特征图向上游映射时没有位置误差,不仅提升了目标检测效果，还使得算法能满足语义分割任务的精度要求。RCNN 系列改变以往烦琐的穷举滑动窗口形式，通过选择性搜索提取少量的合适的区域候选框，再对候选区域大小归一化以及使用深度卷积神经网络提取特征，最后使用 SVM 进行分类识别得出最终的目标检测结果，在此基础上对目标进行定位和分类，有着不错的检测精度，适用于对精度要求较高的实验。

实例分割（Instance Segmentation）是技术要求较高的一类分割，它既要实现对像素点的分类，也要完成目标检测（Object Detection）区分同类目标不同个体的任务。它可以视为目标检测和语义分割的结合，首先从图像中将单个目标分离出来，再对目标打上对应的类别标签（语义分割）。比如在人群密集的街道上，将每个行人和车辆等目标逐个区分出来。但是语义分割不区分属于相同类别的不同实例，因此不适合提取那些具有严格边界的目标。例如，一幅照片中出现许多辆自行车时，语义分割会将符合自行车特征的所有像素预测为"自行车"这个类别。在这种情况下，才能体现出实例分割的优势，实例分割需要区分出哪些像素属于第一只猫、哪些像素属于第二只猫。图像实例分割是在对象检测的基础上进一步细化，分离对象的前景与背景，实现像素级别的对象分离。因此，图像实例分割技术在对象检测的基础上，添加额外的分类功能的技术。图像实例分割在目标检测、人脸检测、表情识别、医学图像处理与疾病辅助诊断、视频监控与对象跟踪、零售场景的货架空缺识别等场景下均有应用。

目前实例分割算法包括 Mask R-CNN、TensorMask、CenterMask。

（1）Mask R-CNN 是 2017 年提出的一个实例分割模型，它的作者是 Facebook AI Research 科学家何凯明，同时他也是深度残差网络的作者。Mask R-CNN 是一个方便、灵活的实例分割框架，它既可以准确地检测到图像中的物体，并为它们设置分类标签，又可以对每个检测到的物体用一个掩膜标记出来。

Mask R-CNN 的前身是 Faster R-CNN，它引入 ResNet-FPN 的架构进行特征提取，并添加了一个 Mask 预测分支。从结构上看，它包括 backbone、FPN、anchors、RPN、RoIAlign、classification 分类器以及 mask 分支。Mask R-CNN 结构如图 4.1 所示。

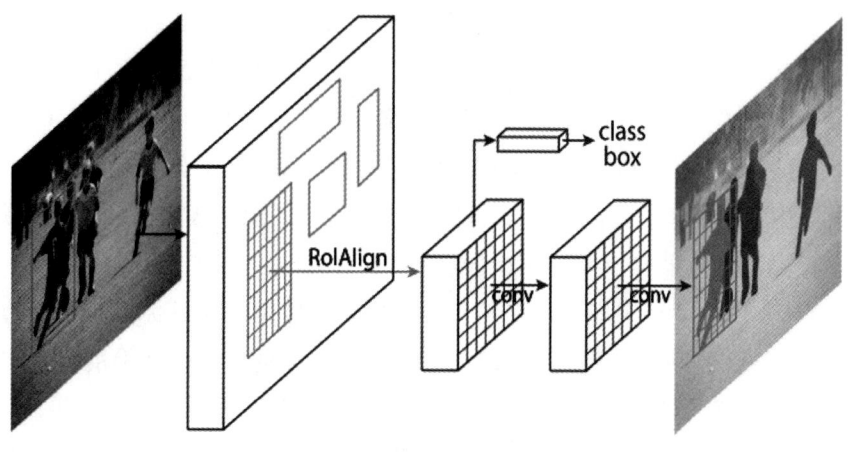

图 4.1 Mask R-CNN 结构图

Mask R-CNN 的 backbone 可以是任意的有卷积层构成的提取特征的 feature map，在不同情况下可以选择不同的网络作为 backbone，常见的 backbone 包括 VGG16，VGG19，GooLeNet，ResNet50，ResNet101 等。图像经过 feature map 处理后的结果，会成为下一阶段 FPN 的输入数据。

FPN 是指特征金字塔，它融合了整幅图像从底层到高层的特征，从而充分地利用了提取到的各个阶段的特征。

anchors 英文翻译为锚点、锚框，是用于在 feature maps 的像素点上产生一系列的框，各个框的大小由 scale 和 ratio 这两个参数来确定，每个目标周围的 anchor 的数量由该图所含的图像类别数决定。

RPN 是区域推荐的网络的简写，它可以检测出感兴趣的区域。从本质上看，它是"筛选出可能会有目标的框"。

RoIAlign 是 Mask RCNN 中提出的一个新结构，它是在 RoI pooling 上稍加改动变化而来，它可以得到一个相对规整的坐标框。

Mask R-CNN 损失函数进行了改进，提出了一种基于单像素 Sigmod 二值交叉熵的方法。这样对每一个预测的类别都会输出一个二值掩膜，从而巧妙地避免了类间竞争，每个二值掩膜的预测类别通过 ROI 分类器输出。后续的 classifier 分类器根据之前检测到的 ROI 进行分类和回归。

（2）TensorMask 是基于密集滑窗的实例分割框架，相比 Mask

R-CNN，它有两个创新点，分别是 4D 张量和张量双尺度金字塔。

4D 张量（V，U，H，W）表示所有可能的掩码；当窗口大小为（V，U）时，位置空间（H，W）中的每个点都会对应一个掩码窗口（V，U），每个（V，U）平面就是一个掩码。对于其中的某点的值代表着在以（y，x）为中心、窗口大小为（aV，aU）的掩码中位于（y+aV，x+aU）的点是掩码的概率值；这种结构化的高维表示更有助于实例分割。

张量双尺度金字塔是反向的尺度金字塔，这是因为目标检测中的边界框的表示是跟尺度无关的，即不管是哪个尺度的输出，其维度都是固定的 4 维。而实例分割中的掩码表示显然应该跟尺度相关，掩码表示应该满足：大物体拥有高分辨的掩码和粗略的空间位置信息，而小物体拥有低分辨率的掩码但是精细的空间位置信息。因此提出了双尺度金字塔来应对实例分割中的多尺度。

然而 TensorMask 并不是完美的算法，实验表明它的提取精度不及 Mask R-CNN，且速度比 Mask R-CNN 慢 3 倍。

（3）CenerMask 是一种简单、快速、准确的单镜头实例分割方法，同时它也是一种一阶段（one-stage）、无锚点（anchor-free）的目标检测方法，它不依赖预设定的 anchor，直接预测 bounding box 所需的全部信息。CenerMask 提出了一种两段式分割方法，先进行包围盒检测，再对包围盒区域的像素进行分类，得到最终的掩膜。CenerMask 为了区分位于不同位置的实例，采用每个实例的中心点来对其 mask 进行建模，中心点的定义是该物体的 bounding box 的中心。它将物体 mask 的表示拆分为两部分：mask 的形状和 mask 的大小，用固定大小的图像特征表示 mask 的形状，用二维向量表示 mask 的大小（高和宽）。

由于 CenterMask 采用了 one-stage 的思想，因此在计算速度上展现出明显的优势。从实验结果可以看出，CenterMask 提取的掩膜精度是非常低的，掩膜的形状几乎不能与被检测目标重合，这个缺点对于特征空间目标的提取是致命的。

本书所涉及的特征空间目标是那些带有明显边界的地物目标，在整个研究过程中涉及这些目标的外部边界计算；对于同一类特征空间目标的不同个体也需要区分，而不是停留在识别它们属于哪一类像元。因此本书选用实例分割模型来提取遥感图像的特征空间目标。

二、遥感影像空间尺度智能判识

采用深度学习的思路，建立空间分辨率智能判识深度神经网络。深度学习网络以遥感影像为训练样本，空间分辨率为标签，采用监督式学习，对样本中的指纹特征反复训练，不断地调整训练网络，直到模型的预测结果达到一个预期的准确率。

空间分辨率智能判识采用卷积神经网络，整个网络层初步设计为多个卷积层-池化层组合，其计算结果输出到 Dropout 激活层，再通过全连接层将输入图像输出为预测分辨率；在样本训练过程中，利用均方误差评价损失，并进行误差反向传播。通过大量数据样本，最终将预测分辨率误差尽量降低到 10% 以内。空间分辨率智能标识算法框架如图 4.2 所示。

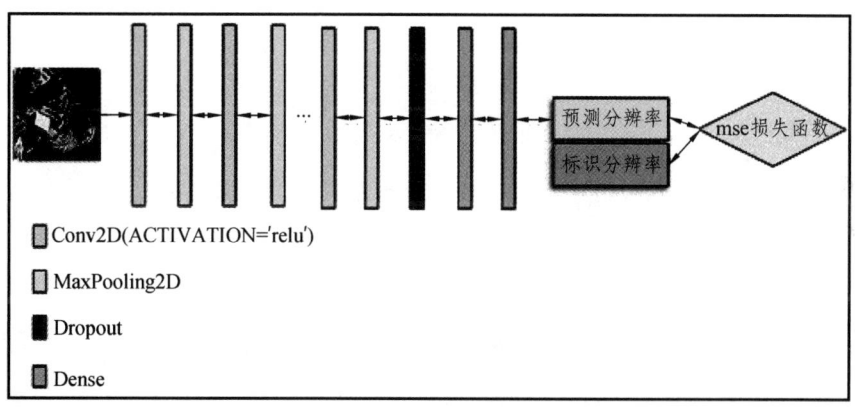

图 4.2　空间分辨率智能标识算法框架

目前，使用天地图遥感影像中国范围内的瓦片数据进行空间分辨率智能标识实验。实验共采集训练样本 5 479 个、测试样本 2 903 个，共训练 70 轮次，测试样本预测完全正确率为 76%，预测误差小于等于 1 的正确率为 94%。

为进一步提高空间尺度智能预测算法的精度，提出一种基于集成学习简单投票法的空间尺度智能判识方法。投票法是集成学习里面针对分类问题的一种结合策略,投票法把超过半数以上的投票结果作为要预测的分类。

对于二分类问题 $y=[-1,1]$,假设错误率为 q,且真实集函数表达式为 $f(x)$,对于每个分类器 h_i 有:

$$P[h_i \neq f(x)] = q \tag{4.1}$$

对于用简单投票法和 T 个分类器,超过半数的分类器分类正确,则集成分类就正确:

$$H(x) = \text{sign}\left(\sum_{i=1}^{T} h_i(x)\right) \tag{4.2}$$

由霍夫丁不等式:若硬币正面朝上概率为 p,反面朝上概率为 $1-p=q$,令 $H(n)$ 为抛硬币 n 次后正面朝上的次数,则最多 k 次正面朝上的概率为:

$$P(H(n) \leqslant k) = \sum_{i=0}^{k} C_n^i p^i (1-p)^{n-i} \tag{4.3}$$

若 $\delta > 0$,$K=(p-\delta)n$,则有:

$$P[H(n) \leqslant (p-\delta)n] \leqslant e^{-2\delta^2 n} \tag{4.4}$$

若要正确分类率 $H(x) > 0.5$(即至少有 $T/2$ 个分类器分类正确),应满足公式:

$$P[H(n) \leqslant (p-\delta)T/2] \leqslant e^{-2\delta^2 n} \tag{4.5}$$

上式中 $(p-\delta)T = \left[\dfrac{T}{2}\right]$,所以有:

$$\delta = p - \frac{1}{T}\left[\frac{T}{2}\right] \geqslant p - \frac{1}{2} = \frac{2p-1}{2} = \frac{1-2q}{2} \tag{4.6}$$

又 $\forall \delta > 0$,所以:

$$p - \frac{1}{T}\left[\frac{T}{2}\right] \geqslant 0 \tag{4.7}$$

因此要使超过一半的分类器分类正确,则 $p \geqslant 0.5$,因而超过半数的分类器分类正确，则集成分类就正确。

当 $\delta = \dfrac{1-2q}{q}$ 时：

$$P\left[H(n) \leqslant \dfrac{T}{2}\right] = \sum_{i=0}^{\frac{T}{2}} C_n^i p^i (1-p)^{T-i} \leqslant \mathrm{e}^{-2\left(\frac{1}{2}-q\right)^2 T} = \mathrm{e}^{-\frac{T}{2}(1-2q)^2} \quad (4.8)$$

由上式可知，在每个分类器相互独立的情况下，随着分类器数量 T 的增加，集成的错误率趋向于 0。

在该算法中，将图像按瓦片的大小分解为多个子块，利用深度学习模型判别各瓦片子块的空间尺度。最后将计算机判别最多的层次（众数）作为图像的预测空间尺度。该方法可由图 4.3 和图 4.4 的过程表示（以层级为 13 的图像为例）。

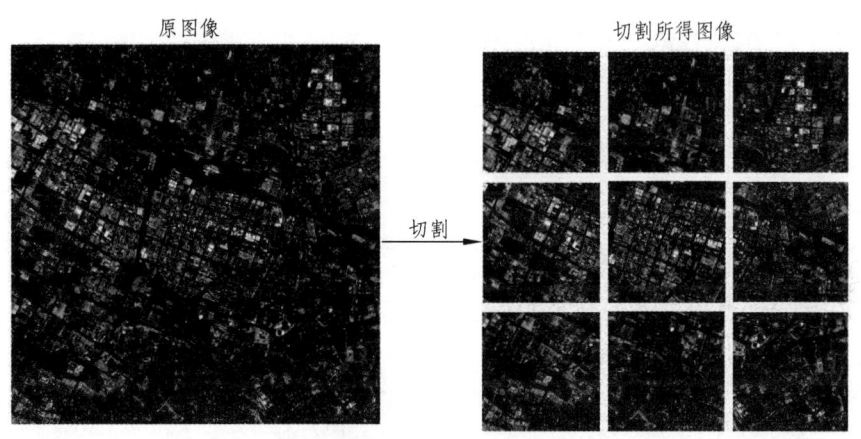

图 4.3　空间尺度智能预测的图像切割方法

在天地图浏览窗口上截取了 7~19 层级的大小为 768×768 的遥感图像，并保存为 png 格式图片，采用 Keras 深度学习框架。考虑到截图对于标准层级有所缩放，层级相差 1 也认为判识正确，测试结果如表 4.1 所示。

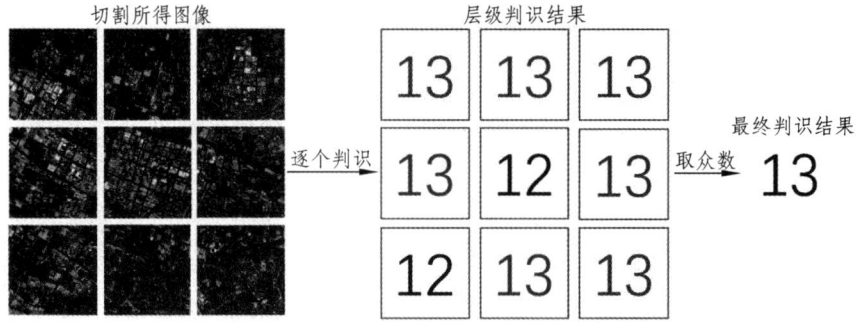

图 4.4 基于遥感图像的空间尺度智能判识方法

表 4.1 图像空间尺度智能判识精度

层级	测试集样本数量	判识正确样本数量	判识正确率
7	7	7	100%
8	8	8	100%
9	6	5	83.30%
10	6	5	83.30%
11	10	8	80%
12	11	9	81%
13	12	10	83.30%
14	11	10	90.90%
15	14	12	85.70%
16	15	14	93.30%
17	10	10	100%
18	14	14	100%
19	7	7	100%

根据表 4.1 图像空间尺度智能判识精度可以看出，该方法在 7~19 级的判识正确率均在 80%以上，证明了该方法具有一定的实用价值，为多尺度指纹生成与匹配奠定了基础。

以在线遥感影像为训练样本，不断地调整训练网络，直到模型的预测结果达到一个预期的准确率。已实现全球任意遥感影像的分辨率智能判定。

三、城市内部目标检测

（一）特征空间目标样本数据集的建立

1. 特征空间目标样本的选取

地理位置的机器智能感知首先要识别遥感图像中有代表性的空间目标，即那些在地图上能够清楚显示并具有明显边界的目标。为了能够在地图上清楚地观察，本书从 Google 地图上 17、18 级的高分辨率遥感图像上提取空间目标。

经过观察发现在 17、18 级的高分辨率遥感图像上，只有运动场、十字路口、跨河大桥能够被清楚地识别，并具有明显的边界。其中：运动场是一个封闭的椭圆形区域，中间是绿色的草地，四周是一定宽度的棕色或者绯红色跑道；十字路口分为两类，一类是传统意义上的十字路口，它们在高分辨率下呈现标准的十字形状，且具有明显的斑马线，另一类是三岔路口，在高分辨率地图上呈现"T"字型，也具有明显的斑马线，这两类十字路口的边界是沿着马路和斑马线形成的封闭区域；跨河大桥通常是一个封闭的矩形，它的周围是深色调的水体。综上考虑，本书选择运动场、十字路口、跨河大桥三类样本。

宏观地物只有在小比例尺地图上才能观察其全貌，微观地物只有在大比例尺地图上才能清晰可见。实验发现，只有那些空间形态特征和光谱特征相对稳定的目标才能成为有实验意义的样本。在高分辨率地图上，微观地物的空间形态特征清晰（如颜色、形状、纹理），易于被人工智能算法识别和提取。因此，本书以城市中运动场、十字路口、跨河大桥为研究对象，以高分辨率真彩色遥感影像为基础，探讨目标提取的方法。

2. 特征空间目标的标记方式

首先，需要以 Google 地图为数据源，在地图上框选一个 512×512 大小的矩形框，该矩形框作为一张样本图片，下一步，需要在这张图片上标记三类空间目标。理想情况下，一张样本图片包含两类或者三类样本，尽量避免一张样本图片只包含一种空间目标的情况。此外，每张样本图片中包含的空间目标总数不能过少，至少要包含 7~8 个空间目标。

依据地表指纹的形态特征为不同类型的地表指纹建立不同的标注方法。例如：运动场目标需要沿着该运动场的外侧的橡胶跑道，最终形成一个封闭的椭圆形；十字路口需要沿着斑马线边缘和马路的边缘，最终形成一个封闭的十字形状；跨河大桥的标记方法比较简单，只需要标注横跨河流的部分，最终形成一个规则的矩形。

图 4.5 典型地物样本展示了典型运动场、十字路口、跨河大桥的光谱特征和形态特征及其标记结果。途中黄色的线要素是每种地表指纹所标记的外边框，这对于后续的目标提取有重要意义。

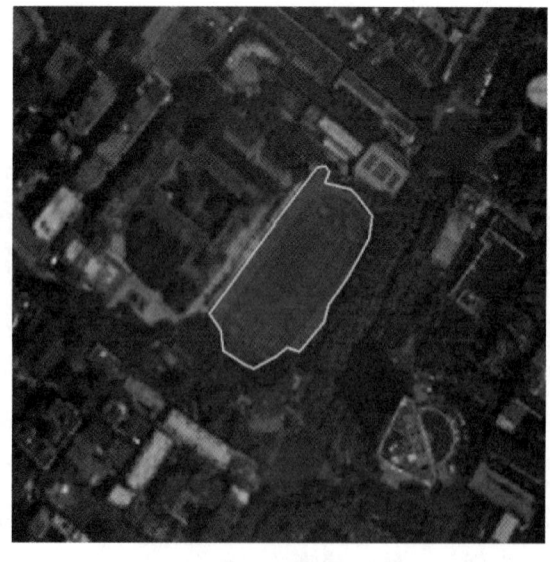

（a）运动场

(b)十字路口

(c)跨河大桥

图 4.5 典型地物样本

3. 特征空间目标样本数据集的建立

本书在全国各个省份的一二线城市的市区范围内标记运动场、十字路口、跨河大桥这三类特征空间目标。在标记样本时,应尽量将框选范围设置为至少512×512,这样可以保证一个样本图像中包含多种特征空间目标。

任何数据集的建立必须遵循一定的原则,特征空间目标数据集也不例外。本书所涉及的样本总共有 20 000 个。需要按照一定的原则对这些样本数据进行划分,分为训练集(Training Set)、测试集(Test Set)。

训练数据集(Training Set)是用来训练深度学习模型的数据,它们将作为输入数据,按照一定的 Batch Size 大小送入模型中训练。从本质上看,任何模型都是从得到的训练数据中找到参数与结果的关系,形成理解,做出决策,并评估信心。训练数据质量越高,模型训练效果就越好。也就是说,深度学习结果的质量,不仅仅取决于算法本身。训练数据的质量和数量,与算法本身一样重要,对整个项目的成功有很大影响。测试集(Test Set)是为了测试已经训练好的模型的精确度。测试数据集同样对整个深度学习过程有重要影响,其一是因为在训练模型的时候,如果选定的参数仅仅局限于对训练集里的数据进行修改、优化,则有可能会出现过拟合的情况;其二是我们可以在训练后对测试数据集加以利用,这可以向我们指明最终模型在看到此前未看到的"真实"数据时的工作情况。

训练数据集和测试数据集还须满足一定的比例,目前常见的几种划分比例可以是 6∶4、7∶3 或 8∶2。对于庞大的数据可以使用 9∶1,甚至是 99∶1。

在本书所涉及的 20 000 个样本中,训练数据集占了 17 000 个,测试数据集占了 3 000 个。

(二)高分影像上城市空间目标的智能提取及评价

1. 深度学习模型的训练

本书所使用的输入数据是多通道的高分辨率遥感影像,经过深度学习模型的提取,将运动场、十字路口、跨河大桥在图像中用掩膜标记出来,并且给予其对应的标签。

样本的多样性和目标分布均衡是样本数据集的基本要求。单张输入图像中尽量包含两种及两种以上的第五类型。另外，在不同光照条件和不同区域采集的目标影像可以提高目标识别的准确度，这体现了样本分布的多样性；在数据集中，各目标数量大致相等，这体现了目标分布均衡。实验用的训练样本数据集共计 1 200 张图像，测试数据集共计 500 张图像。模型的学习率设置为 0.001，权重衰减设置为 0.000 5。训练至 400 轮后，测试的类别准确率为 92.5%，精确率为 99.1%。以 0.5 为阈值，提取目标的掩膜，与人工标记的掩模对比，平均精度为 80.1%。运动场、十字路口、跨河大桥在训练数据集和测试数据集中的样本数量如表 4.2 所示。

表 4.2 Mask R-CNN 训练精度

类　型	类别编码	训练样本数量	测试样本数量	类别精度/%		掩膜精度/%
				准确度	精度	
运动场	1	437	198	93.5	99.5	83.5
十字路口	2	450	206	92.6	99.2	75.3
跨河大桥	3	443	185	91.3	98.6	81.5
合　计		1 200	500	92.5	99.1	76.6

经过 800 轮的训练，模型的损失值趋于稳定，此时保存模型的参数和生成的模型文件。接下来对模型的精度进行测试，选用事先准备好的测试数据集，其要求是各类样本的数量大致相同且样本来自不同的光照条件和不同地域类别。将测试数据送入上一步训练好的模型中，并且切换至测试模式，模型会输出被掩膜标记出的地物。

为进一步研究模型在遥感影像上目标提取的准确率，以在线遥感影像为数据源，选取城市中一片区域进行目标提取测试。图 4.6 为区域目标提取结果，其中红色的多边形代表提取出的运动场，绿色多边形代表十字路口，蓝色多边形代表跨河大桥。从图上可见，MaskR-CNN 模型提取结果与人工判读的水平接近，达到了城市空间目标提取的要求。

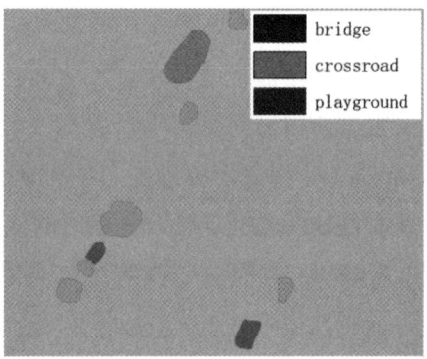

图 4.6　典型目标提取结果

基于相同的训练数据集，以同样的方式训练 TensorMask、CenterMask，将训练好的模型参数保存，训练精度如表 4.3。

表 4.3　TensorMask、CenterMask 训练精度

模型	类型	类别编码	训练样本数量	测试样本数量	类别精度/%		掩膜精度/%
					准确度	精度	
Tensor Mask	运动场	1	437	198	93.7	99.3	84.5
	十字路口	2	450	206	90.6	98.2	77.3
	跨河大桥	3	443	185	91.8	98.1	79.5
	合　计		1 200	500	92.4	97.2	80.4
Center Mask	运动场	1	437	198	93.5	99.5	66.2
	十字路口	2	450	206	95.7	96.9	73.2
	跨河大桥	3	443	185	93.3	98.2	63.5
	合　计		1 200	500	93.5	97.4	67.3

2. 训练精度及评价

基于上一步训练好的深度学习模型,以谷歌地图和天地图为数据源,以全国部分省会城市为研究区域,进行特征空间目标提取,其精度如表 4.4 所示。在选择提取区域时应该尽量避免将乡村和郊区的混入,以减少不必要的时间消耗。这一步提取出的特征空间目标将用于下一章的特征目标对的构建。

表 4.4　特征空间目标提取精度

模型	类型	类别编码	提取的总数量	正确提取的数量	类别精度/% 准确度	掩膜精度/%
Mask R-CNN	运动场	1	4 462	4 398	98.5	83.5
	十字路口	2	4 629	4 536	97.9	75.3
	跨河大桥	3	4 129	4 067	98.4	81.5
	合计		13 200	13 001	98.4	76.5
Tensor Mask	运动场	1	4 369	4 189	95.8	84.5
	十字路口	2	4 721	4 539	96.1	77.3
	跨河大桥	3	4 039	3 859	95.5	79.5
	合计		13 129	12 587	95.8	80.4
Center Mask	运动场	1	4 488	4 459	99.2	66.2
	十字路口	2	4 717	4 697	99.5	73.2
	跨河大桥	3	4 229	4 133	97.7	63.5
	合计		13 434	13 289	98.9	67.3

根据表 4.4 可知，经过训练后的 Mask R-CNN 效果最好，模型的提取结果的类别精度均达到 98.4%以上，掩膜精度达到 45.3%以上。CenterMask 在提取的数量和类别精度也媲美 Mask R-CNN，然而由于其掩膜精度较低，不予考虑。

然而，尽管该模型具有相对较高的检测精度，但在图像模糊、遮挡和阴影的影响下，仍有一些未被识别的物体。图 4.7 给出了一些未检测到的样本。因此，在机器感知位置时，自动提取物体的误差是不容忽视的，其表面指纹构建和匹配算法必须具有一定的鲁棒性。

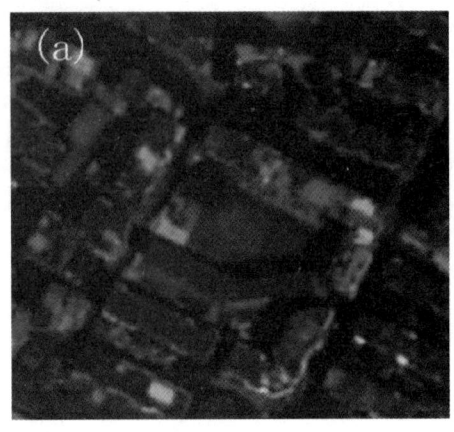

（a）未识别的运动场

（b）未识别的十字路口

（c）未识别的跨河大桥

图 4.7　未检测到的样本示例

本章通过对不同模型在同一测试数据集上的输出结果的对比发现，Mask R-CNN 在提取特征空间目标方面具有明显的优势。该算法在时间消耗方面优于 TensorMask，在掩膜的提取精度上方面比 CenterMask 更高，因此是本书的最优选择，它提取的特征空间目标是用于后续的指纹编码的构建依据。

四、道路相关目标检测

在定位目标体系中，多数人工目标具有明确的空间关系，如高分目标中道路与收费站、服务区、加油站的相交、相邻关系，桥梁、码头与河流的相交、相邻关系，在道路、河流提取或现有专题信息的基础之上，辅以神经网络的视觉特征学习，可以大大提高定位目标的提取准确率。本小节主要探讨道路与收费站、服务区、加油站的空间关系，如图 4.8 所示。

(a)收费站

(b)服务区

（c）加油站

☐ 目标标绘轮廓

图 4.8　道路与收费站、服务区、加油站的空间关系图

基于深度学习方法的目标检测由于仅要求定位目标并确定外包框，因此精度普遍较高；实际影响目标提取效果的干扰因素如若实在很多，何不如减少干扰因素的影响，从空间关系入手，目标检测需要检测的类别从一开始就是明确的，绝大部分服务区和收费站都建设在道路旁边，规划建设开始时就是如此决定，此对应的空间关系便可作为服务区等检测的"先验信息"。

神经网络与空间关系相结合，"先验知识"减少检测的干扰，对比单一神经网络，在精确度与效率等方面有了很大提升。

实验流程为（图 4.9）：

（1）根据遥感目标提取任务设计深度卷积神经网络、制作样本并训练得到道路提取模型。

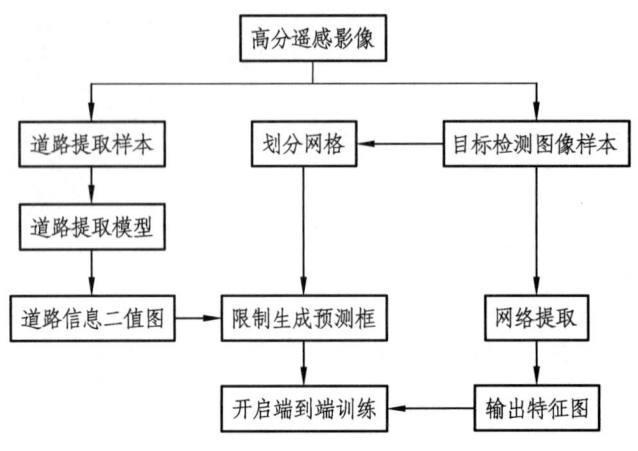

图 4.9　实验流程图

（2）将遥感影像输入到道路提取模型，预测输出，输出的结果是像素值从 0 至 255 的灰度图，根据阈值将道路提取图转化为二值图，用 binary_image（x，y）来表示地物目标在图像（x，y）处的道路判断情况（1 表示是道路，0 表示不是道路），可表示为：

$$\text{binary\_image}(x,y) = \begin{cases} 1, \text{gray\_image}(x,y) \geq \text{threshold}*255 \\ 0, \text{gray\_image}(x,y) < \text{threshold}*255 \end{cases} \quad (4.9)$$

式中：threshold 为区间[0，1]上的实数，可由用户设置，初始默认值为 0.5；x，y 为图像的横纵坐标。

（3）制作目标检测网络模型训练样本与标签。遥感影像数据集不变，标签制作使用 labelImg 工具，标注每张图像所对应的地物目标，每一行的信息分别存储着 cls，x，y，w，h 代表目标的类别、中心点坐标、长和宽。

（4）二值图、遥感影像和标签经由 dataloader 封装传入网络，二值图和影像一起做数据增强，标签根据数据增强的操作随之自适应改变。

（5）遥感影像经过卷积网络信息提取，输出特征图，再根据步长划分网格。

（6）道路信息二值图限制生成预测框区域，每个网格生成 3 个不同大小的预测框。

（7）关联特征图与预测框，开启端到端训练。

样本数据集各目标数量及测试精度如表 4.5 所示。

表 4.5 样本数据集各目标数量及测试精度

目标	类别编码	训练样本数量/个	测试样本数量/个	类别精度/%		mAP/%
				召回率	精确率	
服务区	1	560	140	90.4	94.8	96.3
收费站	2	560	140	89.6	87.9	90.7
加油站	3	560	141	87.1	76.2	83.8
合计		1 680	421	89.0	86.3	90.3

以重庆渝北区为实验区域，以天地图遥感影像为数据源，目标间的空间关系作为先验条件，对比分析这一先验条件对目标提取结果的影响。进行空间目标提取，实验计算机的 CPU 为 Inter（R）Core（TM）i7-7700HQ，显卡为 NVIDA Geforce GTX 3090。通过目视判断方法统计各重叠率对应的空间目标提取数、漏提数和误提数，并采用式（4.10）计算提取精度：

$$p = 1 - \frac{N_e + N_a}{N_t + N_a} \quad (4.10)$$

计算结果如表 4.6 所示。

表 4.6 不同先验的空间目标提取性能对比

是否结合先验	检测加油站单元数	漏提数	误提数	精度/%	总耗时/s	检测单元耗时/s
是	53	3	7	81.13	48	0.133
否	71	8	12	71.83	81	0.135

道路信息作为"先验知识"把需要检测的目标区域划分在道路的周

围，于是检测单元数较少，但因为空间关系即收费站、服务区基本都在于道路附近这一点，对检测的精度基本没有影响，且不用检测不需要的区域，误提数也相对较低。

由上文可知，基于道路先验的目标提取相比不采用先验的目标提取效率较高，误提率较少。如图 4.10~图 4.12 所示可见差异。

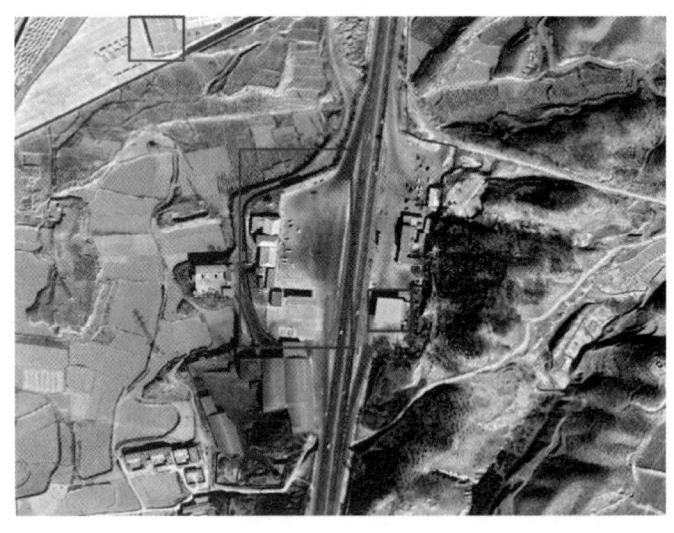

图 4.10 采取与不采取"先验"的服务区提取

第四章　基于机器学习的地表遥感专题信息提取与服务 | 175

图 4.11　采取与不采取"先验"的加油站提取

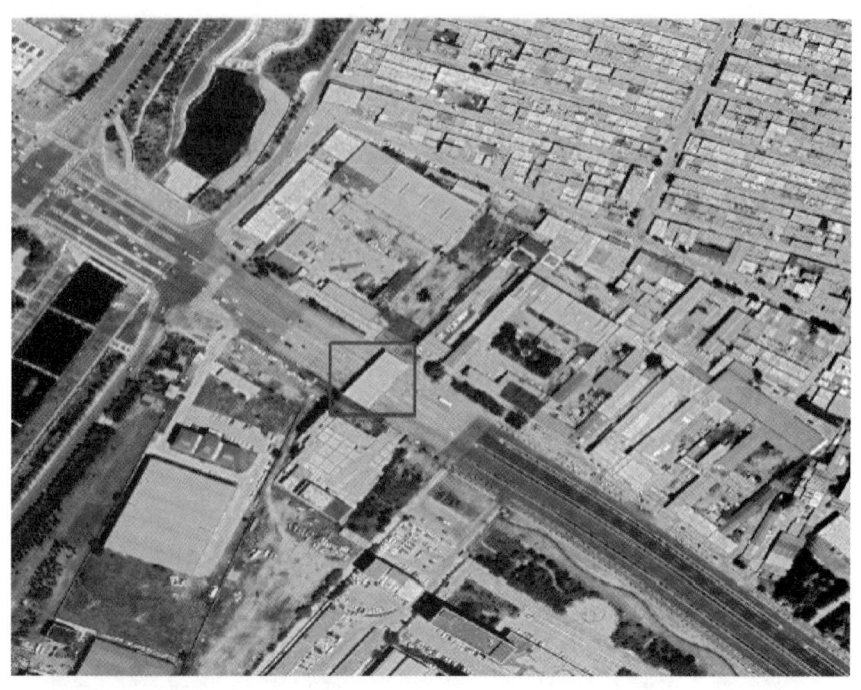

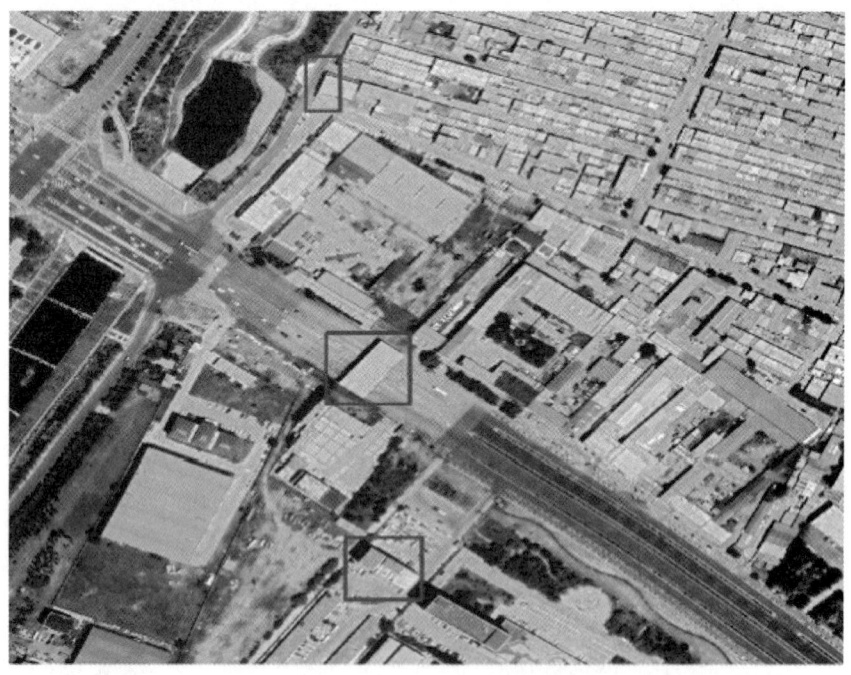

图 4.12 采取与不采取"先验"的收费站提取

第二节 边缘主导的高分遥感目标分割方法

图像分割是遥感中基于对象的图像分析的一项基本任务。传统上，该任务的算法主要基于区域合并过程，但是分割的对象结果与实际对象边界难以匹配。最近深度学习对边缘检测的显著改进的启发，语义边缘主导分割地物目标对象方法被提出，以从高分辨率遥感（HRS）图像中提取有意义的地理对象。

遥感图像分割方法分为两类：基于区域的合并和基于区域的分割。遥感中使用的大多数分割方法都属于基于区域的合并类别，来自遥感图像的分割对象应该是本质上同质和相互异质的地块。研究人员对光谱、纹理和形状特征在区域合并过程、合并停止条件或尺度选择中的综合利用感兴趣。然而，由于地理实体空间配置和分布的复杂性，初始分割对象的质量难以保证，虽然遥感图像在捕捉地面细节和描述地面目标的结构与形状方面具有优势，但类内光谱变化通常很大。此外，图像在大气条件、太阳角度和土壤湿度方面也各不相同，即使对于具有规则边界的区域，例如农田和建筑物，由于分割过程中的损失，仍然难以确保合并对象是连续的或完全对应于地理条目。所有这些客观因素都可能给分割图带来不好的结果。

由于基于区域的合并导致性能不平衡，研究人员实施了基于区域的分割以获得更好的结果。分割过程从整个图像开始，然后根据不均匀性标准（灰度值、纹理、内部边缘或各种其他标准）将图像分割成多个片段。然而，基于区域的分割方法对图像中的噪声或纹理很敏感，因此，这些可以在实际应用中描绘额外的地面细节，例如地面目标的边缘、形状和纹理的方法在高分辨率遥感（HRS）图像的正确分割中应用较少且难以应用。当我们重新考虑人类解释物体图像的方式时，边缘对于区分相邻区域可能很重要，这在分割中也很少使用。如果能够有效利用丰富的边缘信息，则基于区域的分割方法可以提取更精确的对象边界。

在这项研究中，我们解决了在 HRS 图像中应用属于基于区域的分割方法的语义边缘引导对象分割的关键研究问题。本研究提出了一种新颖的语义边缘引导对象分割方法来提取地理对象，这些对象与表示实际地理目标的视觉和 GIS 对象一致。我们的主要关注点转移到边缘的地理意义和地理边界的正确使用上。受最先进的深度学习边缘检测方法的启发，该方法从 HRS 图像中提取有意义的边界，并在边缘引导下构建有意义的对象。在深度学习模型的边缘检测阶段学习多尺度特征，在后处理阶段构建对象。研究结果表明，该方法比传统的基于区域的方法获得了更高的准确率。

一、语义分割技术发展

语义分割任务是将输入图像的每一像素划分为不同的语义可解释类别，即识别图像中存在的目标的语义类别及其位置。解码器编码器结构是语义分割网络的核心结构，编码器用于压缩图像的空间分辨率并逐步地提取抽象的语义特征；解码器则用于将高级语义特征上采样到原始输入分辨率以进行像素级预测的分割任务。

全卷积网络（FCN）第一次利用全卷积的概念进行端到端的语义分割，并创造性地提出长距离跳跃连接，将来自深层的语义信息与来自浅层的细节信息相结合产生准确和详细的分割结果。U-Net 提出基于 FCN 的对称编码器解码器结构，并提出特征通道融合策略，该策略使用跳跃连接操作将特征信息从编码器直接传递到相同高度的解码器来恢复丢失的一些细节信息。U-Net++在 U-Net 的基础上设计具有嵌套和密集跳跃连接的架构。该架构旨在减少编码器和解码器子网络之间的语义差距，但是 U-Net++没有从全尺度探索足够的信息，还有很大的改进空间。U-Net3+利用全尺度跳跃连接，将低层次细节特征与不同尺度特征图中的高层次语义结合起来，以改进分割结果。DeepLabv2 在编码器的最后几层用空洞卷积代替了下采样，同时提出了空洞空间金字塔池化（ASPP），通过不同采样率的空洞卷积对输入进行计算，融合特征得到结果。DeepLabv3 在原始编码器末端增加 3 个空洞卷积块，并修改 ASPP 模块，使用不同步长的空洞卷积和批次归一化层。DeepLabv3+进一步探索了 Xception 模型，并将深度可分离卷积应用于 ASPP 和解码器模块,以细化分割结果。DeepLab 系列通过采用空洞卷积提高感受野取得了重大进展。ENCNet 通过引入上下文编码模块来探索全局上下文信息在语义分割中的影响,该模块捕获场景的语义上下文并选择性地突出显示与类别相关的特征图。

语义分割强大的特征提取和解释能力为高分辨率遥感图像的解释提供了一种新的方法,有助于建筑物的准确提取和定位,减少建筑物的误提取和漏检问题。Liu 等人提出了一种空间残差初始网络(SRI-Net),其中空间残差初始模块通过连续融合多级特征来捕获和聚合多尺度上下文信息,同时保留全局形态特征和局部细节。Delassus 等人提出了一种基于 U-Net 的融合策略,将组合模型的分割输出与输入图像的多个通道相结合。Yi 等人提出了一种基于 U-Net 和 ResNet 的 ResUNet。该网络结构由用于提取建筑物特征图的级联下采样网络和用于重建提取的特征图的上采样网络组成,并使用深度残差学习方法来促进训练并缓解模型训练退化的问题。Wang 等人提出了一个具有密集连接的全卷积网络,该网络设计了自上而下的短连接,以促进高低特征信息的融合。AGBEDNet 使用基于网格的注意力门控卷积和空间金字塔池化模块来逐步有效地捕获和恢复特征。CT-UNet 模型结合了密集模块和边界模块。密集模块利用特征重用来细化特征并增加识别能力,边界模块引入低层次空间信息来解决模糊边界问题。多层次参与路径神经网络(MAP-Net)通过多路并行路径学习空间定位保留的多尺度特征,在该路径中逐步生成每个阶段以提取具有固定分辨率的高级语义特征,准确提取多尺度建筑物特征和精确边界。

与传统的人工设计特征模型相比,基于 CNN 的语义分割模型有了显著的提升。语义分割模型利用编码器解码器结构,编码器通过下采样操作降低输入图像的分辨率,生成低分辨率的特征图,获得语义信息的同时逐步丢失了细节信息。解码器对特征进行上采样,以全分辨率恢复分割图。

二、边缘主导的分割方法

边缘检测旨在提取视觉上显著的边缘和对象边界,是一种利用丰富边缘信息的有效方法。几十年来,它一直是计算机视觉的主要挑战之一。基于深度学习的语义边缘检测旨在联合提取边缘及其语义信息,取得了超越传统方法的最新性能。语义边缘检测可以看作一个像素级的二元分类问题,其目标是将每个像素分类为属于指示边缘的类别或指示非边缘的类别。

边缘检测的历史可以分为3个阶段。在第一阶段,边缘是根据梯度、强度或其他图像指标计算的,包括 Sobel 和 Canny 检测器在内的方法由于其高效率仍然被广泛使用。在第二阶段,人工设计的特征被用于边缘检测或学习,包括多尺度、gPb 和结构化边缘在内的方法优化了特征和学习策略以检测更准确的边缘。在最后阶段,使用深度学习模型直接从图像中学习边缘特征,DeepContour、HED、RCF、BDCN 和 DexiNed 专注于设计更合适的神经网络结构。HED 利用全卷积神经网络和深度多尺度监督自动学习多尺度、多层次特征,解决了边缘检测中具有挑战性的边缘模糊问题。然而,HED 只考虑 VGG-16 每个阶段的最后一个卷积层信息进行特征融合,漏掉了很多有用的特征信息。更丰富的卷积特征(RCF)网络充分利用对象的多尺度信息,将所有有意义的卷积特征结合起来,以执行边缘预测。双向级联网络(BDCN)引入了尺度增强模块,丰富多尺度特征表示,以提高边缘检测能力。多尺度输出的每个层由其特定尺度大小的标记边缘监督,而不是将相同的监督应用于所有边缘输出。DexiNed 的灵感来自于 HED 和 Xception 网络,并提出了一个渐进式上采样块,由一系列卷积和转置卷积堆叠而成,渐进式恢复特征分辨率至原图,以减少上采样带来的特征表达损失。深度结构轮廓检测提出了一种用于轮廓检测的损失函数和一个带有超模块的编码器解码器网络,该超模块捕获高级特征和低级特征之间的密集连接。

最近,也有一些研究将边缘引导分割方法应用于遥感图像以检测农田或建筑物等类型。尽管边缘检测在过去几年中得到了广泛的研究,Reda 等人提出快速边缘区域卷积神经网络(FER-CNN)。FER-CNN 使用带参数的整流线性单元(PReLu)激活函数,来改善建筑物的边缘检测。Lu 等人采用了基于 RCF 的建筑边缘检测模型,通过 RCF 得到边缘强度图,然后根据地形表面的几何分析细化边缘强度图。Xia 等人提出基于边缘检测网络的半监督深度学习方法,其保留语义分割网络 D-LinkNet 的主要网络架构,并在其后半部分添加了多尺度融合,以提高其在边缘检测方面的性能。Wei 等人直接使用 U2-net 语义分割模型来提取建筑物轮廓，将原来的二元交叉熵损失函数修改为多类交叉熵损失函数，以直接生成具有建筑物轮廓和背景的二值图。Xia 等人提出一种语义边缘辅助的建筑物提取方法，其利用 CaseNet 模型和 FasterR-CNN 检测建筑物轮廓和外包框，在外包框限制下利用形态学后处理方法修补断线问题，实现建筑物轮廓的完整提取。

由于遥感边缘的一些特殊特征和复杂的环境，在高分辨率卫星图像中仍然是一项具有挑战性的任务。第一，由于图像本身的复杂性和相关性，图像的边缘包含很多不确定性。通常由于各种因素，边缘被部分隐藏或扭曲，导致属性、位置和不确定的尺度。第二，噪声对遥感影像的影响比普通光学影像更为复杂。不同的波段相互影响。在光谱空间中，噪声使遥感影像的光谱图像呈现锯齿状，干扰光谱信息的有效利用，而噪声的影响是遥感影像边缘检测发展缓慢的重要因素。第三，遥感图像中的混合像素和混合光谱现象突出，它们的共同作用增加了边缘检测的难度。光谱的不确定性主要包括"同物异谱"和"同谱异物"现象。光谱的不确定性导致相邻像素的自相关现象；而混合像素是造成属性、位置和形状不确定性的非常重要的因素。

三、高分遥感目标分割应用

本书的主要目的是探索一种改进从遥感图像中自动提取的地理对象分割结果的方法。在本书的方法中，使用改进的语义边缘检测模型来改进遥感地理对象的边缘预测，最终结果除了数据预处理外，还要依赖结果的后处理。方法可以分为 3 个主要阶段，如图 4.13 所示。第一阶段是数据预处理，这是训练深度学习模型的关键步骤之一；第二阶段是基于深度卷积网络的多尺度边缘融合，不仅可以计算局部边缘，还可以掌握整个边缘结构，这有效地支持了精细边界的后续像素级定位和断边界的连接；最后，通过后处理算法构建完整的地理对象拓扑。

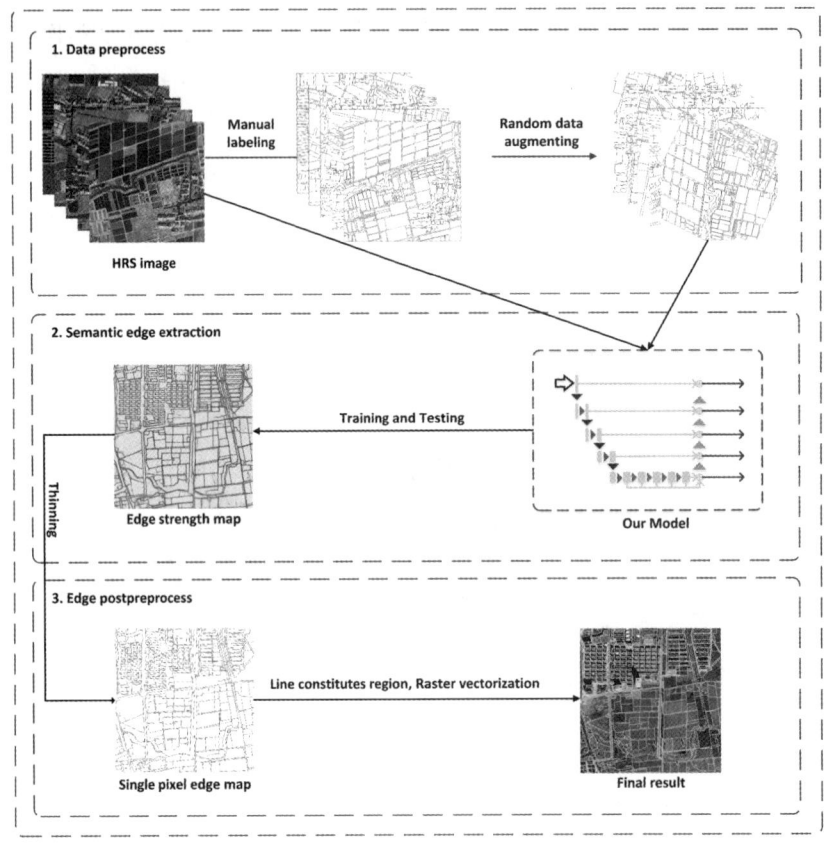

图 4.13　3 个阶段的语义边缘引导对象分割

1. 数据预处理

该方法对边缘精度和完整性要求较高。语义边缘检测算法通过卷积神经网络自动学习人工边界的特征，使得检测到的边缘不仅符合底层图像的特征，而且具有语义属性。因此，实现这一目标的物质边界选择性识别需要从遥感数据、样本形式、训练模型等方面进行设计。

在训练过程中，每个图像和相应的标签都是独立准备和计算的。与一般深度学习任务中使用的真彩色图像不同，遥感数据代表地表反射率，它会受到传感器、天气和周围土地特征的影响。以目前的深度学习技术，很难为所有传感器或土地类型设计一个统一完善的深度学习模型。因此，数据预处理是关键步骤，需要根据研究区域、提取目标、应用目的等标准选择数据。与 ImageNet 等一般分类任务不同，边缘提取标签类似于 BSDS500 边缘数据集，用于指示某些像素是否为边界。根据遥感地物的特点，手工绘制边界矢量，然后根据训练要求将其转化为图像。数据增强已被证明是深度网络中的一项关键技术。在本书的方法中，使用随机裁剪、随机旋转、随机翻转和随机缩放。

2. 深度学习模型

在本研究中，对语义分割网络 D-LinkNet 进行了修改，使其可以应用于高分辨率遥感图像的语义边缘提取。D-LinkNet 采用编码器-解码器结构、扩张卷积和预训练编码器进行道路提取任务。Encoder-Decoder 结构是模型的核心部分。空洞卷积是一种强大的工具，可以在不降低特征图分辨率的情况下扩大特征点的感受野。预训练的编码器可以加速网络收敛并提高性能，几乎不需要额外的成本。通过多次下采样得到高层信息，可以提供分割目标的上下文语义信息，有助于对象的语义类别判断。低层信息是编码器通过连接操作直接传输到相同高度的解码器的高分辨率信息，可以提供更精细的特征。

边缘是低层信息，语义信息是高层信息。本书的目标是将边缘信息与语义信息相结合，完成建筑对象的语义边缘提取。包括 HED、RCF 和 BDCN 在内的部分边缘检测网络的研究表明，多尺度表示是提高不同尺度边缘检测能力的关键。有效利用多尺度边缘特征可以大大提高检测精度。由于各种地理对象的形状和大小不同，很难在所有尺度上准确地提取地理对象。因此，本书保留了 D-LinkNet 的核心结构，并增加了多尺度融合和多尺度监督，以确保对象的精准语义边缘提取。这种多尺度是通过输入数据集的缩放预处理和神经网络中的池化过程来实现的。最终的模型由 D-LinkNet 修改而来，卷积层组有 5 个阶段。在每个池化层之后，感受野增加，细节边缘逐渐被忽略。在我们的模型中，每个阶段都设置了一个侧输出层来控制边缘损失。多尺度侧输出层合并到输出层。预测多尺度数据，然后合并到输出边缘图（图 4.14 所示）。

左边部分是网络的编码器，使用 ResNet34 作为编码器来初始化权重。右边部分是网络的解码器，设置和 LinkNet 解码器一样。多尺度监督被添加到每个阶段的输出特征中。空洞卷积可以扩大感受野并保留详细的空间信息。除了每个阶段的最后一个卷积层使用 Sigmoid 激活之外，每个卷积层都使用 ReLU 激活。

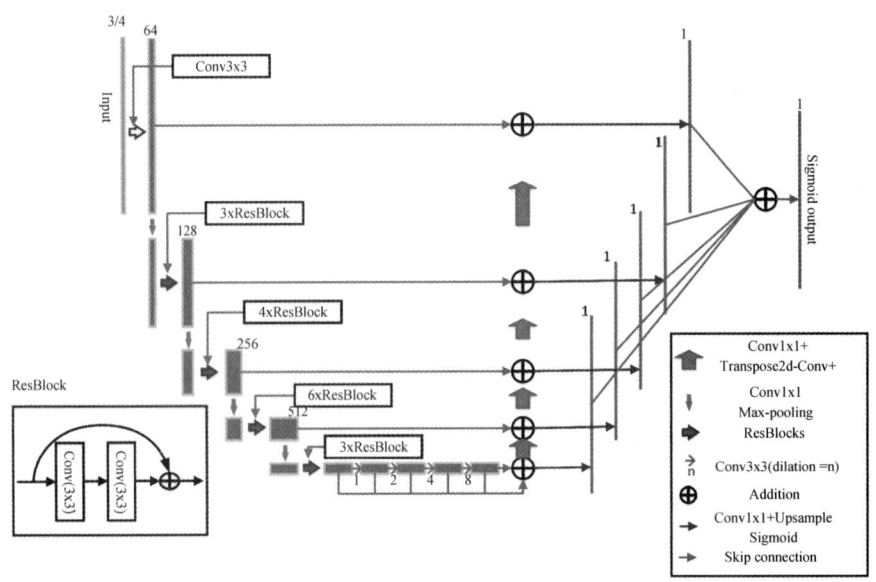

图 4.14　D-Link Net 改进模型结构图

3. 后处理

尽管融合了多尺度边缘以提高准确性，但设计的深度神经网络仍存在无法检测到为构建多边形而注释的准确和完整的边界，那是因为反卷积（上采样）层忽略了很多细节。保持边界连接比精确提取更重要。非最大抑制（NMS）通常用于对边缘进行后处理，NMS 根据局部像素值之间的关系进行非极大值抑制来细化边缘。然而，NMS 经常会产生破碎的边界，无法形成一个完整的封闭对象。在本书中，提出了以边缘强度为指导的细化过程，以实现像素级边界精度。边缘的强度被视为一个指标。当强度达到一定阈值，保留一定长度的边缘时，在细化过程中边缘不会轻易被去除，这就是将偏斜引导到保留边缘，得到边框的像素定位精度。这些边界不仅保留了整体边缘结构，而且在像素级别上精确匹配图像。

限制边缘引导的基于区域的分割方法发展的主要原因是边缘的完整性和有效性。虽然深边缘较好地保留了地理对象的边缘完整性，但由于特征和成像分辨率的相似性，仍然没有覆盖精确的边界，所有的边界确保一个完整的多边形仅在一些扩展之后才被构建。在边缘强度的支持下，悬挂边界延伸方向的搜索和结束条件的设计有据可查。图 4.15（b）中原有的中断边界线在延伸后完全连通，有效避免了图 4.15（a）中的断开现象。最后，在所有悬索线延伸后提取地块地理对象。

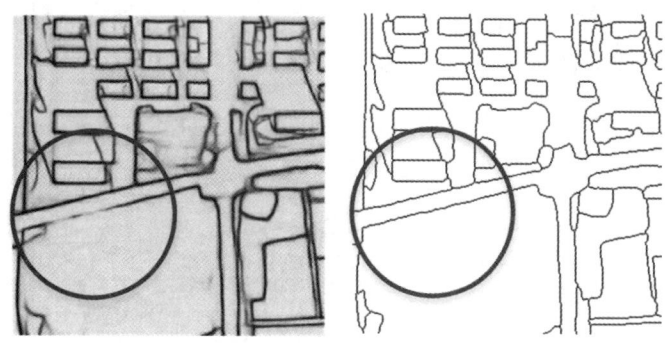

（a）Edge Strength Map　　（b）Single pixel edge map

图 4.15　边缘后处理效果对比

对于边缘检测的常用评价指标，本研究著者的模型取得了最好的效果。著者实现了 0.852 的 ODS、0.859 的 OIS 和 0.902 的 AP。与第二个结果 BDCN 相比，著者模型的 ODS、OIS、AP 分别比它高 0.015、0.009 和 0.075。这些重大改进证明了著者模型的有效性。ODS、OIS 和 AP 的结果如表 4.7 所示。精确召回曲线如图 4.16 所示。

表 4.7　在桐乡测试集上与最先进模型的比较实验，
具有通用的边缘检测评估指标

Study Area	Models	ODS	OIS	AP
Tongxiang	RCF	0.822	0.825	0.761
	BDCN	0.837	0.850	0.827
	DexiNed	0.832	0.836	0.754
	Ours	0.852	0.859	0.902

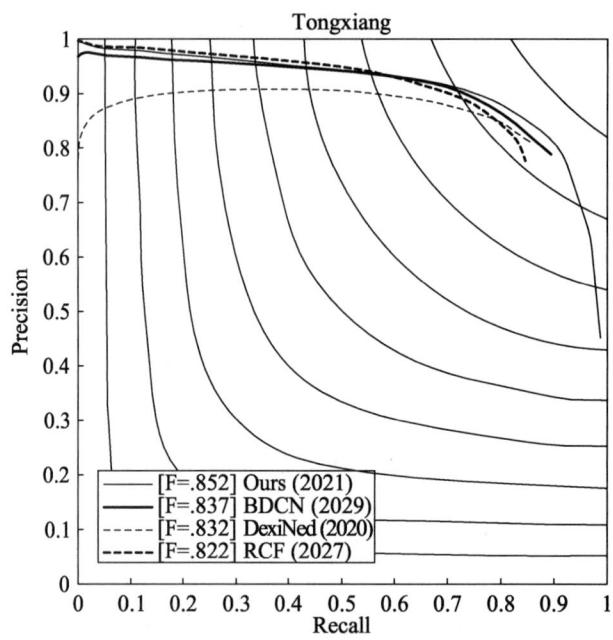

图 4.16 桐乡测试数据集上所有模型的精确召回曲线

在本研究的评估指标线 IoU 中，作为对比实验，RCF、BDCN 和 DexiNed 分别实现了 0.38、0.36 和 0.36 的线 IoU，缓冲阈值为 5。本研究的模型在阈值为 5 的情况下实现了 0.47 的线 IoU，大大超过了其他模型的准确度。这些边缘检测模型在桐乡测试数据集上的结果总结在表 4.8 中。它们的性能如图 4.17 所示。RCF 和 BDCN 擅长检测面积较大的农田边缘，但不擅长检测模糊边缘的小区域（如建筑物）。DexiNed 可以产生精细准确的边缘，但存在线条不连贯、边缘强度低的问题。本研究的模型可以有效地提取所有对象的边缘，并最大限度地生成精细和高完整性的边缘。

表 4.8 在桐乡测试集上与 state-of-the-art 模型的比较实验，IoU（3）和 IoU（5）代表线扩展的阈值

StudyArea	Models	Line IoU（3）	Line IoU（5）	F1 Score（5）
Tongxiang	RCF	0.254 0	0.384 3	0.554 1
Tongxiang	BDCN	0.224 8	0.359 8	0.528 0
	DexiNed	0.216 6	0.364 6	0.533 1
	Ours	0.330 8	0.468 9	0.635 4

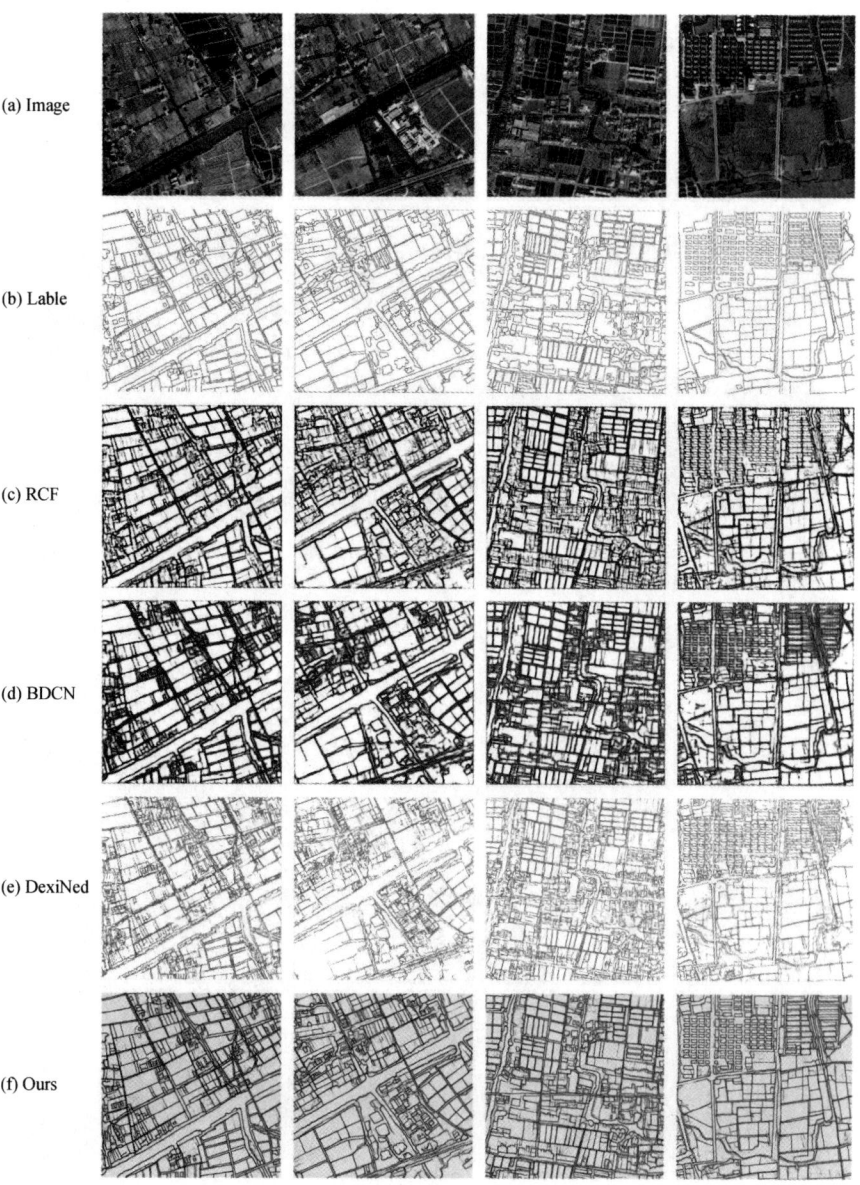

图 4.17 桐乡测试数据集的实验结果

注：（a）是原始图像，（b）是地面实际，（c）、（d）、（e）、（f）分别代表 RCF，BDCN，DexiNed 和著者的模型结果。

图 4.18 显示了后处理前的结果。本研究将边缘强度图细化为单像素边缘图，并将其转换为线向量。从桐乡的细节来看，著者的模型可以检测到其他模型检测不到的边缘，更符合地面实际。在北京测试数据集中，其他模型的结果中存在大量折线，只能检测出建筑物的大致形状，

无法形成完整的区域。特别是某些边缘的边缘强度较低,不能作为断开连接的指导,在后处理阶段会被删除。著者的模型在边缘强度方面表现出优异的性能【图 4.18(f)】,可以确保建筑物提取的完整性。

(a) Image

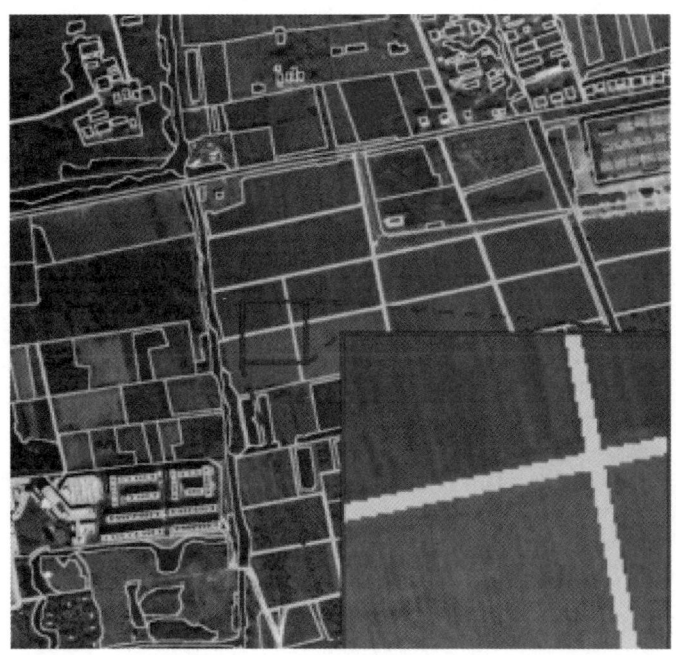

(b) Label

(c) RCF

(d) BDCN

(e) DexiNed

（f）Ours

图 4.18　桐乡测试数据集中所有模型在后处理前的细节

注：（a）是原始图像，（b）是地表真值，（c）、（d）、（e）、（f）分别代表 RCF，BDCN，DexiNed 和著者的模型结果。著者的模型可以检测到其他模型无法检测到的边缘，这更好地拟合了地表真值。

本书采用的准确度评估方法能够反映结果的整体可用性。在区域方面，与使用 RCF、BDCN、DexiNed 的最先进的边缘检测结果相比，本书的方法有明显的改进。尤其是在谷歌地球图像等质量参差不齐的数据的情况下，训练后提取的边界明显更符合人工采集标准，该方法形成的图的可用性也大大提高。

尽管著者为多分辨率方法仔细选择了尺度，但仍然存在过度分割的问题。在区域合并过程中，合并准则难以设定和执行，这导致了细分不足或过度细分。从类的角度来看，区域合并法对小块、标记较浅的地块（如道路）相对较好，但对大面积耕地或林地的完全提取率较低，过度分割和分割较多。分割不足，尤其是在光谱梯度没有明显划分的区域。但是，本书的方法受益于深度边缘的准确性，在较大地块中提取的完整度更高（即使是局部光谱梯度），整体上更符合视觉解释标准。但是该方法的细节仍然需要改进，因为后处理过程完全依赖于边缘而没有引入光谱特征。

第三节　基于多任务学习的建筑精准提取

在高分辨率遥感影像中，建筑物是具有人工特征、类型和语义信息丰富的地理对象，在尺度、建筑风格和形式上存在很大差异。从高分辨率遥感图像中自动提取和分析建筑物特征是遥感领域的一个重要研究课题。其研究成果广泛应用于城乡规划、社会学、变化检测、自然灾害评估等领域，对更新地理信息数据库也有重要意义。但同时高分遥感影像地物信息冗余、背景复杂导致建筑物提取难度高。基于人工目视解译遥感影像或者人工设计地物特征等传统建筑物提取方法，对影像的描述能力有限，难以挖掘建筑物丰富的语义信息，容易造成误检和漏检情况。此外，由于高分遥感影像的大范围和大数据量，传统提取方法的大规模应用是不现实的。深度学习和计算机视觉的快速发展为高分辨率遥感图像的分析和使用提供了强有力的技术支持。与人工目视解译遥感信息相比，深度学习模型能够主动学习建筑物潜在的语义信息并实现自动化提取，大大降低了人力和物力资源的消耗，彰显了其在遥感领域的巨大优势和应用潜力。

与自然场景相比，高分遥感图像中的建筑物分割更具挑战性，主要有 3 个原因：① 高分遥感影像中，建筑物风格形式的差异导致其存在较大尺度变化，使得建筑物难以定位和提取。② 高分遥感影像中，建筑物分布范围广，背景复杂多样，容易造成误检和漏检问题。③ 高分遥感影像中，建筑物前景和其他背景的比例远小于自然图像，导致由类别比例不均衡引起的神经网络学习困难。

依赖于高级语义信息的建筑物位置的准确性和依赖于低级边缘信息的建筑物边界的准确性难以保证。因此，如何通过现有的深度学习技术有效利用高分遥感影像丰富的空间光谱信息、语义抽象信息等进行建筑物目标的准确解读，有效完成建筑物信息提取和分割已成为遥感领域最具挑战性的研究前沿问题。考虑到建筑物的语义特征和边缘特征在特征提取的重要地位，建筑物提取任务常常被视为二分类语义分割任务。语义分割强大的特征提取和解释能力有助于建筑物的准确提取和定位，可以区分和标记属于建筑物的每个像素，从而生成具有建筑物语义信息的多边形对象。然而，建筑物语义多边形对象形状不规则，不清晰，难以完全匹配实际建筑物的边界。

目前，大多数建筑物提取模型仅仅专注于单个任务，而专注于单个任务的模型忽略了一些提升建筑物检测性能的潜在信息。多任务学习（Multi-Task Learning，MTL）是一种权衡多个任务之间的共享信息来提高模型表现的学习模式，为解决遥感领域复杂提取问题提供了新的思路。考虑到建筑物提取所依赖的语义信息和边缘信息之间的相关性，建筑物检测同样适用于多任务学习架构。

语义分割的下采样操作（卷积、池化等）会降低图片的分辨率，细节信息会在显著降低的分辨率中逐步消失，导致模糊的建筑物边界预测，边界细节难以令人满意。作为像素级的预测任务，语义分割需要详细而准确的边缘信息来辅助完成建筑物分割任务。边缘属于低级细节信息，是影像中一种重要的空间信息。充分利用网络浅层中的边缘信息可以在一定程度上弥补下采样操作造成的建筑物细节信息损失，促使神经网络广泛关注建筑物边缘信息，以提高神经网络的性能。利用多任务学习构架对不同任务关注的特征（语义特征和边缘特征）像素进行显式地深度监督和建模，进一步优化建筑物的语义特征和语义边缘特征，实现建筑物的准确提取。

一、语义与边缘融合的建筑提取

随着计算机视觉各类任务的深入研究，很多学者通过有效利用任务之间的互补性提高了整体精度。Zhen 等人提出了联合多任务学习的关键组件，迭代金字塔上下文模块，该模块耦合语义分割和边缘检测两个任务并共享潜在的语义信息，并设计具有边界一致性约束的损失函数来改进语义分割边界。注意力反馈网络（Attentive Feedback Network，

AFNet）设计了注意力反馈模块以更好地探索目标对象的结构特征，进一步使用边界增强损失来学习目标的精细边界。边缘引导网络（Edge Guidance Network，EGNet）同时对边缘信息和语义信息两种互补信息进行建模。边缘特征是由整合局部边缘信息和全局位置信息生成的，通过与不同尺度的对象特征相结合，边缘特征帮助更准确地定位对象。门控形状网络（Gated Shape CNN，GSCNN）以语义分割为基础，将语义信息和形状信息定义为不同的处理分支。门控卷积使用语义分支中的高级激活来门控形状分支中的低级激活，帮助形状流产生清晰的边界预测。Li 等人认为语义分割需要明确地对物体和边缘进行建模，其利用学习流场来扭曲图像特征，并将网络产生的主体特征和边缘特征，通过显式采样得到进一步优化。金字塔注意力边缘唤醒网络（Pyramid Attention and salient edGE-aware Network，PAGENet）为语义分割设计金字塔注意力结构，使网络能够在利用多尺度信息的同时更多地关注感兴趣区域。该网络辅以边缘检测模块学习精确的边界估计，从而使对象分割结果保留更好的边缘。

Bischke 等人通过引入一种新颖的多任务损失来解决高分遥感影像中的语义分割边界模糊问题，该损失利用分割掩码的多个输出表示并使网络更多地关注边界附近的像素。Pan 等人提出了一种多路径空洞卷积模块来丰富深度语义信息，然后结合 Canny 算子和形态学操作生成的边缘信息，通过边缘区域检测模块获得边缘区域图以提升分割结果。Marmani 等人通过在编码器解码器结构中添加边缘检测来构建内存效率模型，以解决语义多边形边界不准确的问题。Vakalopoulou 等人提出了条件随机场公式，该公式融合了边缘先验和 SegNet 结构，以实现准确的建筑物边缘检测。Edge-FCN 利用边缘模型检测到的边缘信息来校正语义分割结果。边缘唤醒网络（Edge-Aware Network，EANet）利用边缘感知损失来获得准确的建筑物，其由分别执行建筑物预测和边缘检测的分割网络和边缘感知网络组成。Zhang 等人使用 Mask R-CNN 对建筑物进行粗略定位和像素级分类，并使用 Sobel 算子生成建筑物边缘，解决语义分割中的边缘提取和对象完整性问题。ED-Net 由两个子网络边缘网络（EdgeNetwork，E-Net）和细节网络（DetailNetwork，D-Net）组成。E-Net 旨在捕获和保存图像的边缘信息，D-Net 旨在细化 E-Net 的结果获得具有更高细节质量的预测。

上述这些工作都表明语义信息和边缘信息的融合在遥感领域应用的可能性和有效性，通过融合网络中的高层语义信息和浅层边缘信息，促使神经网络更加关注目标的边缘像素，提升目标分割的准确度。建筑物的准确提取依赖于语义准确的建筑物空间定位和边缘精细的建筑物边缘细节，充分利用网络浅层中的边缘信息，促使语义分割任务广泛关注边缘信息，以提高建筑物检测的性能。

建筑物是人造物体，其规模、建筑风格和形式差异大，难以保证建筑物位置的准确性（取决于高级语义特征）和建筑物边缘的准确性（取决于边缘特征）。建筑物语义分割通常存在边界模糊问题。而建筑物语义边缘检测难以保证建筑物边缘连续。只专注于单个任务的模型会忽略某些提升建筑物检测性能的潜在信息。充分利用网络浅层中的边缘信息可以促使语义分割广泛关注建筑物边缘信息，以提高建筑物提取精度。因此，本书提出了基于多任务学习的密集 D-LinkNet（DDLNet），以语义分割为主任务，语义边缘检测为辅助任务，以促使神经网络能够将具有边缘细节的具体信息和具有语义信息的抽象信息整合起来进行建模，获得语义准确、边缘精细的建筑物提取结果。

本章设计了一个名为 Dense D-LinkNet（DDLNet）的 CNN 模型来从高分辨率遥感图像中提取建筑物。DDLNet 保持了 D-LinkNet 的核心结构，并在此基础上增加了全尺度跳跃连接、深度多尺度监督和边缘引导模块。空洞卷积是一种在不添加额外参数的情况下提高感受野并保留详细空间信息的有效方法。具有池化层的编码器增加了感受野，但同时丢失了图像中的高频细节，仅通过解码器的上采样操作很难恢复丢失的特征。D-LinkNet 利用跳跃连接将编码器丢失的特征映射到相对应高度的解码器，实现特征融合。D-LinkNet 被提出用于高分遥感道路提取任务，并且取得了较有竞争力的表现。然而，在高分遥感建筑物提取的任务中，D-LinkNet 容易忽视对象和对象边界之间的交互关系，其生成的语义多边形，在边界细节上表现得不够理想，与实际建筑物边界相差甚远。受 DenseNet 和 U-Net3+ 的启发，密集的全尺度跳跃连接将所有低级的边缘细节与解码器特征结合起来，能够有效辅助语义分割产生更准确的结果。DDLNet 的结构如图 4.19 所示。

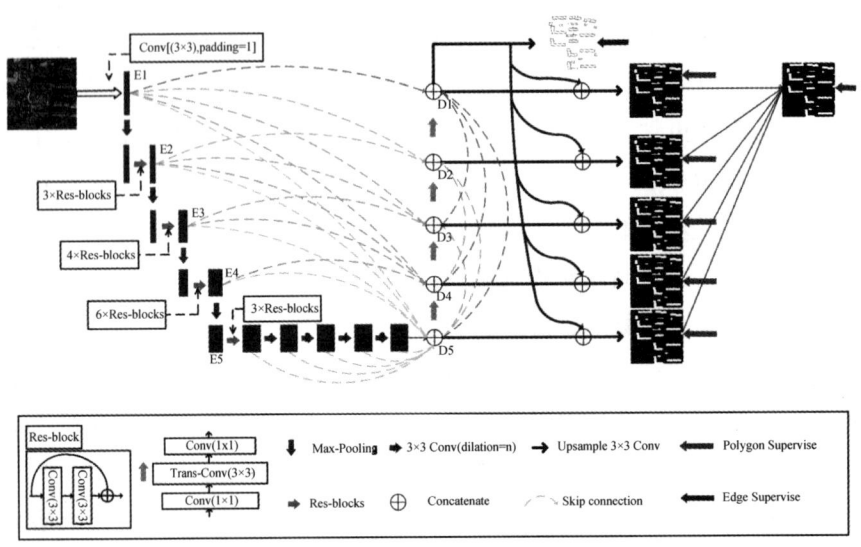

图 4.19 DDLNet 网络结构图

全尺度跳跃连接：

当编码器进行下采样操作时，往往会压缩特征并丢失一些信息。简单却又重要的低层次细节特征已经被浅层卷积捕获，再经过多层下采样和卷积之后，导致了网络模型对低层次特征提取的能力下降，模型不能保持原先的细节特征。高层次的语义信息和低层次的边缘信息丢失了相互之间的关联性。D-LinkNet 和先前的部分模型一样，仅仅使用长距离的跳跃连接将编码器和解码器的相同尺度特征在相同高度上进行融合，来修复由于下采样操作带来的信息丢失。该方法已经被证明是简单而有效的。然而，仅仅相同尺度特征的连接融合并没有考虑从多尺度特征中表达足够的信息，仍然有很大的改进和提升的空间。全尺度跳跃连接（Full-Scale Skip Connections，FSSC）重新设计了多尺度特征之间的相互连接，该模块将不同尺度的低级细节特征与相同和不同尺度特征图的高级语义特征相结合，加强了特征之间的传递融合，更有效地利用了多尺度特征信息。因此，DDLNet 中的每个解码器层都在全尺度上捕获细粒度细节信息和粗粒度语义信息，大大增强了特征的表达能力。在图 4.19 中，编码器的 5 个编码层从上到下分别标记为 E1、E2、E3、E4、E5，同时解码器的 5 个解码层从上到下分别标记为 D1、D2、D3、D4、D5。每个解码层是通过通道连接方式将低级边缘特征和高级语义特征结合起来。因此，解码器特征 D1 是 E1、D2、D3、D4、D5 五个特征的通道组合而成。解码器特征 D2 是 E1、E2、D3、D4、D5 的组合。解码器特征 D3 是 E1、E2、E3、D4、D5 的组合。解码器特征 D4 是 E1、E2、E3、E4、D5 的组合。解码器特征 D5 是 E1、E2、E3、E4 的组合，以及特征 E5 经过一系列空洞卷积后的特征。

众所周知，低级特征具有更丰富的细节信息和结构信息，而高级特征具有更丰富的语义信息。因此，组合后的特征既有丰富的语义信息，又有空间细节，这意味着来自编码器的全尺度特征可用于改进解码器中的特征，生成包含高精度边界和语义信息的最终结果。

深度多尺度监督：

建筑物对象的多尺度也是目前 CNN 的一个挑战。由于卷积的感受野限制，目标特征的提取是在一定的尺度上进行的。为了从多尺度特征中学习建筑物对象的层次表示，DDLNet 采用了深度多尺度监督（Deep Multi-Scale Supervision，DMSS），不同尺度的层次特征有着不同的高层信息和不同的低层信息，能够为最终的结果带来不同的价值。DDLNet 预测每个尺度的解码器层（D1、D2、D3、D4、D5）的特征，并且使用面标签监督分别计算损失以实现不同尺度下的预测，实现多尺度特征的深度监督，以增强每一尺度上的特征学习能力。具体地，每一尺度特征进行上采样操作还原至原图大小，并利用 1×1 卷积调整特征通道数，进行预测并计算损失。为了充分整合多尺度特征，采用特征融合技术对分割建筑物目标精度有很大帮助，最终的建筑物预测输出是每一尺度特征融合的结果。

边缘引导模块：

边缘引导模块（Edge Guidance Module，EGM）利用提取精确的边缘特征，引导语义特征在分割和其边界上表现得更好。为了获得精确的边缘特征，本书决定在解码器的最后一层执行语义边缘监督。浅层的低级特征具有更丰富的细节和结构特征，但同时也存在着大量冗余的信息和噪声干扰。因此，仅仅利用低级信息进行语义边缘提取是不合适的，还需要高级语义信息的辅助。高级的语义信息能够帮助减少低层边缘冗余信息和噪声的干扰。解码器的最后一层（D1）包含来自相应编码器的低级特征和来自前面的解码器的全尺度高级语义特征，这对于语义边缘检测是合适且有效的。因此，在 D1 层，利用边缘标签对特征进行监督以实现语义边缘检测。本书分别利用语义边缘监督和语义多尺度监督获得边缘特征和语义多边形特征，如何利用边缘特征来引导多边形特征，以获得边缘精确的多边形预测是需要思考的问题。边缘引导模块提出了一对一的指导方法，来自不同解码层（D2、D3、D4、D5）的多边形特征需要进行上采样操作还原到语义边缘特征的大小，语义边缘特征与每个尺度的语义多边形特征的融合是通过通道连接来实现的，再利用1×1卷积实现特征映射和降维。通过边缘引导模块将语义边缘特征和多尺度语义特征进行融合，使最终的建筑物预测定位更准确。更重要的是，预测的边界细节更好。

本章选择了3个语义分割模型作为对比实验，即U-Net、U-Net3+和D-LinkNet模型，在北京数据集上进行实验。在北京数据集中，U-Net、U-Net3+和D-LinkNet在IoU指标中分别达到了0.672 6、0.716 1和0.721 2。DDLNet达到了0.752 7的IoU分数，取得了最高表现，优于所有其他模型。相比D-LinkNet高出0.031 5。U-Net3+和DDLNet使用全尺寸跳跃连接来帮助网络学习低层次特征和高层次特征的有效融合，达到提升边缘准确度的目的。它们分别实现了0.473 1和0.474 6的边界IoU，这大大超过了U-Net的0.428 1边界IoU和D-LinkNet 0.443 8边界IoU的精度，有效说明了边缘信息和语义信息结合是简单而有效提升语义结果的手段。这些语义分割模型在北京测试数据集上的结果总结在表4.9中，它们的性能表现如图4.20所示。

表4.9　DDLNet与对比实验精度对比

Study Area	Methods	Boundary IoU	IoU	F1 Score
Beijing	U-Net	0.428 1	0.672 6	0.804 8
	U-Net3+	0.473 1	0.716 1	0.835 2
	D-LinkNet	0.443 8	0.721 2	0.839 8
	DDLNet	0.474 6	0.752 7	0.860 7

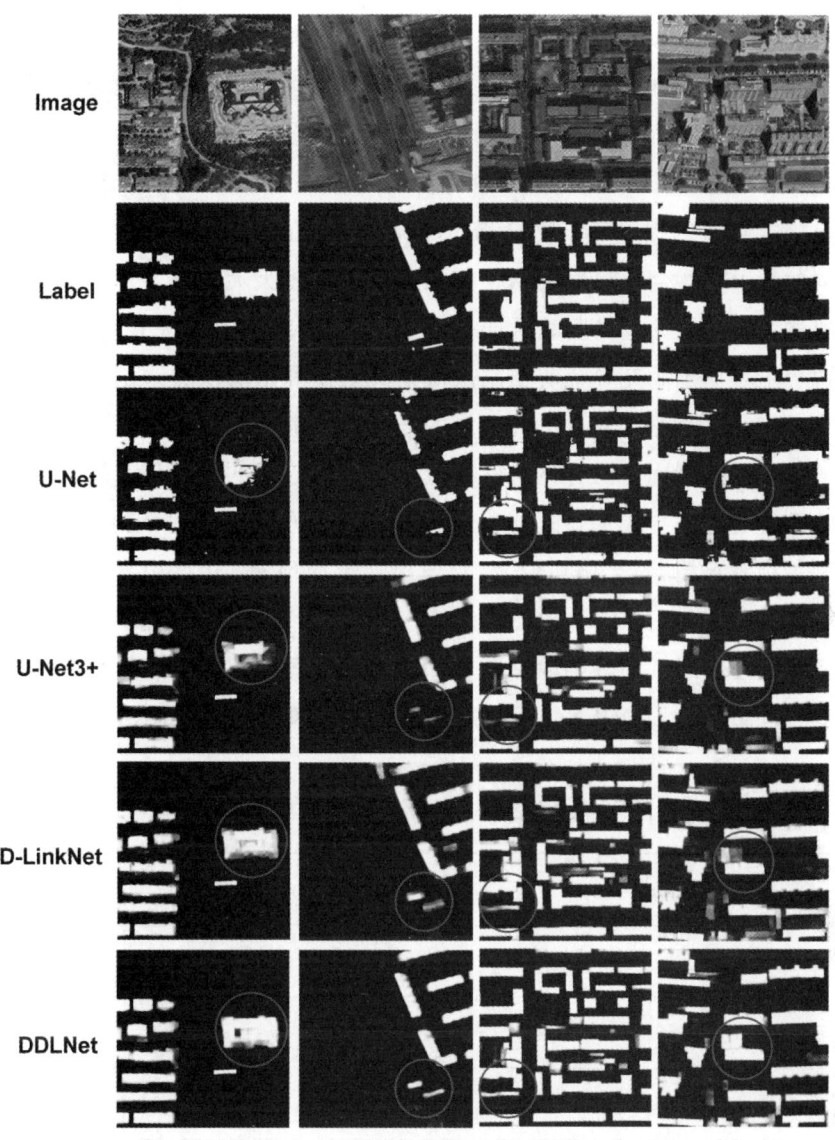

图 4.20 DDLNet 对比实验结果图

DDLNet 在北京数据集上与其他 SOTA 模型进行了对比实验，以验证本书的方法是否可以获得高质量的结果。实验证实，本书的模型 DDLNet 在所有评估指标上都比其他 SOTA 模型有更好的结果，表明 DDLNet 在建筑物提取方面具有良好的性能。U-Net3+和 DDLNet 实现边界 IoU 大大超过了 U-Net 和 D-LinkNet 的准确率，证明了全尺寸跳跃连接在语义分割上有效改善了多边形的边界。实验结果证明，充分利用低层边缘信息有助于从高分辨率遥感图像中提取建筑物。

DDLNet 的消融实验精度如表 4.10 所示。多尺度监督已经被证实了在语义分割方面提升精度的能力和作用。结合多尺度监督模块的模型在 IoU 指标上提升了 0.012 2，在边界 IoU 上提升了 0.003 8，说明多尺度监督能够有效提升建筑物检测的准确性，并在边缘的准确性上带来了微弱的提升。融合全尺度跳跃连接的模型进一步大大提升了建筑物和建筑物边缘准确性。全尺度跳跃连接带来了 0.013 4 的 IoU 提升和 0.015 7 的边界 IoU 提升，充分证明了高层次语义信息和低层次边缘信息相融合的有效性和必要性，通过提升边缘的准确性能够有效提升建筑物预测结果的准确性。然而，没有显式建模低层次边缘信息的模型仍有较大的改进空间，边缘引导模块显式建模边缘信息来提升建筑物边缘的准确度，并利用边缘信息与语义信息相结合输出建筑物预测。边缘引导模块进一步带来了 0.005 9 的 IoU 提升和 0.011 3 的边缘 IoU 提升，说明了边缘引导模块的重要性。消融实验证明了 DDLNet 的每个组件对建筑物预测的有效性和重要性。DDLNet 消融实验的细节对比如图 4.21 所示。

表 4.10 DDLNet 消融实验精度对比

Methods	Boundary IoU	IoU	F1 Score
D-LinkNet	0.443 8	0.721 2	0.839 8
D-LinkNet+DMSS	0.447 6	0.733 4	0.849 2
D-LinkNet+DMSS+FSSC	0.463 3	0.746 8	0.856 1
D-LinkNet+DMSS+ FSSC +EGM	0.474 6	0.752 7	0.860 7

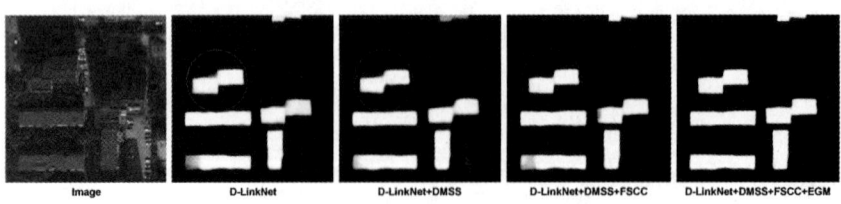

图 4.21 DDLNet 消融实验结果图

图 4.21 中体现了每个模块的作用，深度多尺度监督带来了更加准确的预测结果，全尺度跳跃连接优化了建筑物预测的边界，边缘引导模块进一步提升了建筑物预测和边界的准确性，实现了建筑物的精准提取。

二、CNN 与 Transformer 特征融合的建筑提取

由于卷积架构中存在固有的归纳偏差，它们缺乏对图像中长程依赖关系的理解。基于 Transformer 的架构利用自注意力机制编码远程依赖关系并学习具有高度表现力的表示。Medical Transformer 设计了 Gated Axial-Attention 模型，通过在 self-attention 模块中引入额外的控制机制来扩展现有架构。UTNet，一种强大的混合 Transformer 架构，在编码器和解码器中应用自注意力模块，以最小的开销捕获不同尺度的远程依赖关系，并且还提出了自注意力解码器来从编码器中跳过的连接中恢复细粒度的细节。TransUNet 结合了 Transformer 和 U-Net，Transformer 将来自卷积神经网络（CNN）特征图的标记化图像块编码为输入序列，用于提取全局上下文。解码器对编码特征进行上采样，并将它们与高分辨率 CNN 特征图相结合，以实现精确定位。

CNN 和 Transformer 的混合架构在自然图像上取得了超越 CNN 模型的能力，展示了其在遥感领域的应用潜力。CNN 和 Transformer 的混合架构模型被提出应用于遥感影像建筑物提取。

EHT（Efficient Hybrid Transformer）是用于实时城市场景分割的高效混合变压器。EHT 采用混合结构，具有基于 CNN 的编码器和基于转换器的解码器，以较低的计算量学习全局-局部上下文。STransFuse 模型结合了 Transformer 和 CNN 的优点，提高了遥感图像的分割质量。与早期基于 Transformer 模型融合的技术不同，该模型在各种语义尺度上提取粗粒度和细粒度特征表示，并采用自注意力机制自适应地融合不同尺度特征之间的语义信息。Yuan Wei 等人提出了一种基于 Swin Transformer 的多尺度自适应分割网络模型（MSST-Net）。Swin Transformer 用作对输入图像进行编码的主干，不同层次的特征图分别

解码,卷积用于融合特征。

CNN 利用下采样操作的逐渐降低特征空间分辨率,获取多尺度特征的同时有效地扩大了网络的感受野,提升网络建模全局上下文信息的能力。上下文信息是提升语义分割性能表现的关键因素。理论上,通过设计深度的 CNN 模型,模型的感受野可以感知输入影像的全局范围,然而过深的卷积网络会存在梯度消失问题,同时过多的下采样操作会导致小目标的细节信息被严重损失甚至完全丢失。由于感受野的限制,CNN 更擅长局部特征提取,难以捕捉全局特征进行全局上下文建模,导致部分建筑物的错误预测。随着 Transformer 技术的发展,凭借自注意力机制强大的全局上下文建模能力,Transformer 在计算机视觉领域的多项基础任务中取得了超越 CNN 的强大表现。Transformer 的优势在于自注意力机制的全局感受野,有效建模全局上下文信息,但其在提取局部细节特征方面表现不佳,导致对局部细节的错误预测。考虑到建筑物在高分遥感影像展现的空间位置关系和自身细节特征,将全局信息和局部信息有效地结合起来可能是有意义的。

CNN 擅长局部特征提取,难以捕捉全局特征进行全局上下文建模,导致 DDLNet 对部分建筑物的错误预测。Transformer 的优势在于全局感受野,但在提取局部细节特征方面表现不佳。考虑到建筑物在高分遥感影像展现的空间位置关系和自身细节特征,本章在 DDLNet 的基础上进行修改设计,提出了基于多任务学习的双流特征提取网络。该网络的编码器由 CNN 分支和 Transformer 分支组成,并发地进行特征提取。特征聚合模块被提出用于聚合各个不同尺度阶段的局部特征和全局特征,以增强编码器的特征表示能力。语义嵌入模块和空间嵌入模块确保低层边缘信息和高层语义信息的融合互补。

DSFENet 以多任务学习为基础,设计了双流特征提取编码器,旨在利用卷积操作的局部特征和自注意力机制的全局表示来增强特征表示学习。该编码器由一个基于 ResNet34 的 CNN 分支和一个基于 Swin transformer 的 Transformer 分支组成。将自注意力机制与卷积网络相结合实现局部特征和全局特征之间的互补表达,利用两者的优势增强编码器的特征表达能力。由于 CNN 特征是图像特征,而 Transformer 特征是序列化特征,两者之间存在一定的形态差异。特征聚合模块被提出用于聚合各个不同尺度阶段的局部特征和全局特征,以增强编码器的特征表示能力。同时，本章设计了语义嵌入模块（Semantic Embedding Module，SEEM）和空间嵌入模块（Spatial Embedded Module，SPEM），实现了低层边缘信息和高层语义信息的融合互补，最终获得具有准确边缘的建筑物语义多边形结果。由于 Transformer 的自注意力操作以及全尺度跳跃连接导致了计算资源紧缺，因此，本章重新考虑并设计了金字塔结构的跳跃连接，旨在减少特征重用导致的计算量，同时保证低层次边缘特征和高层次语义特征的有效结合。DSFENet 的整体网络结构如图 4.22 所示。

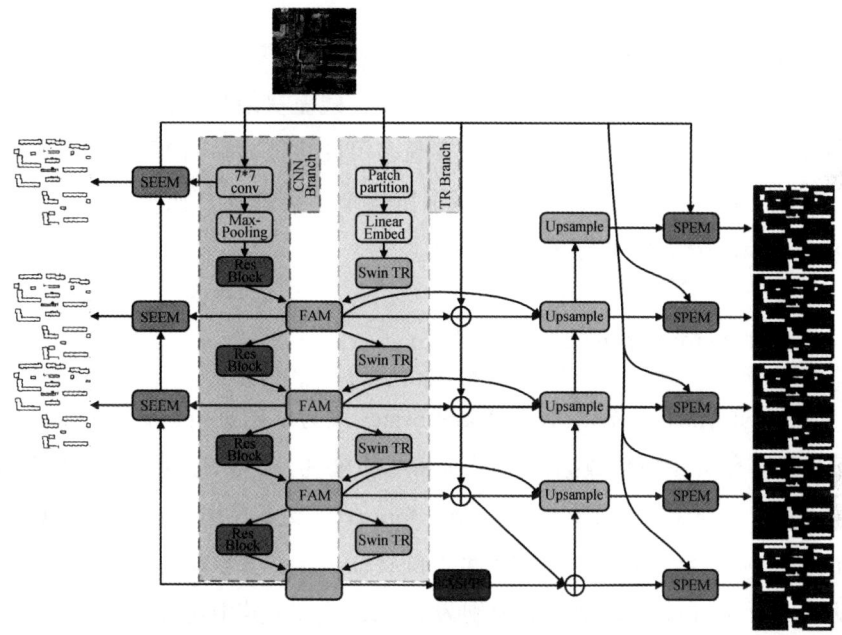

图 4.22　DSFENet 网络结构图

图 4.22 展示了 DSFENet 的整体架构。高分遥感影像分别被输入 CNN 分支和 Transformer 分支（TR branch），Res Block 代表残差块，Swin TR 代表 Swin Transformer，FAM 是特征聚合模块，SEEM 和 SPEM 分别为语义嵌入模块和空间嵌入模块。Upsample 是上采样模块，上采样模块由双线性差值和一个卷积构成。ASPP 是空洞空间金字塔池化模块，旨在利用不同空洞率的空洞卷积提取多尺度特征并聚合以提升表现。

双流特征提取：

DSEFNet 以双流特征提取编码器为其核心结构。该编码器由一个基于 ResNet34 的 CNN 分支和一个基于 Swin transformer 的 Transformer 分支组成。CNN 分支的局部特征弥补 Transformer 分支的局部细节不足，Transformer 分支的全局表达增强 CNN 分支的上下文信息建模，进一步加强局部特征和全局特征的融合，有效减少建筑物提取过程中存在的误检和漏检情况的发生。

1. CNN 分支

CNN 分支遵循 ResNet34 设计，以残差块为基础，每个残差块包括两个 3×3 卷积和一次短距离的跳跃连接，残差块结构如图 4.22 所示。CNN 分支进行 5 次下采样操作来实现多尺度特征。每一阶段的残差块数量为 3，4，6，3。卷积操作能够保留精细局部特征，通过特征融合为 Transformer 分支提供局部细节特征。

2. Transformer 分支

Transformer 分支以 Swin Transformer 块为基础进行设计，并应用补丁合并层负责序列化数据的下采样和增加维度，以实现多尺度特征增强特征表达。与 CNN 分支相同，Transformer 分支下采样 5 次来对应 CNN 分支的多尺度结构，以满足多尺度上的特征聚合。参数设置如下：每一阶段的 Swin Transformer 块个数分别为 2，2，2，2，其中包含的多头注意力个数为 4，8，16，32 个。考虑到遥感影像的高分辨率和建筑物在影像中的位置和大小，本章采用的注意力窗口大小为 32，以满足建筑物提取的需要。自注意力机制在窗口和移位窗口之间进行注意力交互，实现全局上下文建模，为 CNN 分支提供了全局信息，弥补 CNN 分支的全局建模不足。

此外，CNN 分支利用批次归一化来实现归一化操作，批次归一化按照样本数计算归一化统计量的，取的是不同样本的同一个特征。Transformer 利用层归一化进行归一化。层归一化独立于批次大小，取的是同一个样本的不同特征，是在整条数据间进行标准化操作。不同的归一化处理能够获得数据更加丰富的特征表达。

CNN 倾向于保留有区别的局部区域，通过结合的全局表示，编码器的 CNN 分支倾向于激活更大的区域，这表明增强了长距离特征的重要性。当单独使用 Transformer 时，对于局部特征难以准确建模，由于 CNN 分支提供精细的局部特征，编码器中的 Transformer 分支的补丁嵌入保留了重要的详细局部特征，局部细节变得更好，这意味着双流特征编码器学习的特征表示有更强的特征表达能力。

特征聚合模块：

在并行的过程中，始终保持 CNN 特征和 Transformer 特征的大小通道数相同。由于 Transformer 特征是序列化的，与 CNN 特征存在差异，特征聚合模块被设计为特征融合搭建桥梁。首先，为了融合两种不同的特征，将 Transformer 特征转化为视觉传统的图像特征以进行通道维度上的拼接操作，然后对聚合后的特征分别处理，一段利用 1×1 卷积对特征进行降维恢复成原来的大小，输入 CNN 分支，另一段再将聚合后的特征转化为序列化特征，以输入 Transformer 分支。由于 CNN 和 Transformer 分支倾向于捕获不同级别的特征（局部特征与全局特征），因此利用特征聚合模块，消除它们之间的语义分歧，增强局部细节感知能力和全局建模能力。特征聚合模块的结构图如图 4.23 所示。

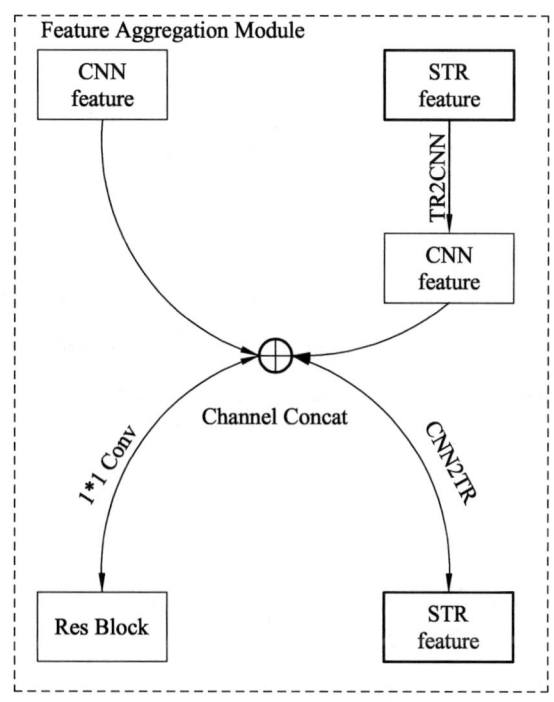

图 4.23　特征聚合模块结构图

如图所示，图中 STR feature 代表 Swin Transformer 的特征，利用 TR2CNN 函数，将序列化数据按照位置编码拼接为原始图像的多维特征，以便于和 CNN 分支的卷积进行通道上融合。融合后的特征分别进行处理，利用 1×1 卷积还原特征通道数，输入 CNN 分支。利用 CNN2TR 函数先将多维特征进行维度映射，再转为序列化特征，输入 Tranformer 分支。CNN 分支融合了来自 Transformer 分支的全局特征，Transformer 分支融合了来自 CNN 的局部特征。

语义嵌入模块和边缘嵌入模块：

在神经网络的学习过程中，网络的浅层部分更关注于边缘、颜色等低层次信息，而深层部分更关注于目标的语义特征等高层次信息。众所周知，低级特征有更丰富的细节，而高级特征有更丰富的语义信息。目前的语义分割更关注于特征的多尺度融合或增强更多感受野以提升目标的语义信息提取的准确性，而忽视了低层次特征比如边缘信息的重要性。如何结合低层次特征和高层次特征以提高建筑物提取结果的准确性是本书的目标。简单地将浅层特征和高层特征进行相加操作或者通道拼接操作是不行的，杂乱的浅层信息可能会引入噪声造成干扰，降低语义信息的准确性。因此，本书设计了语义嵌入模块和空间嵌入模块。首先，高层次信息利用语义嵌入模块将语义信息与前三层的浅层信息进行结合，利用语义信息来对杂乱的浅层信息进行一次注意力操作，减少浅层信息的冗余性，可以获得来自不同尺度的详细空间信息。每个级别都有一个生成语义边缘预测的侧输出，本书利用边缘标签对每一尺度的边缘侧输出进行深度监督；然后，详细的低层次信息利用空间嵌入模块与多尺度的高层语义特征进行融合，以丰富特征的细节。不同的尺度特征含有不同的语义信息，从不同层次提取的空间信息可以融合以突出检测目标；最后使用特征融合模块，将多尺度的特征进行融合输出最后的建筑物分割结果。

语义嵌入模块：该模块接受低分辨率的语义特征和高分辨率的边缘特征，首先利用卷积操作将语义特征和边缘特征进行通道对齐操作，再利用双线性插值操作还原低分辨率的语义特征至高分辨率的边缘特征大小，利用 Sigmoid 函数对语义特征进行激活，目的是得到一个全局注意力图，然后利用该注意力图与边缘特征进行点乘操作，以突出语义正确的边缘，去除冗余的边缘信息和噪声，减少干扰，最后使用卷积操作还原特征图通道数。该模块如图 4.24 所示。

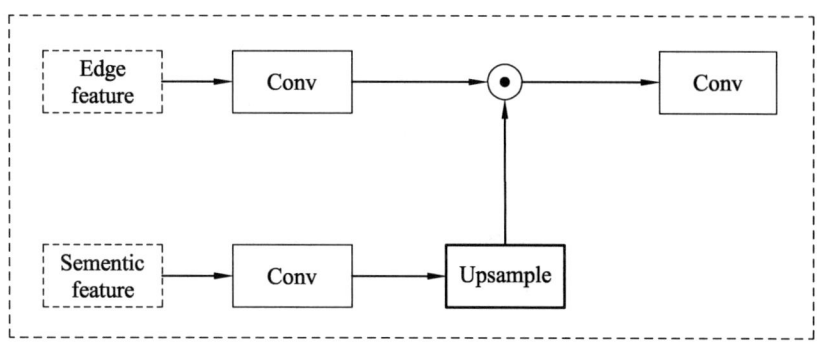

图 4.24　语义嵌入模块

空间嵌入模块：该模块接受低分辨率的语义特征和高分辨率的边缘特征。此时的边缘特征经过语义嵌入模块的注意力操作，变得清晰，减少了冗余信息和噪声。首先利用卷积操作将语义特征和边缘特征进行通道对齐操作，再利用双线性插值操作还原低分辨率的语义特征至高分辨率的边缘特征大小，然后将同等大小的两个特征图进行像素级的相加操作，旨在利用语义边缘特征来恢复语义特征丢失的边缘细节特征，最后利用卷积还原特征图通道数。该模块如图 4.25 所示。

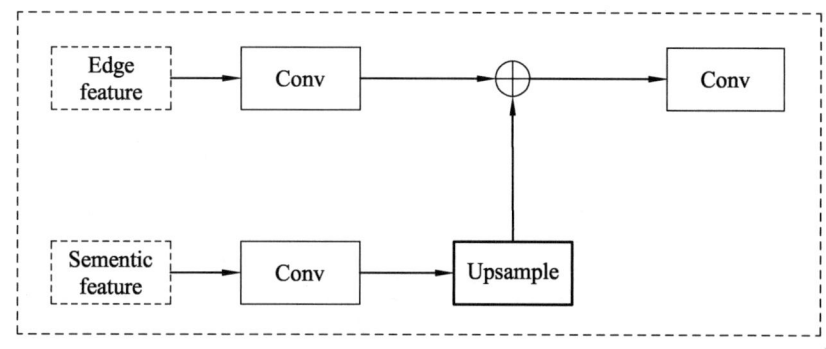

图 4.25　空间嵌入模块

特征金字塔连接：
DDLNet 在解码器阶段融合更丰富的特征，这是一种有效的恢复丢失特征的方法。第三章实验结果表明，全尺度跳跃连接是简单而有效的，通过特征的重用大大增强了模型的表达能力。然而，大量的特征连接和重用会导致计算资源的进一步紧缺。为了进一步缓解由于 Transformer 和特征重用带来的计算资源的紧缺，本章重新考虑了编码器和解码器之间的特征连接结构。本章使用了特征金字塔连接结构，可以轻松快速地进行多尺度特征融合。每一尺度大小的高级语义特征与下采样后的高分辨率的低级细节进行结合，然后传递到相同高度的解码器，同时利用跳跃连接将原来的语义特征传递到相同高度的解码器。因此，每个解码器层都包含来自编码器的特征以及与边缘信息融合后的语义特征，这些特征图能够有效捕获细粒度的细节。在大大减少特征重用的冗余度的同时，进一步提高建筑物提取的准确性。

针对于本章提出的 DSFENet 网络，选取一些不同类型的网络进行精度对比讨论。U-Net，U-Net3+，D-LinkNet 是基于 CNN 的语义分割网络，EGNet 和 DDLNet 是基于多任务的语义分割网络，这两个网络显式建模了语义边缘和语义信息，并进行特征融合实现建筑物提取。Swin-Unet 是基于纯的 Transformer 架构网络，该网络基于 Swin Transformer 搭建而成。MedT 和 UTNet 都是基于 CNN 和 Transformer 的混合架构，旨在利用 CNN 信息和 Transformer 信息实现更好地语义分割。各个模型的精度评价的结果如表 4.11 所示。

表 4.11 DSFENet 与对比实验精度对比表

Study Area	Methods	Boundary IoU	IoU	F1 Score
Beijing	U-Net	0.428 1	0.672 6	0.804 8
	U-Net3+	0.473 1	0.716 1	0.835 2
	D-LinkNet	0.443 8	0.721 2	0.839 8
	DDLNet	0.474 6	0.752 7	0.860 7
	EGNet	0.301 1	0.637 1	0.788 6
	Swin-Unet	0.288 2	0.523 3	0.697 5
	MedT	0.354 3	0.597 5	0.754 5
	UTNet	0.442 7	0.679 8	0.817 5
	DSFENet	0.536 5	0.775 2	0.873 2

在北京数据集上,基于多任务学习的 DSFENet 取得了 0.536 5 的边界 IoU,0.775 2 的 IoU 和 0.873 2 的 F1 分数,在这三个指标上都获得了最高的表现,超越了 DDLNet 模型在该数据集上的表现。基于多任务学习的 EGNet 仅仅取得了 0.301 1 的边界 IoU 和 0.637 1 的 IoU 指标,其表现不如 U-Net,该现象可能是多任务学习之间的权重不合理所导致的。DDLNet 和 DSFENet 通过合理设置多任务之间的权重关系,取得了较好的结果。Swin-Unet 生成了模糊且杂乱无章的建筑物预测,导致 3 个指标都取得了最低的精度。其可能原因是北京数据集规模太小难以使纯 Transformer 构架的神经网络收敛。MedT 和 UTNet 仅仅取得了接近 U-Net 的精度结果,均没有达到令人满意的结果。如何将 CNN 和 Transformer 架构进行更合理的结合进一步提升网络的性能是重点。各个模型预测的结果如图 4.25 所示。

为了进一步探究 CNN 分支和 Transformer 分支对模型带来的影响,本节设置了消融实验对各个分支进行显式的评价。本节根据 DSFENet 重新设计编码器部分,分别实验了只有 CNN 分支的 DSFENet(DSFENet-CNN)和只有 Transformer 分支的 DSFENet(DSFENet-TR)。实验结果如表 4.12 所示。

表 4.12　DSFENet 消融实验精度对比

Study Area	Methods	Boundary IoU	IoU	F1 Score
Beijing	DSFENet	0.536 5	0.775 2	0.873 2
	DSFENet-CNN	0.530 7	0.773 9	0.866 4
	DSFENet-TR	0.474 5	0.721 9	0.838 7

双流分支的 DSFENet 相比 DSFENet-CNN 和 DSFENet-TR 仍然取得了最高的精度表现,体现出双流特征提取分支的重要性。然而 DSFENet-TR 在三个指标上均不如 DSFENet-CNN,是出人意料的。通过查阅各种资料,本书认为是由于 Transformer 构架的神经网络需要在大数据量下训练才能够获得较好的精度结果,由于北京数据集的规模限制,没得达到更好的精度结果。而双流分支的结构由于全局信息和局部信息间的互补,有效缓解了 Transformer

架构需要大数据量的情况，加快了网络收敛，取得了更高的精度。DSFENet-CNN 取得了逼近 DSFENet 的精度结果，证明了整体构架的有效性。相比单独 CNN 分支的 DSFENet-CNN，融合 Transformer 的全局注意力特征的 DSFENet 在建筑物检测上减少了一些误检和漏检的情况。消融实验的细节对比如图 4.26 所示。

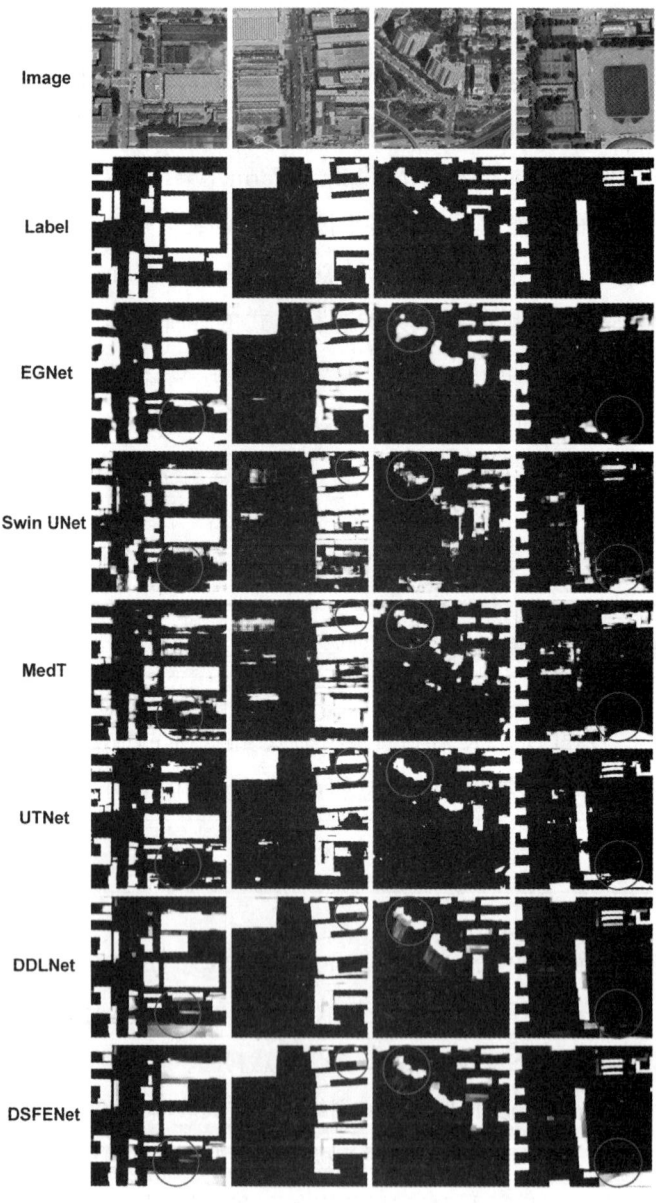

图 4.26　DSFENet 对比实验结果图

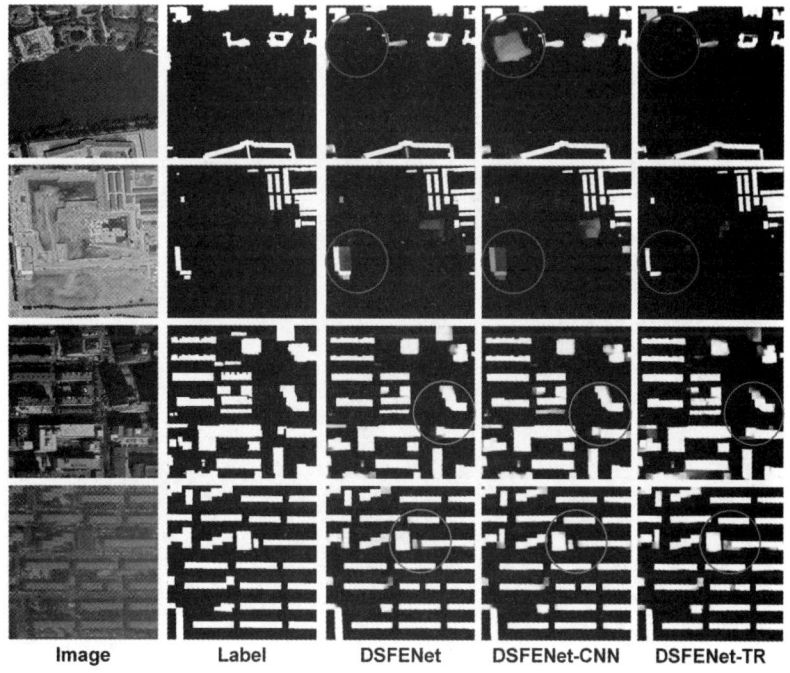

图 4.27 DSFENet 消融实验对比图

图 4.27 展示了 DSFENet，DSFENet-CNN，DSFENet-TR 三个模型之间的预测结果。前两张结果图的红色圈说明了 DSFENet-CNN 存在一定的误检情况，而基于全局注意力的 DSFENet-TR 则有效缓解了这种情况，DSFENet 得益于 Transformer 分支，一定程度上减少了建筑物误检的情况。后两张的蓝色圈说明了 DSFENet-TR 存在建筑物细节预测不佳的情况，DSFENet-CNN 则生成更加清晰的边界预测，得益于 CNN 分支的局部细节，DSFENet 取得了较为清晰的建筑物边界预测。图 4.27 显式地展示了基于 CNN 分支和 Transformer 分支双流特征提取能够有效利用局部信息和全局信息，实现更好的建筑物预测。

第五章

网格化位置服务

第一节　地表指纹与网格化位置服务

一、地表指纹的基本概念

人类的指纹即人体的掌印，是覆盖在手掌内侧表面的痕迹。指纹的作用是增加手掌抓握时的摩擦力，从而握紧物体。有科学研究表明，每个人的指纹都是独一无二的，它由基因决定，因此它可以作为人体的一个标识符。

狭义的指纹是人类手指末端的纹路，它通常是乳突线花纹，其基本形状包括斗形、弓形和箕形。指纹上也有多种具有特殊意义的点，如分叉点、终止点、中心点和三角点（如图 5.1 所示）。从图像识别的角度理解指纹，可以将人类手掌上的某些纹路和点视为特征，这些特征点利用某些算法提取出来，可以成为描述指纹特征的依据。由于其本身有唯一性、遗传性和不变性，指纹被应用于刑侦事件，常作为取证的依据。自近代以来，人类就学会了从犯罪现场采集罪犯的指纹，这为警察识别罪犯提供了重要的依据。在当代社会，指纹的识别方法已经发展成熟，已经可以利用电子设备自动识别指纹数据。

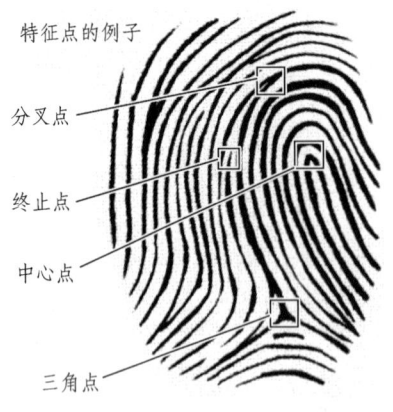

图 5.1　指纹特征点示意图

地表指纹借鉴了人类指纹的概念,将人体指纹延伸至地球表层的地理空间,可形成地表指纹的概念。地表指纹为地表特定位置的唯一性标识。类似于人体指纹,地表指纹是通过特征空间目标来构建地表指纹。如果从高分辨率遥感影像上提取过量的特征空间目标,匹配计算复杂度大幅度增加。因此,本章将某些稳定的特征空间目标作为地表特征,通过这些特征空间目标的空间关系构建地表指纹,实现地理位置机器感知。

二、地表指纹的基本特征

地球表面的特征空间目标总在特定的位置,与其附近一定范围内的环境组合在一起形成具有唯一位置表示的地表指纹。地表指纹具有一些特征来对其进行定性或定量的描述,如尺度相关性、场分布规律性、拓扑不变性。

1. 尺度相关性

尺度相关性是指同一个地表特征空间目标在不同的空间尺度上具有不同的细节特征。由于地表指纹本身是以遥感图像的形式存在的,不同空间尺度的遥感图像包含的信息也不同。比如:在较高的空间分辨率的遥感图像上,一条河流的拐点、颜色、形状等特征会被详细地显示;然而在低分辨率遥感图像上,一条河流可能是用一条线表示,一处湖泊可能用一个点表示。低分辨率遥感图像虽然不能显示目标的细节信息,但它更有利于从宏观上把握一张地图的信息,便于把握地物目标在整个研究区的分布规律,这对于遥感图像的目视解译非常重要。如图 5.2 所示,地表指纹在不同的空间尺度下,具有不同的目视效果。

图 5.2(a)是 18 级谷歌地图上所显示的成都市某块区域的遥感影像,该区域的地表指纹是由运动场、道路、建筑物的屋顶和部分植被组成的。图 5.2(b)是 11 级谷歌地图上显示的成都市郊区的区域,该区域的指纹包括道路、河流、植被和屋顶;与图 5.2(a)相比,该区域的道路的形态接近一条线,屋顶的形态为细小而密集的多边形。图 5.2(c)

是 4 级谷歌地图上四川盆地的某区域，该区域的地表指纹由山脉、植被和河流组成，然而由于分辨率过低，河流很难被肉眼清楚地观察到，且植被过于密集，如果将其作为指纹，则不具备可解读性。

(a) 高分辨率影像的地表指纹

(b) 中分辨率影像的地表指纹

(c) 低分辨率影像的地表指纹

图 5.2　不同尺度空间下的地表指纹

2. 场分布规律性

场分布规律是指特征空间目标与其周围目标间的相互关系，可以是邻近、包含、相交等，如图 5.3 所示。邻近是指两个特征空间目标的空间上的距离很接近，比如两个建筑距离很接近；包含是指一个特征空间目标内部存在着另一个特征空间目标，比如一个湖泊内部有一个岛屿；相交是两个不同的特征空间目标具有共享的区域，比如两条道路在某块区域重叠。

3. 拓扑不变性

拓扑是指几何体在拉伸或收缩条件下，保持形状不变的性质。几何拓扑学是从 19 世纪的数学中演变出的一个分支，后来被应用到地质学和考古学。本书提取的特征空间目标均具有明显的边界，因此它们在地图上这些边界可视为多边形。即使从不同的空间尺度观测，地表指纹也必须具备拓扑不变性。图 5.4 以一个运动场为例，演示了地表指纹的拓扑不变性。

(a)相 邻

(b)包 含

（c）相　交

图 5.3　场分布规律实例

（a）低尺度观测下的运动场

（b）高尺度观测下的运动场

图 5.4　拓扑不变性演示

三、基于地表指纹的地表地理位置感知基本流程

为实现地理位置的智能感知，以深度学习算法为核心，建立了一套基于特征空间目标特征的指纹匹配方法。首先，需要提取特征空间目标的某些特征，接下来对这些空间目标的特征进行筛选，选出那些相对稳定的、具有提示性意义的特征；基于这些筛选出来的特征，对它们的特征进行编码，编码通常需要利用目标自身的特征和它的空间关系特征。空间目标自身可用于编码的特征通常包括自身的类别、长轴、短半轴、位置信息等等；空间关系特征通常是指目标与周围一定范围内的相邻目标的距离、角度等等。基于这些显著特征进行编码，最终形成一个完整的指纹库。

根据指纹库中的编码和局部区域的指纹编码，进行空间目标目标编码相似度计算，这个过程要涉及参照目标的编码匹配度和其余近邻目标的编码匹配度，若最终计算结果满足阈值要求，则认为两者匹配。之后还要进行空间关系编码的匹配和位置编码匹配，找到相似度最大的区域,并获取其位置信息。这样在不借助外部设备的前提下,实现了基于空间目标自身特征和近邻目标特征的地理位置机器智能感知,具体的流程如图 5.5 所示。

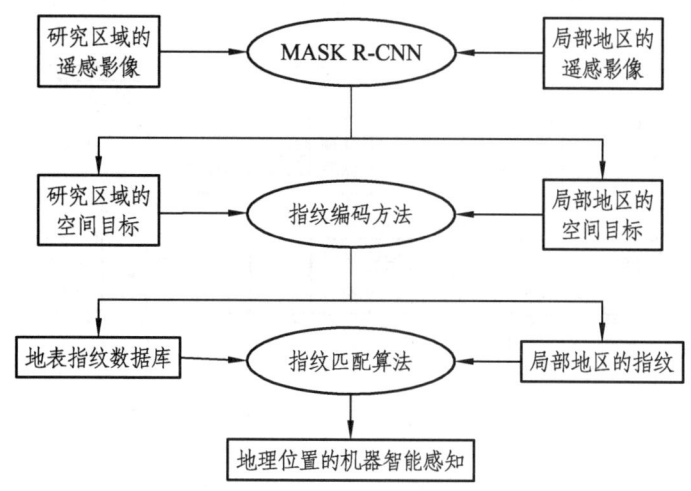

图 5.5　基于遥感影像的地理位置机器感知技术流程

第二节　网格指纹编码与位置服务

一、基于目标网格编码的位置计算

实现基于目标网格编码的位置计算前提是发现不同网格间的差异。本书提出以各网格内的地物目标空间分布特点标识网格,而地物类型复杂多变,考虑到实现可能,需要确定既可用于定位又能区分不同分布的地物目标分类体系。如图 5.6 所示,实现地理配准流程首先需要以现状地物目标的空间分布作为基准,引入多层次网格剖分方法对每个网格内的目标分布按编码方案生成多尺度网格编码;其次待匹配影像或数据应同样包含与目标分类体系相应的信息,以遥感影像为例,引入语义分割模型提取各地物目标,同样按网格编码方案对所提取地物按分布特点编码；最后将提取地物编码与基准网格编码比较相似度，定位至最匹配网格，最终以网格位置校正待匹配数据从而完成配准。由于基准网格可以编码数据库形式预先存储，因此匹配过程无需基准影像，对待匹配数据也无形式限制，仅需保证有相应目标分布信息即可。

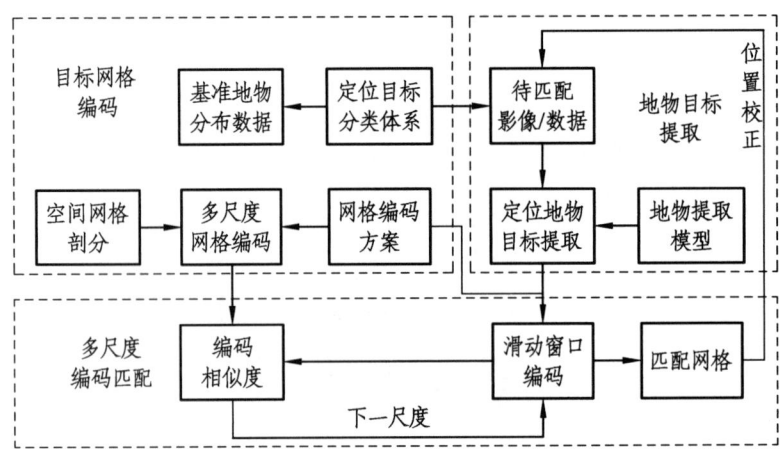

图 5.6 基于目标网格编码的位置计算

（一）地物目标网格编码

在已有的全球离散格网剖分方式中，等经纬度格网结构计算简单直观且与现有各类数据转换比较方便，容易进行地理坐标的计算和坐标转换，是大范围、多尺度空间数据组织管理中应用最为广泛的一个。本章采用等经纬度网格作为基准定位，由于网格位置固定且位置明确，任意其他数据若能与某个网格在特征上对应即可实现定位，而且随着尺度变化，局部定位精度还可进一步提升，而以地物分布作为网格标识，意味着地理配准不再需要基准影像，只要待匹配数据蕴含地物分布信息即可实现匹配。

具体实现上按照统一的地物目标体系和编码方案可将网格内地物空间分布信息编码，从而形成覆盖所有区域的基准位置编码。由于地物复杂性及编码的抽象性，首先需要建立目标分类体系抽象地物，这一方面要考虑实际数据稳定性及地物提取能力，另一方面也要兼顾地物空间分布的广泛性。建立地物与编码间的联系还需要统一的目标网格编码方案，如图 5.7 将每一个网格（GRID）作为一个目标载体，通过对不同网格内目标分布差异的标识形成独特的网格编码。首先将网格划分为 $N \cdot N$ 的块（block）矩阵，然后在每个块内抽样统计其包含的目标类型及数量，超过一定阈值将对应类型编码为 1，否则为 0，预设 8 个类型位（具体类型及阈值由目标分类体系按区域特点确定），于是每个块可编码为 2 位的十六进制编码；最后以块编码为基础，顺序组合网格内所有块的十六进制编码，形成代表目标网格的 $N \cdot N \cdot 2$ 位网格编码。只要地物目标分辨率足够精细，以此方案理论上可对任意大小网格进行编码，由于网格剖分一般以四叉树方式实现多层关联，目标网格编码也自然地具备了多尺度特性。

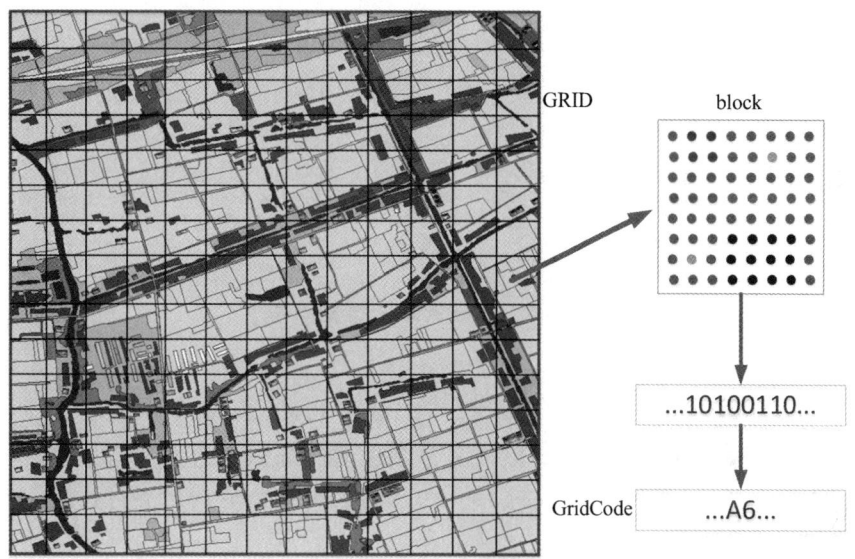

图 5.7　目标网格编码方案

一旦确定统一的网格基准编码，对待匹配数据仅需确定其与哪个网格特征相似即可，这一方面需要确定数据中的地物分布并按上述方案编码，另一方面需要对编码进行匹配。

（二）定位地物目标提取

由于配准以地物分布特征为基础，任意来源的影像或数据只要可以提取地物且分布信息充足就能匹配，甚至不需要任何基准影像参考，这也是本书方法与传统影像配准应用上最大的不同。以常用的遥感影像作为待匹配数据，首先需要进行定位地物目标提取，本书采用语义分割方法完成目标分类体系所规定类型的提取，以 HRNet 为基础针对遥感影像特点和目标类型需求进行网络调整，不同于一般卷积后再上采样的典型语义分割网络，HRNet 在整个过程中保持高分辨率表示，同时通过多个平行卷积流交换多尺度特征，从而更好地实现了高空间分辨率解析与高级语义特征间的平衡（图 5.8），这也与高分遥感影像目标提取既要识别地物又要确定位置的需求吻合。从整体上看，本书对目标提取的需求为关键地物的定位，按目标分类体系的设计，仅对影像中稳定且明显的地物进行提取，因此基于语义分割的整体精度能满足提取要求。

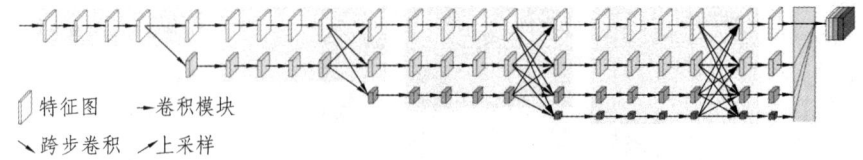

图 5.8　HRNet 语义分割网络

从目标网格编码匹配的需求来看，实际仅需待匹配数据蕴含地物目标分布信息即可用于定位，以语义分割提取高分影像的语义信息仅是其中一种，实际上各种来源的地图、影像都有可能提取相应的目标，在目标提取结果上以图 5.7 所述编码方案即可对影像或数据处理得到待匹配编码，以编码相似度即可确定该数据所对应网格即真实位置，因此本书的方法从理论上适合多源数据的大区域匹配。

（三）多层编码匹配的位置计算

由于空间数据位置的不确定性，对数据地理配准的前提是确定合适的网格范围，然后基于已提取的目标进行编码。如图 5.9 所示，首先需要确定当前数据适用哪一层次的网格，然后以固定大小的窗口在数据范围内按一定步长滑动，每个候选窗口都可以形成一个编码，将此编码与基准目标网格编码计算相似度（对应编码位相同与否），由此从所有候选窗口中确定最可能的网格位置；在多尺度匹配过程中还可在前述位置上进一步以更小的窗口进行更小步长的滑动，而此时待匹配的基准网格同样在原有位置缩小，从而实现更高效精准的编码匹配。

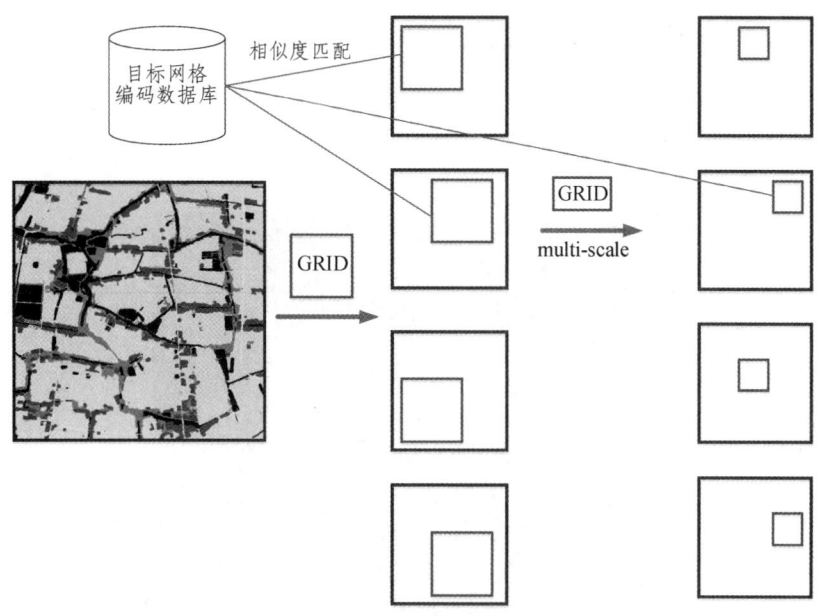

图 5.9　多尺度网格匹配过程

最终完成匹配的窗口与网格对应，由于网格位置固定且已知，窗口及待定位影像的地理位置也可轻易确定，而更小网格匹配时的窗口移动步长更小，也使得位置更精准。

二、遥感影像位置计算实验

（一）实验数据与设置

本书选择土地利用现状数据转换的目标分布作为基准进行网格编码（目标体系主要为耕地、林地、水体、建筑、道路等，网格层次包括 13～18 级），实验以四川罗江县（采用 Google Earth 与天地图网络影像，空间分辨率均为 0.59 m）及江苏海安市（采用 0.8 m 的高分 2 号影像与 0.59 m 的天地图网络影像）两个地域的多源影像地理配准为目标。实验首先计算所有影像的语义分割结果，然后按多尺度编码匹配方案将影像定位至固定网格，最终以网格位置校正所有影像至基准位置。

图 5.10 所示为两个区域的验证点分布情况，我们在两个区域的每种影像上分别采集 9 个验证点（未变化的道路交叉口），最终以不同影像上相应验证点间距离差作为评价匹配效果的依据。

（a）罗江 Google Earth 影像上验证点分布

（b）海安高分 2 号影像上验证点分布

图 5.10　多源数据匹配验证点

(二)实验结果及分析

经过上述实验过程得到如图 5.11 所示匹配结果,两个区域的影像均实现了较好匹配,由于方法以目标语义为编码依据,而影像光谱、时相的差异对自动匹配没有影响,因此整体匹配效果稳定。按验证点得到了如表 5.1 所示的误差值,可以发现地处平原的海安市取得了比丘陵区的罗江县更好的匹配效果,这与区域地物分布现状、数据及实验设计等几方面有关。其中关键在于地物分布,海安市人工改造地物较多,道路水系发达,客观上使土地利用边界分明,网格编码准确度更高,匹配过程中对窗口的移动也更敏感,因此能取得更高的精度。

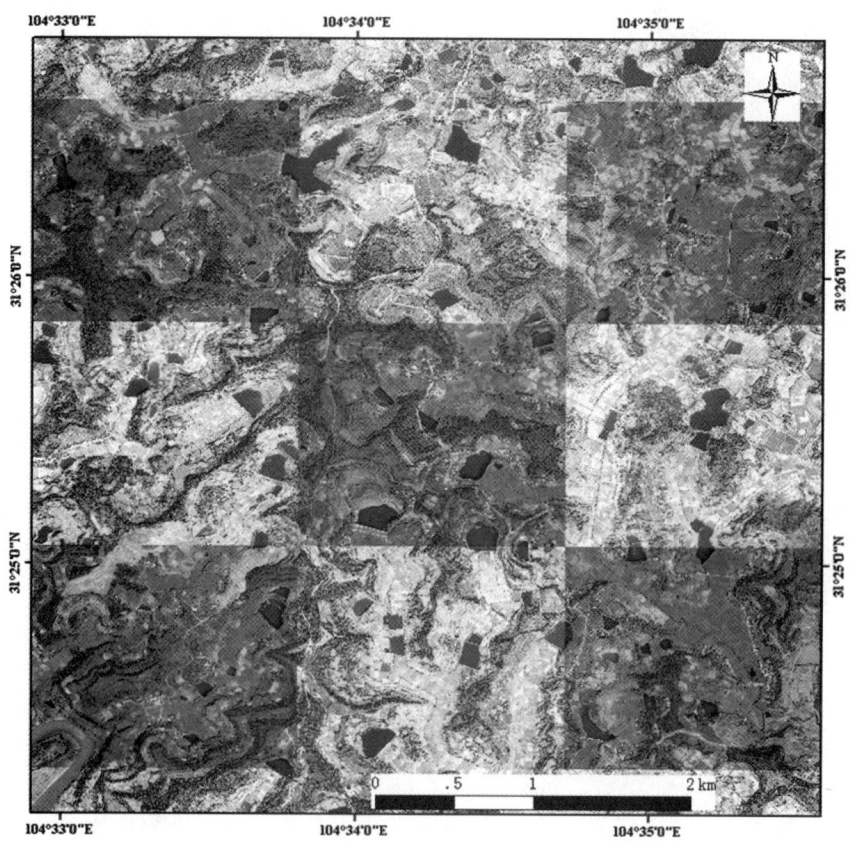

(a)罗江影像匹配效果

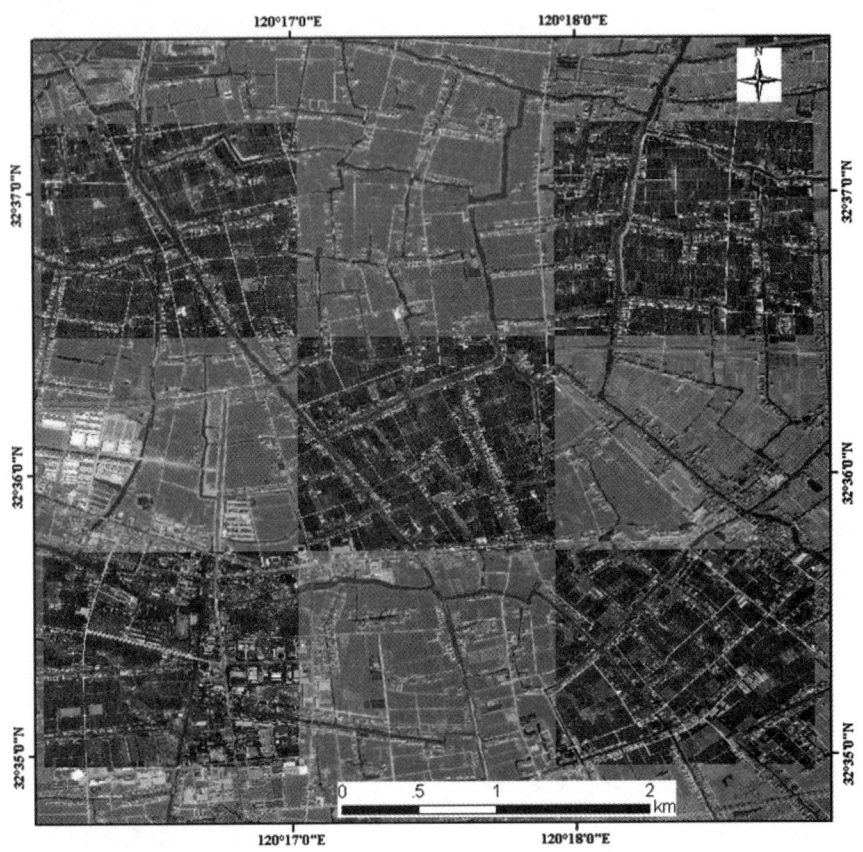

(b) 海安影像匹配效果

图 5.11 多源影像匹配效果

表 5.1 验证点误差表

区 域	最大误差/m	中误差/m
罗 江	4.978	3.728
海 安	1.880	1.417

本书方法从编码设计上采用抽样统计的方式，匹配过程中引入了滑动窗口，这两种方式简化了编码及匹配的复杂度，但也不可避免地引入了系统误差，同时验证点的人工选择也存在一定误差，这些误差的存在

增加了最终匹配结果的不稳定性，也是本书方法难以与传统配准方法公平比较的原因。但从改进角度看，通过大量网格协同匹配以及更多验证点协同验证，可以部分弥补误差。

从网格编码设置和匹配过程看，本书方法仅适用于刚性平移变换，对旋转、缩放甚至扭曲等变换则难以匹配，这在一定程度上会限制应用。后期将进一步考虑引入更多旋转、尺度不变因子，同时对区域数据应用基于深度卷积神经网络的特征学习可能使编码更适合多种变换方式，但对效率和可解释性也会有较大影响，后续研究中将更好地平衡这些因素，使整体应用更广泛可靠。

由于地物分布实际情况，部分网格（特别是高层级网格）内地物单一，若影像内含大量不具唯一性的网格（实际上这种影像用传统方法也较难选择控制点），则难以发挥网格定位功能。由于本书方法在设计上没有人工参与过程，因此理论上存在影像无法匹配的可能性，后续将在大量实验基础上对匹配相似度进行统计，自动匹配低于一定阈值即可判定为不可靠匹配，从而满足更多应用需求。

第三节　空间关系编码与位置服务

一、现有技术综述

基于空间关系编码的地理位置服务的基本思想是，通过提取地面特征空间目标，并利用它们的空间关系进行编码，通过空间关系编码的匹配实现位置服务。

传统的计算机视觉领域的特征提取方法是通过对图像进行各种变换，确定图像中包含的特征点，然后利用特征点匹配算法实现地理位置感知。这类计算机视觉领域的算法包括 Harris、SIFT、SURF、FAST、ORB。Harris 特征提取算法的作者是克里斯·哈里斯（Chris Harris）和麦克·斯蒂芬斯（Mike Stephens），该算法是在莫拉维克角点检测算子的基础上经过改进而成,最终于 1981 年提出。此算法的核心是需要一个 $W \cdot W$ 大小的窗口在图像上滑动,每次滑动都要检测图像上的像素值变化。这种思想在后来的深度学习领域(卷积操作)也有体现。克里斯·哈里斯和麦克·斯蒂芬斯对莫拉维克角点检测算子进行改良和优化,使它具备方向无关性。该算法的两位作者对原算法进行修改,使角点检测算法得到了改良,图像密度的缩放操作对该算法的影响大大降低。改进后的哈里斯算法的另外一个优点体现在极值点的稳定程度上,正常的仿射变换不会改变极大值和极小值点的位置。这种由莫拉维克算法改良而来的角点检测算法为后来的计算机视觉和深度学习领域奠定了一定的理论及基础,后来有的科学家对它进行改良,延伸出了 Harris-Affine 等算法。SIFT 算法是该领域另一个优秀成果,它的作者是 David Lowe,于 1999 年提出,该算法是计算机视觉领域的重要的里程碑,SIFT 算法的原始论文被引用次数达到 25 000 余次。不同于之前的 Harris 算法,SIFT 是一个更稳定的特征算子,它通常应用在模式识别、GIS 图幅拼接、地图的自动导航、3D 场景建立、人体姿态点识别、图像特征跟踪和动作比较。SIFT 的优点如下:①它具有仿射、旋转、尺度不变性等特征;②相比于 Harris,它对数据中的噪声灵敏度相对较低,并且对被遮挡的目标依然可以使用该算法进行特征提取;③它具有良好的特征区别能力,可以快速准确地从海量数据中识别到匹配度最高的信息;④计算速度快,可以在极短的时间内完成特征匹配。然而 SIFT 算法计算过程较为复杂,在处理海量特征点时,显得力不从心;加之在阈值选取时没有固定的标准,通常根据以往的实验来规定阈值,因此精度较低。如果想将 SIFT 应用到遥感图像特征提取,还需要对其计算过程进行优化。SURF 是该领域又一优秀的算法,它的论文发表于 2007 年 9 月。构建 Hessian 黑塞矩阵和特征描述子是 SURF 算法的核心思想,SURF 算子的核心是 Hessian(黑塞矩阵)和降维特征描述子。它既保存了 SIFT 的鲁棒性、灵活性,又解决了 SIFT 计算复杂度过高的缺点。SURF 利用黑塞矩阵行列式近似表示每幅图像生成的所有感兴趣的特征提取点。FAST 特征全称 Features From Accelerated Segment Test,由 Edward Rosten 和 Tom Drummond 提出,最终于 2010 年发表。Edward Rosten 在论文中从不同的角度对角点进行分析和重新定义——"若某像素点与其周围领域内足够多的像素点处于不同的区域,则此像素点被预测为角点"。该算法的思想是从图像中随机提取一个亮度未知的像素 r,将它的亮度赋予一个初值,对于每一个像素点都要遍历其邻域圆范围内的 16 个像素点,理论上它可以获取测试图片上的所有待检测的角点。FAST 算法的性能就如同它的名字,这种新颖的角点思路使它在计算效率方面的表现比当时其他算法更优秀,但前提是牺牲了一定的鲁棒性;"Faster and better: a machine learning approach to corner detection"论文中的实验表明当图片中的噪声点过多时,FAST 的性能不如其余算法。Rublee 在 2011 年提出 ORB——"Oriented FAST and Rotated BRIEF"。作为一种二值化特征描述算法,ORB 依赖于 BRIEF 算子,保留了该算子的旋转不变性和抗噪性的优点,并同时具有 FAST 算子高效率计算的特点。从计算效率看,在数据量和数据复杂度相同的前提下,ORB 算法的运行效率是 SIFT 的 1%,SURF 的 10%,这主要是因为使用了 FAST 来加速了特征点的提取;在 ORB 算法中,特征金字塔(Feature Pyramid Network)起到了不可忽视的作用,它在多尺度的计算机视觉任务中负责多尺度对象的识别,多尺度信息在特征金字塔中得到融合,特征金字塔的每一层都参与了旋转不变性的实现。确切地说,ORB 算法是对之前 SIFT、SURF 的实时性改进和,在大幅度提升运算效率的基础上,赋予了它新的特性(旋转不变性和抗噪性),然而这种全新的算法在特征匹配的性能上却降低,它的鲁棒性一直被诟病,因此后人多使用 ORB 算法 + LDB 描述子的算法框架进行特征提取。

以上方法均为计算机视觉领域的特征检测和特征匹配方法,这些方法仅仅停留在 3 个阶段,即区域选择、特征提取、分类器分类,大多数时候模型的参数由人为设置,这也就增加了模型的不确定性。且传统的图像特征匹配通过分析图像局部特征像素分布来提取图像中特征点,如果这些算法在计算时产生大量的建议框,会导致特征提取时间消耗增加;算法涉及的特征描述难以检测到图像数据中底层的、隐含的复杂特征,如地图上的具有一定范围的湖泊、河流、建筑等,也无法判断特征点所属的空间目标,因此就难以分辨出哪些特征点是相对稳定空间目标的特征点。在环境干扰因素(太阳辐射强度、天气状况)、观测尺度的影响下,可能出现较多的错误匹配的情况,从而导致匹配效果大幅度降低,由此可知,这类计算机视觉领域的特征提取算法很难应用于本书的研究。

在过去的 20 年里，深度学习迅速发展，特征提取算法如雨后春笋般地涌现，加之过去几年深度学习在图像分割、图像检测、图像分类等领域的研究逐渐成熟，这也为遥感图像的处理、分割、识别提供了技术支持。2012 年，AlexNet 在图像分类的比赛中脱颖而出，战胜了传统的计算机视觉领域的方法，体现了具有深层网络的模型在图像分类问题上的优势；同时，硬件的进步也为高性能计算打下了坚固的基础，科学家可以提出更深层的神经网络来处理图像领域的问题，这对深度学习算法的时间复杂度的降低有显著影响，可以决定模型运算效率的上限。在深度学习领域，图像通常被视为一个多维的张量，图像上的特征即为张量上包含的特征信息，对图像的操作转化为对张量的操作。AlexNet 由多伦多大学的 Alex Krizhevsky 提出，借鉴了 CNN 的思想并使用 Relu 进行激活操作，利用 GPU 高速的处理运算能力，使用显卡加速器驱动神经网络训练，成为 2012 年 ImageNet 竞赛冠军。AlexNet 刺激了后来一大批优秀的更深的神经网络的问世，特别是近年来，深度学习在各种应用领域取得了巨大成功，AlexNet 为其他优秀的算法开启了大门。到了 2014 年，牛津大学的研究小组和 Google 公司的科学家提出 VGG-Net（Very Deep Convolutional Networks for Large-Scale Image Recognition，2014），该算法成功搭建了 16 层和 19 层的网络。相较于此前的 AlexNet 的 5×5 卷积和 11×11 卷积，VGGNet 通过增加多层非线性来提高特征学习能力，并且不会过多地增加参数的个数，它的深层的神经网络结构能够提炼出某些深层的隐含的特征。然而过多的网络层数会引入新的问题，尽管大多数时候模型在训练数据集上精度良好，然而它们在测试数据集存在过拟合现象。解决这个难题目前有两类方法：① 正则化；② 数据增广。前者是将权重的值添加到损失值当中，在训练过程中降低整体的损失值，并调整权重，同时也能降低实际输出与样本之间的误差；后者是按照一定的规则对数据进行调整，使它变成与原数据不同的数据，从而起到了增加数据集的作用。数据增广通常被用于物体分类或检测问题，比如使用图像平移、翻转、缩放、切割等手段将样本数据集成倍扩充。

2015 年，华人科学家何凯明在传统的模型结构上进行改进，提出 ResNet 残差网络，这样，在深层的网络中也可以避免过拟合。在此之后，物体检测和图像分割也迅速发展，尤其是实例分割领域出现了一系列高效、优秀的模型，这些模型可以被用在地学和遥感领域，如遥感图像处理和空间目标的检测、识别、提取等，比如：自动提取水体、植被；智能交通、道路检测；地物分类等。2017 年何凯明提出了 Mask R-CNN 模型，该模型不仅可以识别图像中的目标属于哪一类像元，而且可以将它们用掩膜分开标识，掩膜可以理解为与目标边界重合的半透明多边形。这对于遥感图像的特征提取有重要意义，它可以将一幅遥感图像上的特征空间目标识别并提取，并且生成的掩膜可以体现特征空间目标的形态特征。

Mask R-CNN 自问世以来，就被广泛应用于遥感图像的处理与分析以及空间信息技术领域。陈文龙提出了一种基于 Mask R-CNN 的遥感影像地物检测实现为地理 WPS 服务的方法，可以实现 Mask R-CNN 模型遥感影像地物检测的远程在线和多人共享应用，极大程度地降低了遥感影像地物检测过程中的人工工作量。于闯和胡朱桦的团队提出了一种基于 Mask R-CNN 的遥感图像分割算法，它利用分割和拼接技术，准确地对图像中的"块"进行分割，并且在时间消耗上明显优于 U-Net。聂山岚等人提出了一种基于 Mask R-CNN 的近海岸船舶检测技术，将软非最大抑制（Soft-NMS）引入模型框架中，以提高对附近近岸船舶的稳健性。吴金良对 Mask R-CNN 结构进行修改，利用分割曲线来优化了候选框分支，实验证明该算法可以对密集分布的船舶进行分割提取。刘意嘉针对户外运动场馆（足球场、篮球场、网球场和棒球场）的土地覆盖（特征）识别，提出了一套基于 Mask R-CNN 的对象识别方法和技术流程，将识别结果与 Cognition 中四种面向对象的机器学习分类方法进行了比较，实验结果表明，Mask R-CNN 不仅在技术程序上优于传统方法，而且在户外运动场所（足球场、篮球场、网球场和棒球场）的识别结果上也优于传统方法，其精度达到了 0.892 7，召回率达到了 0.935 6，平均精度达到了 0.923 5。为了适应复杂场景的变化，黄皓宇改进了 Mask R-CNN 来进行车辆检测，并对数据集进行了预处理，使 Mask R-CNN 具备了提取小目标的能力，实验证明，改进后的模型可以在低尺度的在线地图上提取微小的物体。

简而言之，深度学习可以快速、准确地学习到图像中的隐含信息，并且其算法也就有鲁棒性，这是它相对于传统方法的优势。目前的深度学习算法不仅仅局限于三维的图像，而且已经延伸至动态的四维图像的处理，其精度已经接近人类的判读结果。本书尝试将深度学习引入遥感图像上的特征提取，以获取数量更少、更稳定的目标，并在此基础上构建地表指纹。

二、特征空间目标的定义

特征空间目标是存在于地球表面的、具有某些特征的空间目标，是地表指纹的基本组成元素。比如，某市的市中心有一座市政大楼，则这个市政大楼可以视为特征空间目标，它对位置有一定指示作用，可以视为地表指纹的特征。

特征空间目标必须具有明显的边界，在高分辨率遥感影像上，具有清楚的形状，能够被机器识别。不能与背景颜色过于接近，同时不能与某些植被那样分布过于密集。

特征空间目标在地球表层存在空间分异性，具体表现在同类地物在不同的空间位置上具有不同的空间形态和特征，不同地物在某种条件下具有形似的空间形态和特征。同时，由于数据获取的空间尺度限制、干扰因素的存在以及信息提取的误差，计算机自动提取的空间目标不完全可靠。这就要求所构建的地表指纹具备一定的容错性和鲁棒性。因此，本书以城市为研究对象，对城市的特征空间目标进行了筛选，选取了那些具有明显边界，且没有过度集中分布的特征空间目标，它们分别是上一章提取的城市目标，包括运动场、十字路口、跨河大桥。

三、特征空间目标的特征度量

特征空间目标的特征度量主要包括 4 个方面：属性特征、位置特征、形态特征、空间关系特征。

（一）属性特征

属性特征是指物体本身带有的并且不随外界条件变化而变化的特征，因此，它相对稳定。在本书中，属性特征就是特征空间目标的类别标签，它是经过深度学习模型分类后得到的。

（二）位置特征

位置特征通常用来描述研究对象的地理位置，它由经纬度所定义，并且受到当前坐标系统的影响。广义上的位置特征可以理解为地理位置的特征，它是对研究区域或个体的位置描述。例如我国位于东半球，一半以上的国土都位于北温带，东临太平洋，北接蒙古、俄罗斯，西部与中亚各国接壤。狭义上的位置特征是用经度和纬度去描述一个地点的位置。本章所提到的所有位置特征均为狭义上的位置特征，空间目标的位置由空间目标的中心位置度量，这里的中心包括外接矩形中心、几何中心和重心。

几何中心的计算首先将 Mask R-CNN 提取的特征空间目标的掩模转换成具有空间坐标的矢量面，然后再按式（5.1）计算。

$$\begin{cases} x = \dfrac{1}{n} \sum_{i=0}^{n-1} x_i \\ y = \dfrac{1}{n} \sum_{i=0}^{n-1} y_i \end{cases} \quad (5.1)$$

式中：x，y 分别代表最终计算出的几何中心的横纵坐标；n 为矢量面的节点数；x_i、y_i 表示第 i 个节点的空间坐标。

重心计算采用式（5.2）计算：

$$\begin{cases} x = \sum_{i=0}^{n-1} \overline{x_i} A_i \Big/ \sum_{i=0}^{n-1} A_i \\ y = \sum_{i=0}^{n-1} \overline{y_i} A_i \Big/ \sum_{i=0}^{n-1} A_i \end{cases} \quad (5.2)$$

式中：x，y 分别代表最终计算出的重心的横纵坐标；n 为矢量面的节点数;A_i为第i个梯形的面积。

(三)形态特征

形态特征本身是一个生物学、药学名字,后来也可以用于泛指所有实体的特征,如形状、纹理、颜色、大小、排列方式等等。本章所定义的形态特征是为了更好地度量特征空间目标而人为添加的一些指标,包括空间目标长轴及其长度、半长轴及其长度、扁率。空间目标长轴是整个矢量面的节点中两个相距最远的节点连成的线,它的长度用d来表示;计算每个节点到空间目标长轴的距离,最大的距离视为半长轴s;扁率e是由以上几个概念,根据公式(5.3)计算得来。

$$e = \frac{0.5d - s}{0.5d} \quad (5.3)$$

式中:d是空间目标长轴的长度;s是半长轴的长度。

(四)空间关系特征

空间目标的空间关系是指空间目标与邻近目标之间在距离、方位、拓扑方面的几何关系。由于拓扑关系难以定量化描述,因此以近邻基线为基础度量空间目标之间的相对距离和方位。以中心目标中心为起点,连接近邻空间目标中心的射线称为近邻基线,近邻基线相对于x轴的旋转角称为近邻角。连接中心目标和近邻目标几何中心的线段长度称为近邻距离。图5.12空间物体的典型形态特征和空间关系特征中,b表示近邻基线,n表示近邻距离。其中,最近邻空间目标的近邻基线和近邻距离分别称为最近邻基线和最近邻距离。图5.12显示了近邻基线和距离的示意图。

可采用两种方法对空间目标的空间关系进行度量。一是基于长轴的空间关系度量法,二是基于近邻基线的空间关系度量法。基于长轴的空间关系度量法利用长轴和近邻基线描述近邻目标的距离和方位。其中:近邻基线与长轴之间的角度q,用于衡量近邻目标相对于中心目标的方位；近邻距离与长轴 d 的长度比值 d，用于衡量近邻目标相对于中心目标的距离。

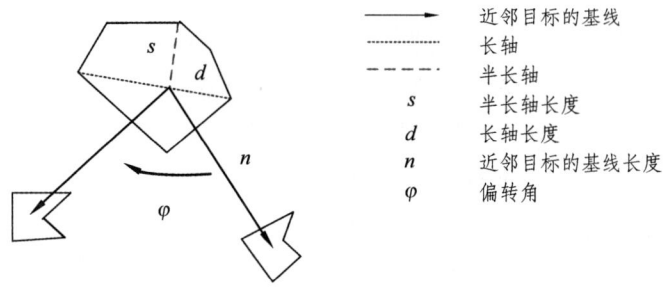

图 5.12　空间物体的典型形态特征和空间关系特征

基于近邻基线的空间关系度量法直接利用近邻基线之间的空间关系描述近邻目标的距离和方位。其中：近邻基线之间的角度差，称为近邻基线偏转角 j；近邻距离的比值，称为近邻距离系数 x。该度量法需要以其中一个近邻目标为参照，对其余近邻目标进行相对度量。

显然，q、d、j 和 x 均是与比例尺无关的，并具有旋转不变性。

四、空间目标特征稳定性度量

为了研究同一地物不同特征的稳定性，以成都市为研究区域，分别用 Google 遥感、天地图遥感的 18 级数据提取运动场、十字路口和跨河大桥，构成各自的目标集，从 Google 提取的对象有 4 329 个，从天地图提取的对象有 4 924 个。以 Google 遥感的目标为基准，在距离 50 m 范围内搜索天地图遥感提取的最近目标，若类别一致，则认为它们是不同地图源上的同一个目标。按照这种方法，遍历两个目标中的所有特征空间目标，将两个目标集中找到的相同目标组合成目标对，以便后续对空间目标特征参数的稳定性进行评价。

(一)特征空间目标的位置度量

根据上文提到的参照目标集和筛选出部分空间目标对(它们的近邻目标也在参照目标集中),接下来通过目标对的近邻距离和近邻角来计算误差。近邻距离就是谷歌地图上的空间目标和它在天地图上对应的空间目标的距离,是通过坐标的四则运算求出;近邻角是谷歌地图上的空间目标和它在天地图上对应的空间目标在水平方向上的夹角。本书比较了 3 种位置度量的方法,其误差如表 5.2 所示。

表 5.2 不同位置度量方法的近邻距离误差和近邻角误差

度量方法	近邻距离/m		近邻角/(°)	
	平均误差	最大误差	平均误差	最大误差
最小外接矩形中心	4.53	39.50	1.20	22.60
几何中心	8.29	81.90	1.95	25.10
重 心	4.06	39.80	1.14	22.40

根据表 5.2 可知,以重心为基础的位置度量方法测得的近邻距离和近邻角的平均误差和最大误差均最小,因此本书将选取重心作为特征空间目标的位置特征,它将参与后续的位置编码。

(二)形态特征参数评价

首先对数据集中的每一个目标对,计算参照目标集中每个特征空间目标的长轴长度、短半轴长度、扁率,并利用最近邻距离进行参数误差对比分析。由于各个参数的单位不统一,因此引入相对误差进行度量。设天地图遥感和 Google 遥感提取的空间目标的评价指标分别为 m_1 和 m_2,则相对误差计算公式为:

$$\sigma = \frac{|\mu_1 - \mu_2|}{\mu_1} \tag{5.4}$$

形态特征参数的相对误差计算结果如表 5.3 所示。

表 5.3　形态特征参数的相对误差

扁　率		短半轴长度		长轴长度		最近邻距离	
平均值	最大值	平均值	最大值	平均值	最大值	平均值	最大值
3.186	8 352	0.16	10	0.11	6.01	0.003 2	0.72

从表 5.3 可知，由扁率、短半轴长度、长轴长度计算得出的误差的平均值分别为 31.86、1.06、0.11，最大值分别为 8 352、10、6.01、0.72。它们均高于由近邻距离计算得出的误差，因此可以归纳出长轴长度、短半轴长度、扁率在不同遥感影像上提取的目标，其相对误差均大于最近邻距离，这进一步说明，人工智能模型提取出来的特征空间目标，形态参数的稳定性低，而近邻关系的稳定性较高。所以，可以得出这样的结论：空间目标编码应主要考虑空间目标的相邻性而不是形态特性。

（三）空间关系特征度量方法的选择

空间关系特征是图像中各个空间目标与其周围的空间目标之间的相互关系，它可以描述不同空间目标的相对位置关系，例如 A 在 B 的上方，也可以描述不同实体的邻接、包含、重叠关系。

为建立特征空间目标之间的关系特征，对参照目标集中的每个目标对，以一定长度搜索半径，搜索它的 24 个最近邻目标（共 48 个目标）。以 Google 遥感的每一个近邻目标为基准，在距离 50 m 范围内搜索天地图遥感目标集具有相同类别且近邻角误差小于 22.5° 的最近目标。若搜索到，则添加至近邻目标集中。基于构建出的近邻目标集，提出以长轴和近邻基线为参考依据的空间关系度量法来评估空间关系度量方法的优劣。

基于长轴的空间关系度量法，计算其近邻目标集每一个近邻目标与中心目标长轴的夹角 q 和距离系数 d，统计不同遥感目标集的绝对误差；基于近邻基线的空间关系度量法，以目标对的最近邻目标为基准，计算其余近邻目标的偏转角 j 和距离系数 x，统计不同遥感目标集的绝对误差，如表 5.4 所示。

表 5.4 空间关系特征参数误差

θ/(°)		δ		φ/(°)		ξ	
平均值	最大值	平均值	最大值	平均值	最大值	平均值	最大值
57.85	179.3	1.39	305	1.43	37.2	0.09	9.86

由表 5.4 可知：根据长轴所计算得出的夹角 q 和距离系数 d 的误差的平均值和最大值较大，因此不具备可靠的稳定性；相反，基于近邻基线计算得出的偏转角 j 和距离系数 x 的误差的平均值和最大值较小。这说明了近邻基线在度量特征空间目标的空间关系方面具有更高的可行性，它将被应用于之后的编码工作中。

五、特征空间目标的空间关系编码

一个特征空间目标的完整的编码包括属性编码、位置编码和空间关系编码三部分。

（一）属性编码与位置编码

属性编码由特征空间目标的地物类型决定，取值范围是 1~3，1 代表运动场，2 代表十字路口，3 代表跨河大桥。为了不影响 Mask R-CNN 的整个提取过程，整个实验过程将背景类别设为 0。

根据上文可知，以特征空间目标的重心为基础的位置度量具有最佳的稳定性，因此本章采用重心的坐标数据进行位置编码。

（二）空间关系编码

空间关系编码是指目标与最邻近目标和次邻近目标之间的空间关系转换成编码。它采用了字符串格式来储存特征空间目标与其邻近目标之间的关系信息。对于编码的每一位，取值范围限定在 0~35，并按照表 5.5 所示的编码对照表进行编码。

表 5.5　空间关系编码对照表

值	编　码
0~9	0~9
10~35	A~Z

空间关系编码较为复杂，一个待编码的中心目标，它的空间关系编码是它周围最邻近的 24 个目标的指纹编码构成。

首先要对 24 个邻近目标以由近及远的顺序进行排序，再依次对每一个邻近目标进行属性编码、角度编码和距离编码，这 3 个要素的编码共同组成了一个待编码目标与单一邻近目标的完整的空间关系编码。为了提高编码的严谨性和定位的有效性，还需要对剩下的 23 个邻近目标进行编码，每个完整的空间关系编码的长度是 3，一次 24 个邻近目标的空间关系编码的长度是 72 bit。空间关系编码结构图如图 5.13 所示。

C	A_0	D_0	C	A_1	D_1	…	C	A_n	D_n

图 5.13　空间关系编码

图 5.13 中，C 代表第一个邻近目标的地类编码，D 代表距离编码，A 代表角度编码。地类编码是近邻目标的类别编码，其编码方式与中心目标的属性编码相同。由于编码方式的限定，最多支持 35 种空间目标的类别编码。为计算参照目标的距离编码 D_0，首先利用公式计算近邻距离与长轴的长度比值 d：

$$\delta = \frac{d}{n_0} \tag{5.5}$$

式中：d 为中心目标的长轴；n_0 为参照目标的近邻距离。依据表 5.4 中 δ 的平均误差，将距离系数取整，直接得到初始的距离编码值。若该值大于 35，直接赋值为 35。将这一步得到的结果保存，再根据表 5.5 编码对照表将它对应到 0~9 或 A~Z，最终生成邻近目标的距离编码。

近邻目标的角度编码 A_0 的编码方法为：计算参照目标近邻基线与中心目标长轴的夹角 θ，将其除以 10 取整后编码得到 A_0。依据表 5.4 可知，该参数误差较大，不参与后续的编码相似度计算。

根据参考物体的相邻距离和相邻基线，对其他相邻物体的 D_1 和 A_1 进行编码。为了尽可能地扩大距离编码的范围，增强空间关系编码的鲁棒性，采用公式（5.6）计算距离系数的拉伸值。

$$r_i = \log_{1.15} \zeta \tag{5.6}$$

该式中，ζ 是近邻距离的系数，它根据式（5.7）计算得出：

$$\zeta = \frac{n_i}{n_0} \quad (0 < i < N) \tag{5.7}$$

式中，n_i 是近邻目标的距中心目标的近邻距离，基于同样的编码方法，式（5.6）中的 r_i 将被四舍五入并被钳制为 0~35，得到距离编码 D_1。角度编码 A_1 的计算方法是直接计算相邻基线相对于参考物体的偏转角度 ϕ，并将其转换为 0~360，然后将其除以 10 并取整得到 A_1。

由此可见，空间目标编码体现了各个近邻目标的角度和距离级别，相同或相似的编码值对应一定的角度或距离范围，这在一定程度上保证了机器对位置感知算法的鲁棒性，克服了由不同地图数据源造成的相同空间目标的角度和距离差异带来的影响。此外，距离和角度的编码方法保证了空间关系编码的旋转不变性和尺度独立性,这个特点克服了拍摄角度和观测角度带来的不利影响。

(三)空间关系编码的近邻目标选择

从上述空间关系编码方法可见,近邻目标的选择是编码的关键。同一个空间目标,选择不同的近邻目标将得到完全不同的空间关系编码。因此,选择相同的近邻目标进行空间关系编码,是空间目标匹配的前提。然而,邻近目标数量也不是越多越好,过多的目标会导致编码长度增大,产生数据量的冗余,会导致后续定位时间增加;加之不同遥感影像由于成像时间、影像质量等因素的差异,导致其提取的目标集存在一定的差异。如前述成都市区范围的 Google 遥感、天地图遥感,提取的总目标数分别为 4 329、4 924,相同目标数为 2 844,仅占总目标数的 65.7%、57.8%。因此,对于那些同时被 Google 遥感、天地图遥感提取出来的相同目标,其近邻目标也不能保证一一对应。

为解决上述问题,首先要确定编码所需要的邻近目标的个数,记为 m。对每一个目标对,搜索其分别在各自目标集邻域内的 m 个邻近目标,以距离误差 50、近邻角误差 22.5°为阈值,在近邻目标中搜索相同的近邻目标。统计不同 m 取值下能搜索到的具有相同近邻目标的目标对的个数,记为 p,经过多次实验,结果如图 5.14 所示。

从图 5.14 可见:当 m 取 1 时,表示仅判断各自最近邻目标是否也是相同空间目标,此时满足的目标数仅为 1 261,占总目标数的 25.6%、29.1%,匹配率较低;当 m 取 2 时,p 值急剧增大,达到 2 173。此后 p 的增长速度不断降低并接近 2 844。

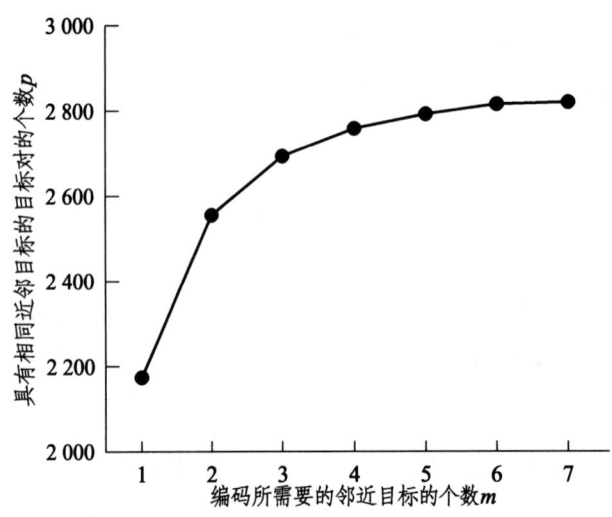

图 5.14　试验区不同 m 值下包含相同近邻目标的目标数量

在综合考虑匹配速度和编码效率的前提下,本章选择将 m 设置为 2,既能保证有足够多的目标数,又能够保证定位的顺利进行,这样一来,在建立空间关系编码时,只需考虑最邻近编码 FCode 和次邻近编码 SCode 即可。编码实例如图 5.15 所示。

地类	距离	X	Y	Lon	Lat	FCode	SCode
1	93.66	11 599 620	35 942 750	104.11	31.24	3G02IF12GF27…	3E52DJ21JF22…
2	94.32	11 549 331	37 651 781	105.23	33.62	3G07KJ32ED30…	3D25FJ35JF30…
…	…	…	…	…	…	…	…

图 5.15　城市地表指纹示意

图 5.15 包含了一个特征空间目标的完整编码,即属性编码、位置编码、空间关系编码,空间关系编码只包含最邻近目标编码和次近邻目标编码。

（四）空间关系指纹数据库的构建

经过上文的研究，已经完成了样本数据的制备、模型的训练，并确定了一套科学有效的指纹编码体系，接下来就要建立整个研究区域的指纹数据库。本章选择了全国部分省会城市作为研究区域，以天地图高分辨率遥感影像为数据源进行大范围的特征目标提取，将提取到的特征空间目标转化为矢量面，并按照上文提到的指纹编码的要求对其进行指纹编码，这些编码将作为指纹数据库中的参考数据。本次大范围特征目标提取涉及的城市包括西安市、郑州市、济南市、成都市、杭州市、长沙市、重庆市共 7 个城市。

六、基于特征空间关系编码的位置服务与计算

（一）空间目标相似度计算

空间目标编码的相似度计算是地理位置机器智能感知的重要一环。如果局地空间目标和指纹数据库对应目标的编码完全一致，可直接利用编码是否相等进行指纹匹配。然而，由于成像时间、遥感平台的运行方向、距地面的距离、速度等因素的影响，造成同名地物发生偏移、拉伸和扭曲等，不同遥感影像提取出来的空间目标中心位置存在偏移。另外，机器自动实例分割不完全可靠，不同遥感影像提取的空间目标集也存在一定的差异。在这些因素作用下，简单的码串匹配法无法实现正确的匹配，可行的方法是通过计算空间关系编码的相似度来完成对象匹配。

（二）近邻目标匹配计算

近邻目标匹配计算是空间关系编码相似度计算的关键。设某空间目

标在指纹数据库和局地目标集中均存在，并具有相同的类别编码。该目标在指纹数据库中表示为 S，在局地目标集中为 L。S 和 L 的编码分别表示为：

$$\begin{cases} F_S = \{(C_i^S, D_i^S, A_i^S) \mid 0 \leqslant i < 24\} \\ F_L = \{(C_i^L, D_i^L, A_i^L) \mid 0 \leqslant i < 24\} \end{cases} \quad (5.8)$$

式中：F_S 和 F_L 分别表示 S 和 L 的编码；C_i、D_i、A_i 分别表示近邻目标的类别、距离和角度编码。

F_S 和 F_L 的相似度 P_{SL} 计算公式为：

$$P_{SL} = \begin{cases} wP_1 & (P_0 \geqslant \alpha) \\ 0 & (P_0 < \alpha) \end{cases} \quad (5.9)$$

式中：w 为匹配系数；P_0 为参照目标的距离编码匹配度；P_1 为其余近邻目标的平均编码匹配度；α 为相似度阈值。

P_0 计算公式如下：

$$P_0 = \begin{cases} 1-(|D_0^S - D_0^L|)/20 & (C_0^S = C_0^L) \\ 0 & (C_0^S \neq C_0^L) \end{cases} \quad (5.10)$$

w 和 P_1 均涉及其余近邻目标的匹配。从 S 和 L 中分别取出一个其余近邻目标，它们的相似度为：

$$P_{ij} = \begin{cases} (1-|D_i^S - D_j^L|/5)[1-\min(|A_i^S - A_j^L|, 36-|A_i^S - A_j^L|)/5] \\ 0 \end{cases}$$

$$\begin{aligned} & (C_i^S = C_i^L) \cap (|D_i^S - D_j^L| < 2) \\ & (C_i^S \neq C_i^L) \cup (|D_i^S - D_j^L| \geqslant 2) \end{aligned} \quad (5.11)$$

式中，i 和 j 分别表示 S 和 L 中某一个其余近邻目标。

用 L 中的特定近邻目标，依次遍历 S 中所有其余近邻目标，按式（5.11）计算相似度。若最大相似度大于等于 α，则认为该近邻目标在 S 的近邻目标中找到了匹配。然后根据公式计（5.12）算 P_1。

$$P_1 = \frac{1}{N_{SL}} \sum_{j=1}^{N_{SL}} P_{ij} \quad (5.12)$$

其中 N_{SL} 是其他相邻对象的匹配数。匹配系数 w 可以通过以下方式计算：

$$w = \begin{cases} 0.1 \dfrac{N_{SL} - \beta}{24 - \beta} + 0.9 & (N_{SL} \geq \beta) \\ 0 & (N_{SL} < \beta) \end{cases} \quad (5.13)$$

式中：N_{SL} 表示其余近邻目标的匹配数；β 表示空间目标匹配需要的最少近邻目标匹配数。

（三）空间关系编码相似度计算

如前所述，空间目标的空间关系编码包括最近邻空间关系编码和次近邻空间关系编码。在空间目标 S 和 L 利用空间关系编码进行相似度计算时，将它们的两个空间关系编码（最邻近空间关系编码）两两组合，取 4 次匹配中的最大相似度作为空间目标的相似度。遍历指纹数据库中所有目标，若最大相似度大于等于相似度阈值 α，则将该目标作为匹配目标。

这里需要 4 次匹配结果的原因是在不同的地图数据源上，存在最邻近目标和此临近目标错位的情况，导致在空间目标相似度计算时，可能会出现将最邻近空间关系编码与次邻近空间关系编码进行计算的情况，因此，取 4 次匹配中的最大相似度作为空间目标的相似度可以保证最邻近空间关系编码、次邻近空间关系编码能够正确地对应。

（四）空间目标相似度计算参数的确定

为了使匹配结果具有更高的准确性，需要进一步确定 α 和 β 最佳值以确定参与编码的邻近目标的最佳数量。分别对 Google 遥感、天地图遥感目标集每一个目标构建空间关系编码，循环天地图遥感目标集的每一个目标编码，在 Google 遥感目标集中搜索匹配目标；若存在匹配目标，并且它们的重心距离小于等于 50 m，则认为找到正确的匹配。

首先，α 设定 =0.75（这将在后面被证明是最好的参数），将 β 从 7

增加到 10，遍历天地图数据集中每个对象的编码，并从 Google 数据集中搜索相似度最高的匹配对象。如果它们有相同的标识，就认为找到了正确的匹配。表 5.6 展示了正确匹配的数量。

表 5.6　不同数量的最近邻目标参与编码时的正确匹配情况

N	正确的匹配数			
	$\beta=7$	$\beta=8$	$\beta=9$	$\beta=10$
14	1 579	1 281	871	448
18	1 783	1 810	1 723	1 513
19	1 795	1 832	1 825	1 768
20	1 767	1 839	1 846	1 779
21	1 745	1 821	1 866	1 854
22	1 730	1 817	1 886	1 890
23	1 726	1 804	1 866	1 905
24	1 715	1 799	1 854	1 907
25	1 703	1 785	1 847	1 897
28	1 702	1 781	1 830	1 877
60	1 679	1 715	1 751	1 778

从表中可以看出，当 β 固定时，随着 N 的增加，正确匹配的数量首先增加，然后保持稳定，甚至略有下降。这说明为了从数据库中找到匹配的对象，需要一定数量的最近的对象来构建空间关系代码。由于 Mask R-CNN 提取的目标不完全可靠，过多的近邻目标在一定程度上会对匹配产生负面影响。因此，有必要找到合理数量的最近的对象参与编码。从表中可以看出，N 的峰值与 β 有关，一般是 β 值的 2.4 ~ 2.7 倍。

另一方面，有必要为指纹数据库中的空间关系编码设定一个固定的长度。考虑到在实际匹配中，β 值越大，对本地遥感图像中提取的物体数量要求越高，β 设置为 7 ~ 10，所以 N 设置为 24，对空间关系编码的长度为 72。在匹配计算过程中，参考表 5.6，从空间关系编码中获得最佳的最近邻目标数进行计算。

（五）关于 α 和 β 最优值的研究

为了得到 α 和 β 的最佳值，我们还统计了 α 和 β 不同值下的总匹配数 P_t 和正确匹配数 P_r，如图 5.16 所示。

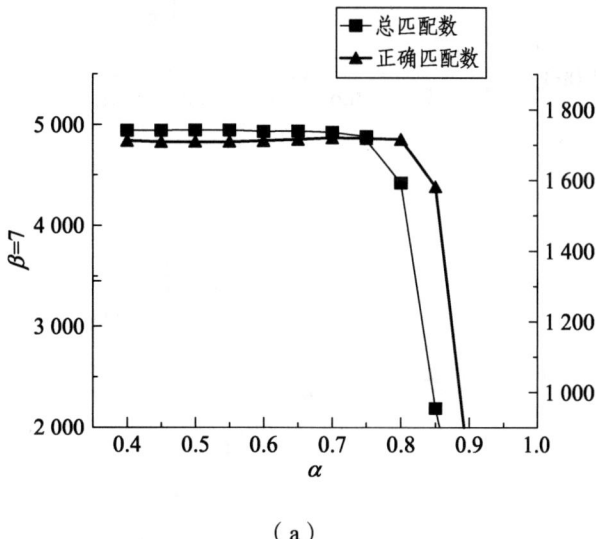

（a）

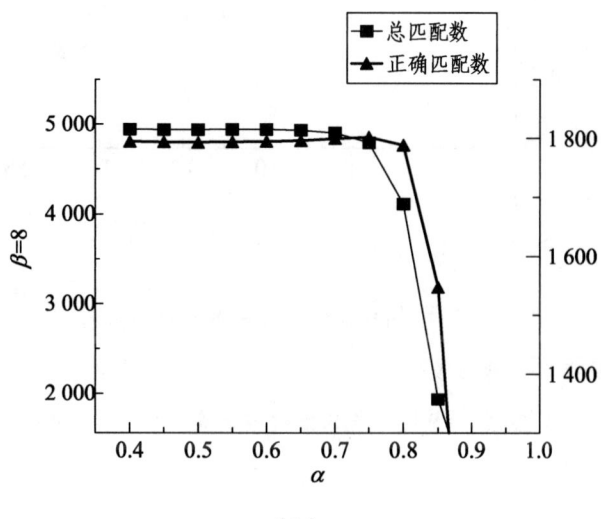

（b）

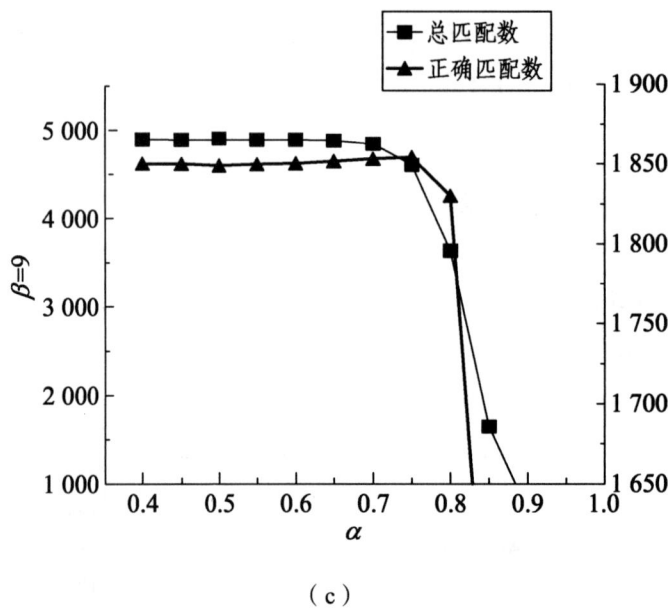

(c)

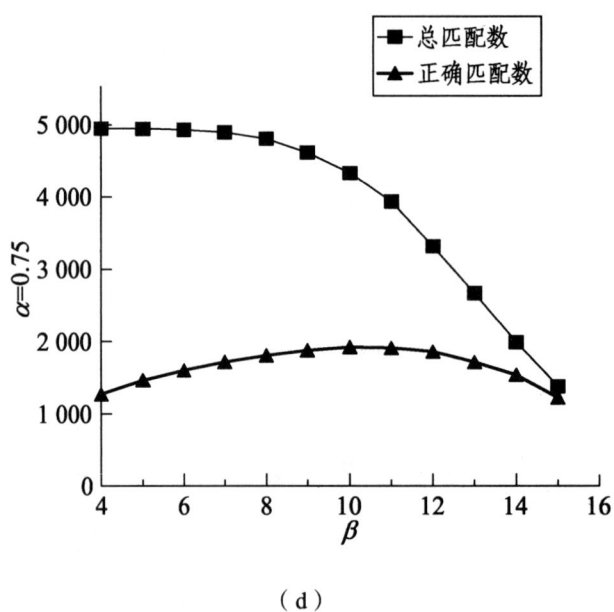

(d)

图 5.16 空间目标相似性计算的参数分析

（a）当 $\beta=7$ 时，总的匹配数和正确的匹配数；（b）当 $\beta=8$ 时，总匹配数和正确匹配数；（c）当 $\beta=9$ 时，总匹配数和正确匹配数；（d）当 $\alpha=0.75$ 时，总匹配数和正确匹配数。

从图 5.16 中可以看出，当 β 固定时，随着 α 的增加，P_t 下降，P_r 先增后减，在 0.75 附近达到一个峰值。这表明，α 的最佳参数是 0.75。图 5.16（d）显示了当 $\alpha=0.75$ 时，不同条件的 β 下 P_t 和 P_r 的值。可以看出，随着 β 的增加，P_t 不断减少，而 P_r 先增加后减少，并在 11 时达到最佳。

（六）指纹匹配

上文介绍了最为复杂的空间关系编码及相似度计算的过程，然而指纹匹配的过程是需要同时考虑位置、属性以及空间关系。在匹配过程中，需要利用位置编码进行进一步过滤，若局地空间目标集中某空间目标 L_1，通过空间关系编码在指纹数据库指纹找到候选匹配目标 S_1。分别搜索 L_1 和 S_1 最近邻 24 个目标，若不足 24 个则按实际个数计算。按由近及远的顺序遍历 L_1 的近邻目标 L_2，通过空间关系编码相似度计算公式在 S_1 的近邻目标集中搜索候选匹配的邻域目标 S_2。若 S_2 存在，按照线性变换公式，计算出局部遥感影像的坐标相对于指纹数据库的旋转、偏移和缩放因子，建立从局部坐标系到空间坐标系的转换关系。利用计算出来的缩放因子，对编码的匹配有效性进行第一次过滤。

$$|zd^L - d^S| \leqslant \varepsilon \tag{5.14}$$

式中：z 为缩放因子；d^L 和 d^S 分别为局地目标和指纹数据库中心目标的长轴；ε 为距离阈值，与被提取目标的空间尺度相关。由于本章提取的目标均为高分遥感影像上的精确目标，因此将 ε 设置为 25 m。

若满足式（5.14），则对 L_1 的相邻对象进行遍历，并根据旋转、倾斜和缩放因子计算其实际坐标。在 ε 的距离内，从 S_1 的相邻对象中按实坐标搜索出 L_1 的每个相邻对象的匹配对象。如果匹配的数量等于或大于 3，则认为指纹匹配成功。

表 5.7 显示了当 α 被赋值为 0.75，β 分配为 7 时，不同 ε 值下的指纹匹配的准确性变化。

表 5.7　不同 ε 值下的指纹匹配精度

ε/m	总匹配数	正确的匹配数	正确率/%
10	1 413	1 408	99.6
25	1 619	1 589	98.1
50	1 746	1 667	95.5
75	1 867	1 711	91.6
100	1 976	1 726	87.3
125	2 099	1 744	83.1
150	2 443	1 762	72.1

从表 5.7 可以看出，ε 与被提取物体的空间尺度有关。随着 ε 的增加，总的匹配数和正确率都会增加，但正确率却会下降。如果要求正确率至少为 95%，那么实验数据中的最佳值约为 50 m。

为了研究指纹匹配准确率的提高，将 α 和 ε 分别设为 0.75 和 50，并与不同 β 值的空间关系代码的相似性匹配的准确率进行比较，如表 5.7 所示。从表 5.7 可以看出，基于空间关系代码的相似性计算，利用指纹匹配算法对匹配结果进行进一步的过滤，过滤后的对象有 95% 以上的概率是正确的匹配对象。

指纹匹配算法是地理位置机器智能感知的基础。在局部对象集中，只要有一个对象的匹配对象是从指纹数据库中建立的，我们就可以利用指纹数据库中的匹配对象及其相邻的匹配对象来自动感知本地遥感图像的地理位置。

（七）指纹匹配算法的性能评估

在表 5.8 中，我们还计算了每个对象所需的平均匹配时间。实验计算机的 CPU 是英特尔（R）核心（TIM）i7-7700。单个本地对象的匹配时间与指纹数据库中的记录数量成正比。实验中谷歌数据集中搜索到的对象数量为 4 329 个，当 b 等于 7 时，匹配时间约为 0.012 s。据此，当指纹数据库中的空间对象数量小于约 360 000 时，单个对象的匹配时间不会超过 1s。

表 5.8 与空间关系代码的相似性匹配相比，指纹匹配的准确率和各对象的平均匹配时间

β	空间关系编码相似度匹配				指纹匹配			
	总匹配数	正确的匹配数	准确率/%	平均时间/s	总匹配数	正确的匹配数	准确率/%	平均时间/s
7	4 661	1 795	38.5	0.012	1 746	1 667	95.5	0.012
8	4 449	1 839	41.3	0.012	1 765	1 704	96.5	0.013
9	4 359	1 886	43.3	0.014	1 803	1 736	96.3	0.015
10	4 316	1 907	44.2	0.016	1 829	1 763	96.4	0.017

（八）地理位置机器智能感知实验结果及鲁棒性评价

以中国主要省会城市为例，利用 18 级 Google 高分辨率遥感影像提取市域范围内的运动场、十字路口、跨河大桥，共计提取 36 339 个特征空间目标，参见表 5.9 所示。将每一个特征空间目标的指纹存储于指纹数据库中，在此基础上，开展城市地理位置机器感知实验。以天地图遥感影像为数据源，在研究区市域范围内不同区域剪裁 200 个局部遥感影像，并确保它们包含的目标数量大于等于 7。本次实验成功匹配次数为 184 次，失败 16 次，匹配率达 92%。

表 5.9 全国部分省会城市地表指纹提取结果表

城市	运动场	十字路口	跨河大桥	总数	区域面积/km²	密度/(/km²)
福州	276	1 624	628	2 528	710.41	3.55
杭州	153	849	348	1 350	306.33	4.41
南京	606	1 890	525	3 021	740.21	4.08
武汉	475	1 636	720	2 831	776.86	3.64
长沙	179	879	208	1 266	270.58	4.68
广州	349	1 299	1 005	2 653	679.33	3.91
总数	2 038	8 177	3 434	13 649	3 483.72	3.92

如表 5.9 所示，本章所选取的 3 类特征空间目标在 6 个城市的数目和所占比例差别较大，且选取的面积也因城市而异，因此为了更好地表示每个城市所含有的特征空间目标的数量，选取每平方千米所含的特征空间目标数作为参考指标。其中：特征空间目标密度最大的城市是长沙市，经观察发现，长沙市相较于其他城市，十字路口和运动场明显比较密集；特征空间目标密度最小的城市是福州市，与长沙市相比，每平方千米所包含的特征空间目标数差值为 1.13。这样的差别在后续的地表指纹编码和机器智能感知环节几乎没有影响。

图 5.17 显示了地理位置的机器智能感知的两个典型案例。图 5.17（a）和图 5.17（d）直观地显示了城市表面指纹数据库的两个局部区域。图 5.17（b）和图 5.17（e）显示了从基于天地图在线卫星图像的本地遥感图像中提取的两个局部区域的局部物体。图 5.17（c）和图 5.17（f）显示了两种情况下的指纹匹配结果。第一行显示的第一个案例包含了所有被提取的物体类型，如操场、十字路口和桥梁，其中 17 个物体中有 12 个被成功匹配。第二行显示的情况只包含提取的十字路口，其中 9

个物体中的 8 个被成功匹配。

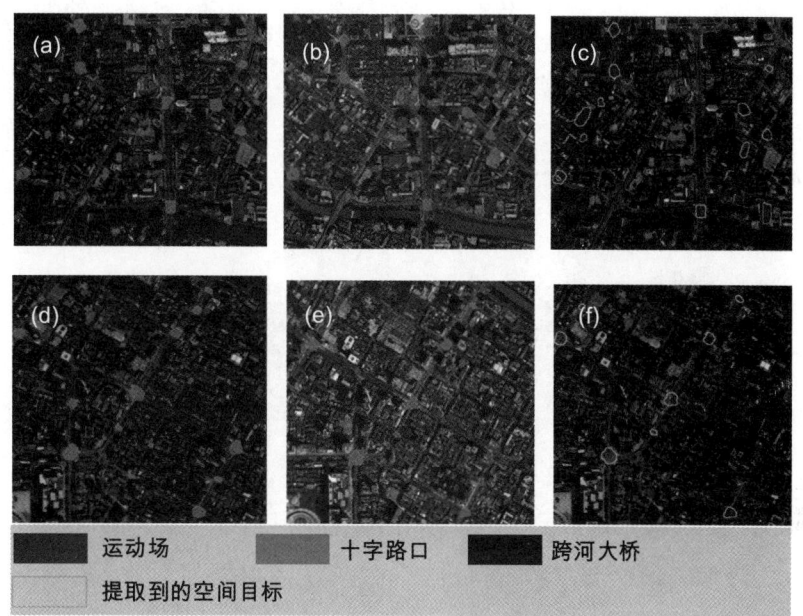

图 5.17 地理位置的机器智能感知的两个典型案例

从谷歌在线卫星图像的不同区域提取物体的城市表面指纹数据库的局部可视化为（a）和（d）；从本地遥感图像（基于天地图在线卫星图像）的两个区域提取的本地物体为（b）和（e）；两个地区的位置感知结果为（c）和（f）。

（九）机器智能感知算法鲁棒性评价

我们尝试对本地图像进行缩放和扭曲，以测试机器在不同条件下的地理位置感知性能。在图 5.18（a）中，我们将原始的本地图像旋转了 12°，并将分辨率从 0.597 m 降低到 0.70 m。图 5.18（b）显示了位置感知的结果。这证明了指纹匹配的角度独立性和尺度独立性。在图 5.18（c）中，我们在一定程度上扭曲了图 5.18（b）中所示的原点局部图像。图 5.18（d）中大部分被感知的对象与图 5.18（c）中的对象相同。这证明了指纹匹配具有一定程度的鲁棒性。与图 5.18（c）相比，无法感知的对象主要来自变形程度超过公式的匹配参数 e 的区域，或者局部变形超过模型的识别能力。

尽管指纹匹配算法与尺度无关，但通过 Mask R-CNN 提取的对象质量与空间尺度密切相关。为了测试图像分辨率的敏感性，我们对图 5.18（b）所示的局部图像分别按照 0.25、0.5、0.7、1.2、1.5 和 2.0 的倍数重新取样。图 5.19（a）、（b）、（c）、（d）、（e）和（f）中显示了不同分辨率下 Mask R-CNN 提取的物体。

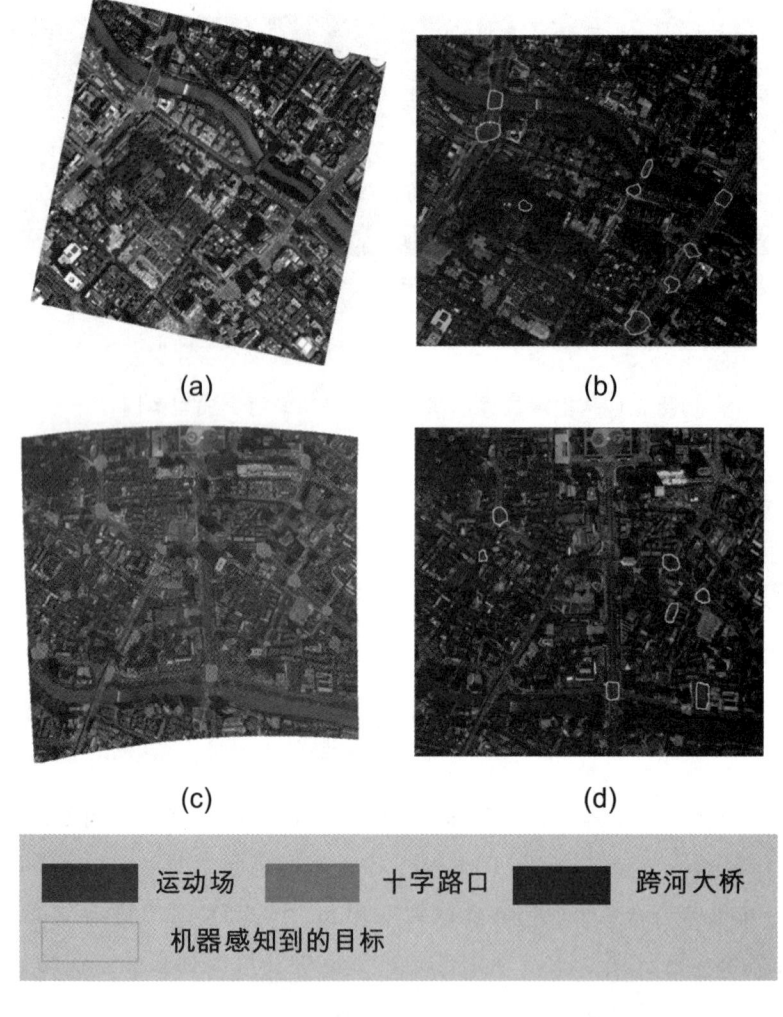

图 5.18　一个关于地理位置机器智能感知的鲁棒性测试结果

（a）为经过旋转和缩小的本地图像的提取结果；（c）为扭曲的本地图像的提取结果；（b）和（d）为位置感知的结果。

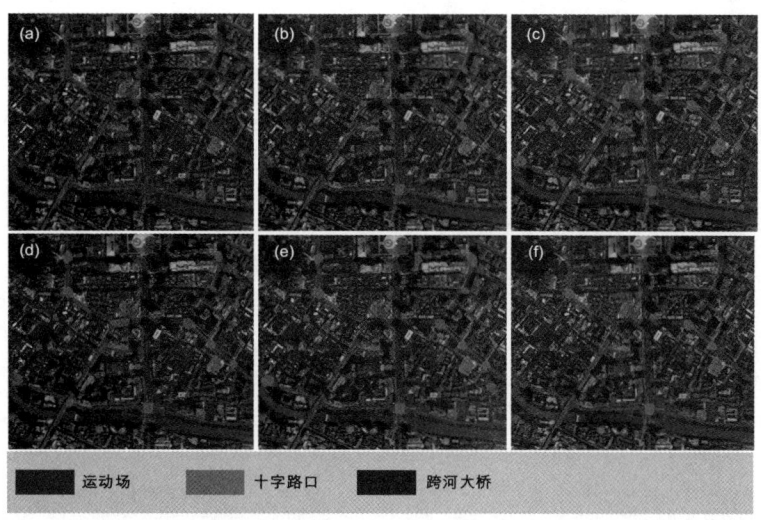

图 5.19　不同分辨率下重新采样的局部图像的物体提取结果

从图中可以看出，Mask R-CNN 模型有一个最合适的分辨率范围。在本例中，除了 0.150 m 和 1.194 m 的分辨率外，从其他图像中提取的物体都可以顺利完成机器定位感知，这反映出这种方法的空间尺度在一定程度上具有一定的鲁棒性。但是，如果分辨率过小或过大，如本例中的 0.150 m 和 1.194 m，图像的空间尺度就会超过 Mask R-CNN 模型的最佳适合范围，导致局部指纹与指纹数据库之间存在巨大差异，无法完成机器定位感知。

通过以上实验，我们发现，位置智能感知方法对于城市高分辨率图像具有较高的精度，并且具有角度独立性、一定的鲁棒性和空间尺度独立性。由于该方法是基于 Mask R-CNN 来提取空间对象，因此机器位置感知的能力受到该模型的限制。为了进一步提高机器对位置的感知能力，有几个潜在的问题应该考虑。

第一个问题是提取的物体的分布密度。如表 5.9 所示，提取物体的密度大于每平方千米 3.5 个，这意味着如果当地城市图像的覆盖面积超过 2 km²，物体的数量可能超过 7 个，计算机就能自动找到位置。然而，Mask R-CNN 的物体提取存在一些误差，机器感知位置对本地图像的最小面积要求可能大于 2 km²，这取决于本地图像的质量和包含的物体数量。

第二个问题是本地图像和指纹数据库之间物体分布的相似性。如果本地影像和用于建立指纹数据库的影像在成像时间和影像质量上存在很大差异，那么从遥感影像中提取的有效空间物体的数量将不足以实现位置感知。有必要随时更新指纹数据库。

第三个挑战是本地图像的空间尺度与指纹数据库的空间尺度的一致性。尽管 Mask R-CNN 具有一定的空间尺度稳健性,但它仍然有一个合适的空间尺度范围。为了正确感知位置,本地图像和指纹数据库的空间尺度必须相似。

第四节 目标场指纹与位置服务

一、目标场指纹的基本概念

考虑到大规模地表空间目标按一定规则抽象后其空间分布仍符合地学规律,因此也难以总结规则、普适的目标分布规律,由此基于地表指纹的场分布规律性以及单空间目标的地表指纹,引入目标场的概念。地球表面各类地物目标构成完整体系为目标场,即将地理场景内空间目标按其空间大小、地物类型、空间位置等指标设计目标场力及作用范围,从而构建平衡的空间目标场。

基于目标场的定义,一定范围内的空间目标地表指纹及目标之间拓扑关系共同作用,即为目标场指纹。目标场指纹解决了空间目标在空间上的缩放、偏移等问题,通过多个空间目标的空间形态及拓扑关系共同组成了区域的唯一性标识,相较于单一空间目标及背景所组成的地表指纹,目标场指纹具有更好的唯一性和普适性。

二、基于目标场指纹的空间定位

以成都市、上海市、北京市、重庆市等城市城区范围的建筑物为例,依照本章的目标场指纹构建方式,进行基于目标场指纹的空间定位研究。

基于空间目标指纹的空间定位研究以多个空间目标为对象，相较于基于空间目标指纹的空间定位的单个空间目标，其构建的空间关系特征更加准确，更适合于城市区域具有密集地物的特点。选择城市中分布广泛的空间目标——建筑物，使得空间定位算法能适用于更大的范围。

根据本书目标场指纹构建方法，得到目标场指纹匹配算法思想是：通过被提取目标之间的拓扑关系以及自身形态指标，构建目标场，根据一定的算法将待匹配目标与目标库中的目标进行匹配。

空间定位算法的优化思路主要从两方面进行：一是减少数据库之外的计算；二是加快数据库匹配。定位匹配算法为了提升匹配效率，已在设计数据库时考虑了一方面，目标场指纹是基于建筑物构建的，其数据库的数据数量庞大。基于空间目标指纹的空间定位研究中地表指纹数据库所记录的运动场地表指纹数据量相比于建筑物的地表指纹数据量相差两个数量级，因此在基于空间目标指纹的空间定位研究要加快速度需减小搜索数据库的数据量，定位匹配时提供一个搜索的空间范围，可以有效减小数据库的搜索范围，加快匹配速度。

依据基于空间目标指纹的空间定位研究所提出的问题，为了增加空间定位精度构建目标场代替了单个空间目标，并且匹配过程应当设计合理以便更优更快地筛选数据库目标。

首先，基于目标场指纹的空间定位算法在地表指纹上不同于基于空间目标指纹的空间定位算法的地表指纹。基于空间目标指纹的空间定位算法的地表指纹是单个空间目标所构成，其地表数据库所记录的地表指纹与遥感影像所提取的空间目标的地表指纹是一致的；而基于空间目标指纹的空间定位算法的地表指纹是多个空间目标共同构成的目标场指纹，但是地表数据库所记录的地表指纹为单个空间目标的地表指纹，并不为目标场指纹，所以需考虑目标场怎样才能高效地匹配数据库中数据。

在目标场指纹的设计之初，考虑到基于空间目标指纹的空间定位算法中单个空间目标的匹配效率相对较高，为了使更加复杂的目标场指纹在数据库匹配过程中拥有更高的效率，因此在匹配过程中应当以单个空间目标进行初步匹配以加快匹配效率。所以基于目标场指纹的匹配过程设计思路为逐层匹配——选取从待匹配目标集中取出初始目标进行匹配；如匹配成功，则进行此目标所构建目标场的匹配，如图5.20所示。

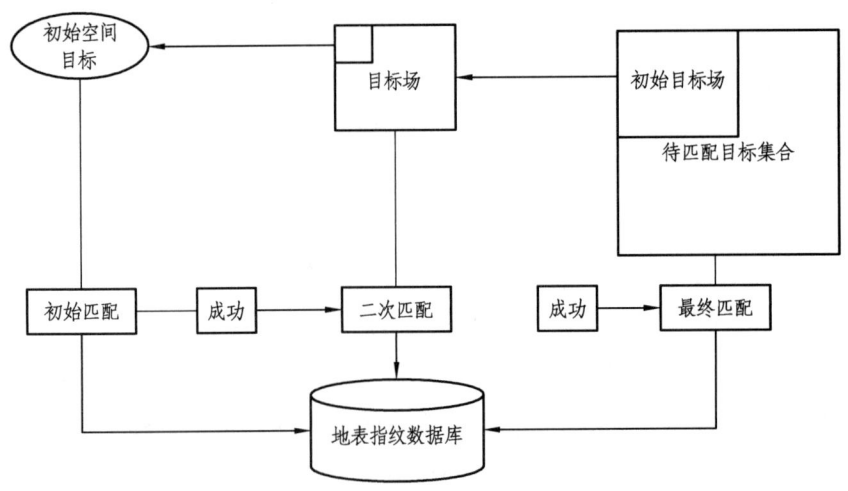

图 5.20 基于目标场指纹的匹配思路

初始空间目标的匹配方式为单个空间目标的匹配,以此加快搜索符合条件的相近目标场。初始空间目标的匹配基于地表指纹指标——面积、直径、特征点、边缘复杂度和圆形度进行匹配,在一定相似度范围内即认定匹配成功。以此数据库空间目标构建目标场。考虑到空间目标提取的误差,数据库空间目标所构建目标场数量应大于待定位影像的目标场,所以依据所匹配的数据库空间目标构建候选目标场范围。

目标场的匹配是基于目标场指纹的空间定位算法的核心内容,由目标场的概念可知,其匹配过程需要空间目标的属性和形态相匹配,以及各个空间目标的空间位置相匹配。实验是以建筑物为例,所以其属性可忽略,建筑物模型提取出的空间目标都为建筑物,所以要考虑空间目标形态相匹配和各个空间目标的空间位置相匹配。空间目标形态相匹配比较简单,由构建的地表指纹指标——面积、直径、特征点、边缘复杂度和圆形度进行相似度计算;而各个空间目标的空间位置相匹配需要考虑空间尺度的不同,匹配过程中需双方目标场将空间尺度缩放为一致。

1. 初始目标场匹配及最佳缩放因子计算

空间尺度的缩放方法为借助直径和特征点计算最佳缩放因子,以完成初始目标场匹配为目标确定最佳缩放因子。由初始空间目标的直径指标与相匹配的数据库空间目标的直径指标得到一个初始缩放因子,考虑到空间目标的提取误差,需要设置一个缩放因子范围,在其中选取最佳缩放因子,所以利用初始缩放因子乘以 0.8 作为下界,乘以 1.2 作为上界，分为 10 等份，得到缩放因子取值范围。基于此缩放因子取值范围，依次取出缩放因子进行初始目标场的匹配，为了加快匹配效率，使用特征点进行目标场中空间目标的匹配，初始目标场与候选目标场范围进行匹配，特征点匹配在一定阈值范围内，则特征点匹配，如匹配成功 60% 的特征点则目标场匹配完成，记录此缩放因子。在匹配成功的缩放因子中按邻近目标匹配数量、平均距离误差的优先级评价缩放因子，选择最佳缩放因子。以此最佳缩放因子进行初始目标场的匹配，即每个空间目标以其指纹指标进行匹配，空间目标匹配数量超过 60%，则认为此最佳缩放因子是正确的，如图 5.21 所示。

初始目标场匹配成功后，以此最佳缩放因子，进行待匹配目标集合中其余目标的匹配，以特征点的相似度进行匹配，如空间目标匹配成功数量达到阈值，即认定待定位影像所建立的目标场匹配成功，获取地表指纹数据库中相应的空间定位信息。

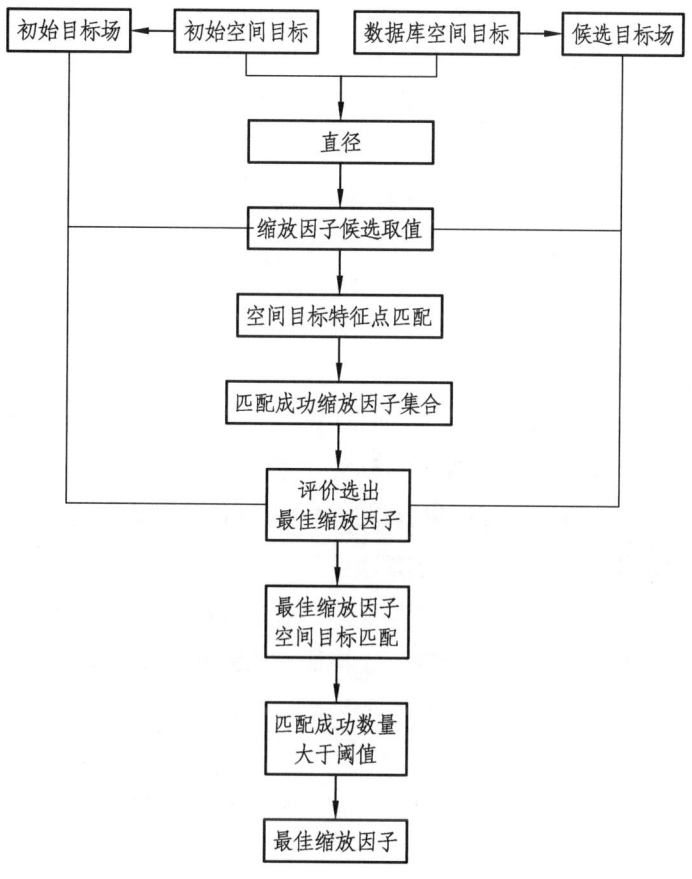

图 5.21 初始目标场匹配流程

2. 目标场匹配

基于空间目标指纹的空间定位的逐层匹配中每个层次的匹配方法都已具备，所以基于空间目标指纹的空间定位算法为：

（1）选取初始空间目标。从待匹配目标集中依次取出待匹配目标，如果当前目标完成后续操作，认定为匹配成功，反之则继续下一个目标。

（2）匹配指纹库初始空间目标。依据圆形度、边缘复杂度和特征点指纹指标，对待匹配的目标在数据库中寻求相近的目标。

（3）初始空间目标匹配成功，选取邻近目标构建目标场。对于待匹配目标，选择最邻近的12个目标，对于候选匹配目标，选择最邻近48个邻域目标。

（4）确定初始目标，求取最佳缩放因子。

（5）根据最佳缩放因子，匹配剩余待匹配目标。对于其他待匹配目标，首先获取最邻近6个数据库目标，求取其每一个特征点最近目标，如果满足阈值，则登记已匹配的目标ID，同一个待匹配目标按特征点匹配的数据库目标数量不能大于等于3。

（6）如果目标场匹配率达到50%，则匹配完成。

3. 初始目标匹配条件改进

初始目标匹配所设置的筛选条件可以进行优化，初始目标相似度匹配的条件过多，导致搜索耗费时间过长。为了提升匹配效率，基于初始目标的搜索算法进行了改进，其改动如下：

（1）将原来的初始目标形状指标减少，仅使用更为稳定的形状参数：圆形度和边缘复杂度，加快计算速度。

（2）在上述指标基础上加入了特征点的匹配，即待匹配目标的特征点与候选目标的特征点进行匹配。特征点匹配筛选条件的加入，在提高正确目标筛选率的同时，减少了满足初始条件的对象，从而加快了匹配速度。

因此，基于目标场指纹的空间定位算法如图5.22所示。

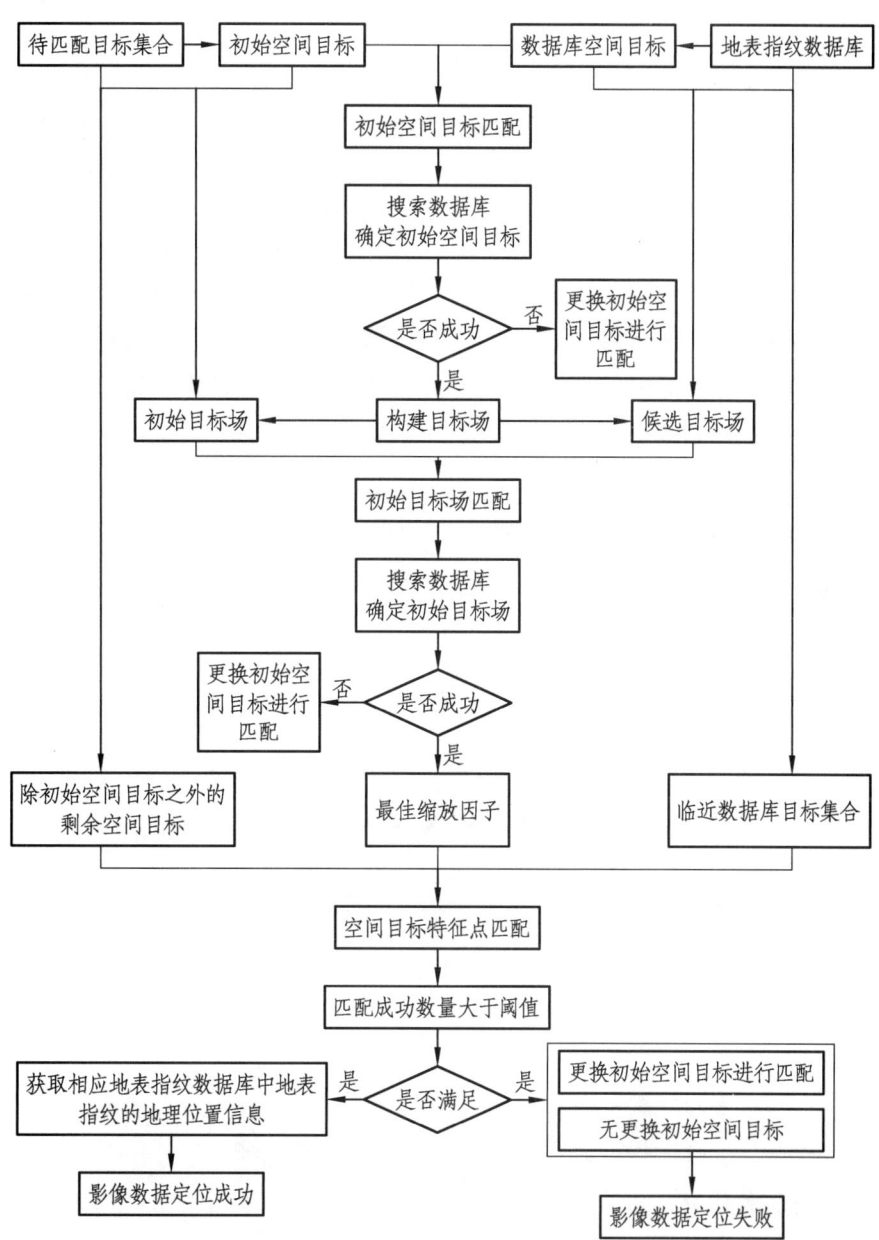

图 5.22 基于目标场指纹的空间定位算法

三、基于目标场指纹的空间定位测试

检验基于目标场指纹的空间定位算法精度，其验证数据来源于在线遥感影像数据，是研究区范围内任意选择的小范围区域。在进行匹配定位验证时，定位算法耗时现阶段主要由提供的预搜索范围和待定位影像所具有的空间目标数量决定。以成都市城区为实验区域，选取合适的预搜索范围，成都市主城区面积大约为 600 km^2，为保证预设范围不至于太小，以 100 km^2 开始划分为 11 个区间进行实验，匹配的速度和精度的曲线图如图 5.23 所示。

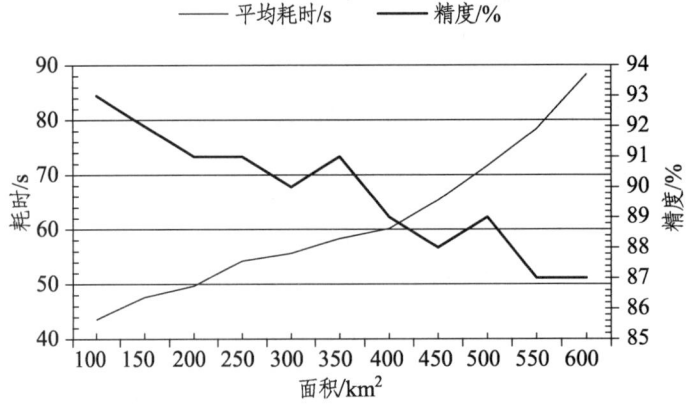

图 5.23 基于目标场指纹的空间定位的预测搜索范围实验

经实验研究，可看出预设搜索范围在 350 km^2 以内的精度都在 90% 左右，为保证空间定位效果，选择较大的预测搜索范围——350 km^2。匹配失败的原因也主要是空间布局的相似性造成的。

空间定位实验选取了 100 个区域进行精度验证，匹配精度保持在 91%，基于目标场指纹的空间定位算法具有很高的定位精度。图 5.24 展示了其中 9 组实验数据的定位结果，图中黄色矩形框为匹配成功之后所返回的空间目标地理位置，与在线遥感影像一同叠加展示。

第五章 网格化位置服务 | 265

（a）实验区域 1

（b）实验区域 2

(c)实验区域3

(d)区域1定位

(e)区域 2 定位

(f)区域 3 定位

(g)实验区域4

(h)实验区域5

(i) 实验区域 6

(j) 区域 4 定位

(k) 区域 5 定位

(l) 区域 6 定位

(m)实验区域 7

(n)实验区域 8

(o)实验区域 9

(p)区域 7 定位

(q)区域 8 定位

(r)区域 9 定位

图 5.24 基于目标场指纹的空间定位部分实验结果

基于目标场指纹的空间定位算法耗时，在匹配成功时 30 s 到 150 s，在匹配失败时遍历所有目标时在 360 s 以内。表 5.10 为所展示 9 组实验的耗时数据。

表 5.10　空间定位耗时数据

实验区域	匹配时间/s
实验区域 1	37.56
实验区域 2	31.77
实验区域 3	37.94
实验区域 4	123.84
实验区域 5	160.61
实验区域 6	50.80
实验区域 7	33.34
实验区域 8	36.63
实验区域 9	27.90

空间定位实验以选择的 19 个城市为实验区域，实验时所设定的预搜索范围为 350 km^2，待定位影像具有空间目标数量在 100 个左右时，匹配时间在 30 s 到 150 s。定位算法的部分耗时是由于现阶段硬件设施并不支持空间定位系统保持运行状态，因此使得深度学习模型在每次实验定位时都需重新加载到 GPU，造成一定时间的消耗。

基于目标场指纹的空间定位算法定位失败的主要原因在于 3 点：首先是影像上建筑的倾斜，导致指纹库和待匹配指纹在位置和形状上有偏差，并且在一些影像上提取的目标质量较差，和原有的形状误差较大；其次是地表指纹数据库所用数据源为在线专题地图，而空间定位的数据源为在线遥感影像，在提取的空间目标上会有部分差异，造成空间定位的失败；最后空间目标的空间布局的相似性也是基于目标场指纹的空间定位失败的因素，相对于基于空间目标指纹的空间定位而言，其影响较小。

第五节 网格化位置服务系统

一、系统的结构与功能

面向全球位置服务需求，开发全球目标网格编码与网格化位置服务系统，在全球范围开展无源数据的静态动态定位示范验证，实现全球目标匹配、位置识别和无源定位应用服务，具体包括：① 静态位置服务验证。针对静态位置信息服务接口，充分研究无源数据目标指纹快速提取与多重目标网格系统快速匹配响应机制，实现全球多重目标网格下多样化无源数据的位置匹配服务，突破无源数据智能地理定位核心技术；② 动态位置服务验证。针对动态位置信息传递服务接口，开展多尺度下位置信息传递功能的精度与性能评价，分析动态位置服务在不同情况下的差异性。通过协同完善全球多重目标网格系统与网格化位置服务，使该系统达到满足无源定位和全球位置服务的需求。其系统的主界面如图 5.25 所示。

图 5.25　全球目标网格编码与位置服务系统主界面

二、系统应用示范

以下介绍基于目标网格系统的目标、指纹管理与计算，以及静态、动态位置计算应用示范。

（一）目标生成

目标生成子系统的核心目标是根据人工判定的经验反馈，迭代优化算法和模型，快速生成目标及指纹，最终用于图像位置定位。功能模块界面如图 5.26 所示，目标类型浏览如图 5.27 所示。

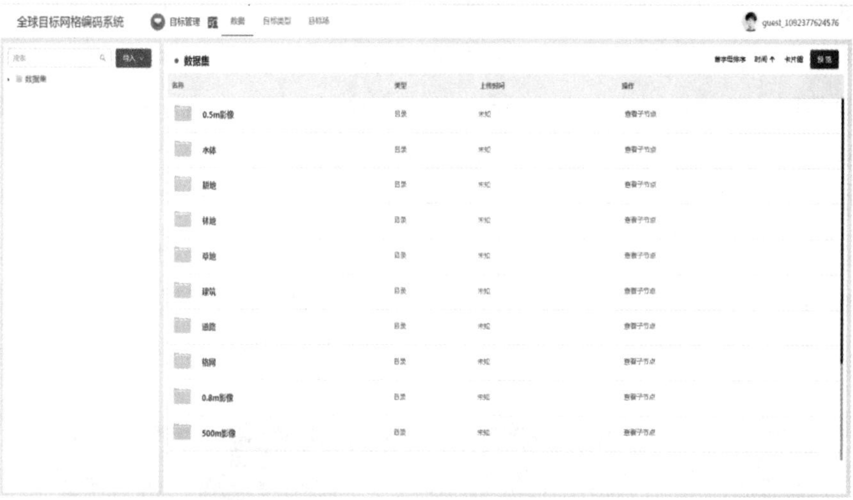

图 5.26 目标生成功能界面

其中目标生成模块达到的技术指标为：
（1）精细图斑：在深度学习支持下，提取影像可见的最小地物目标。
（2）精度：无任何人工干预条件下，目标图斑形态提取的精度优于 92%。

图 5.27　目标类型浏览

各类目标自动化生成流程如下。

（1）样本勾绘：目标类型主要包括单体建筑、建筑群、水面。样本勾绘的标准如下。勾绘好的样本用于模型训练。

（2）作业区划分：在分区控制终端中，将任务区划分为多个作业区。

划分作业区有两个目的：① 当前分层提取后处理算法最大支持 60 000×60 000 的影像，而当前设计中以县为单位进行目标生产，合成影像的大小经常会超过这个限值，划分作业区后，将按照每个作业区的范围进行影像的裁剪，使得每个作业区用到的影像大小均不超过限值；② 划分作业区后会在每个作业区内进行人工/半自动的控制网提取，可以多个人同时进行生产，提高生产效率。

（3）作业区分割（后台计算服务）：根据作业区划分文件将任务区的影像和控制图层数据划分为若干子区域，每个子区域就是一个作业区。

（4）控制网提取：在分区控制终端中，在每个作业区内进行控制网的提取。做法是从作业区矢量文件中将控制网切割出来，生成的结果仍是一个矢量文件，根据属性表将其中的要素分为两类：① 控制网：按照控制网数据的要求，将满足要求的道路特征区域和水系特征区域以面的形式从作业区中切割出来，水系和道路分别标记，且控制网内部按照土地利用标准将图形做到一级类的粒度；② 组团：从作业区矢量文件中擦除控制网要素，剩下的是两两不重叠（如果仅由面状道路和水系作为控制网,则是两两相离,如果后续加上地形线也作为控制要素,则以地形线分割的两个组团是相邻关系)的矢量要素,每个要素称为一个组团。

(5)建筑目标提取(后台计算服务):启动基于深度学习模型提取建筑的计算服务,提取出作业区内的建筑目标。

(二)目标指纹管理

目标指纹子系统主要包括文件管理模块、指纹管理模块、静态与动态匹配模块,如图 5.28 所示。

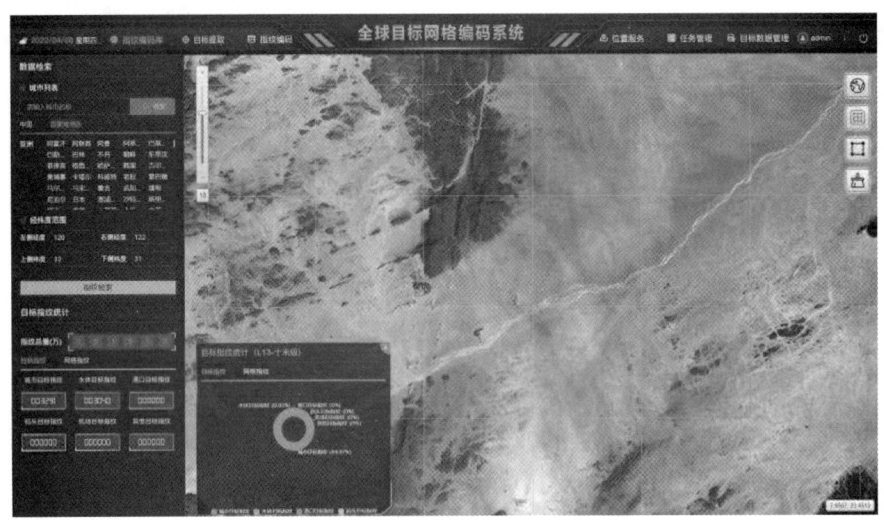

图 5.28　目标指纹管理

1. 文件管理模块

文件管理模块主要是对栅格和矢量文件信息进行管理,同时提供栅格和矢量数据的信息显示。

栅格文件管理模块,包括栅格文件的打开、显示和保存。

栅格文件管理模块实现对栅格数据的存储和管理,建立"存储-计算"一体化栅格文件管理环境,包括在线和离线栅格数据的管理。

矢量文件管理模块，包括矢量文件的打开、显示和保存。

针对系统对矢量数据的统一管理需求，矢量文件管理模块实现对矢量数据的存储和管理，在 OGR 的基础上设计了一套元信息管理与索引体系，抽取、保存了矢量的基本元信息，并在上层搭建了矢量数据集框架，用于建立系统对矢量的连接关系。

2. 指纹库管理模块

指纹库管理模块如图 5.29 所示，包括地物目标提取、目标指纹提取与入库、指纹库管理三个功能模块。其中地物目标提取模块完成对在线或离线栅格数据的地物要素提取，并生成地物要素类别灰度图，其处理结果作为目标指纹提取与入库的数据输入。目标指纹提取与入库功能完成目标指纹信息的提取，并进行入库管理。指纹库管理功能模块完成提供目标指纹信息的查询、检索、删除和统计等操作。

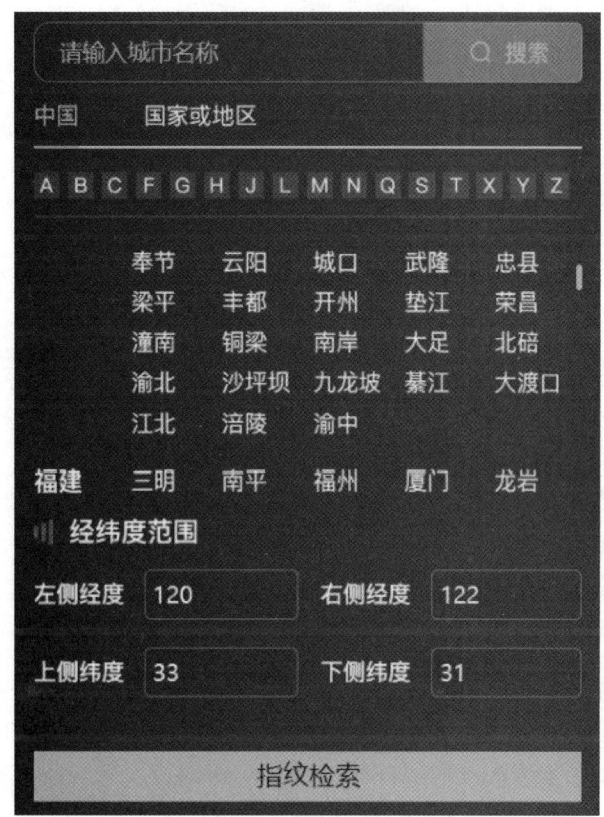

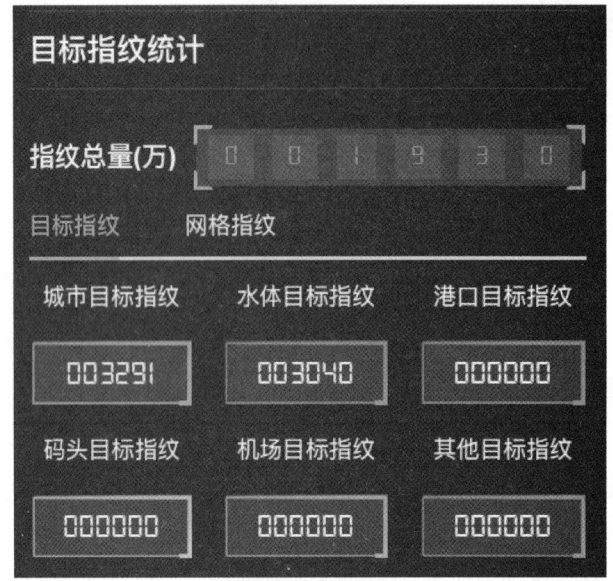

图 5.29　目标网格指纹数据库管理

指纹库功能模块作为系统的核心应用，起到了承上启下的作用。不仅提供对数据的录入和管理等功能，同时提供了相应的功能模块接口，便于其他模块进行调用。

3. 指纹库管理操作

集成了指纹库的查询、删除以及区域数据覆盖统计情况等功能，网格指纹数据库示例如图 5.30。操作用户根据自己的权限，可以对相应的功能进行操作。

（三）指纹位置计算

1. 静态影像定位

静态影像定位功能模块用于实现静态影像目标的位置服务功能，输出目标影像的位置信息，并保存。静态指纹影像定位提供两种处理方式，一种是针对离线静态数据的目标指纹匹配与定位，另一种是针对在线静态数据的目标指纹匹配与定位，如图 5.31 所示。

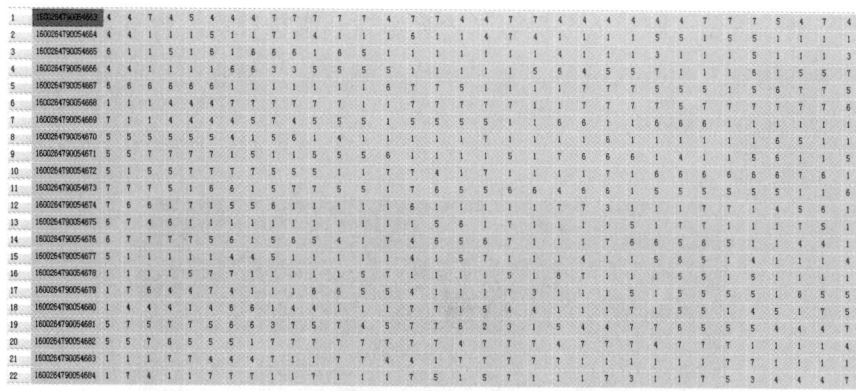

图 5.30　网格指纹数据库示例

图 5.31　静态位置计算功能

2. 动态影像定位

动态影像定位功能模块用于实现动态目标的位置服务功能，输出目标影像的位置信息，并保存。

动态指纹匹配输入数据包括序列影像、影像视频文件或视频流。与静态指纹匹配数据类似，动态指纹匹配的输入数据可以是在线或离线的，如图 5.32 所示。

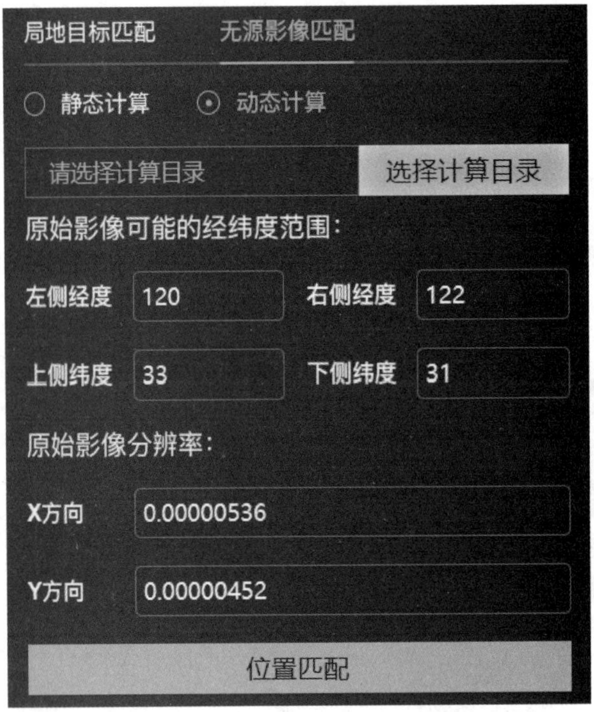

图 5.32　动态指纹匹配功能

（四）基于静态位置计算的影像匹配应用示范

在平原区、丘陵区、山区开展多分辨率遥感影像匹配和静态位置计算。其主要思路为：根据影像分辨率及其经纬度范围，在全球多重目标网格系统中抽取目标和目标场形成子集，依次利用子集中的目标，进行基于目标指纹的影像目标指纹匹配，通过目标场和匹配迭代，实现更多目标和目标场的匹配，从而实现无源遥感影像的快速精准匹配和静态位置计算，如图 5.33 所示。

无论采用航天传感器还是航空传感器，在影像获取后，都需要进一步确立影像与地表的位置关系。通常情况下，利用高精度的影像控制点来实现影像坐标系到大地坐标系的转换。针对不同的精度要求，可采用不同的方法获取这些影像控制点。在城市大比例尺航测成图应用中，需要厘米级精度的野外实测控制点；在小比例尺航测成图以及卫星数据校正中，采用大比例尺地形图解译得到影像控制点。无法实现定点曝光，为了满足控制点的布设点位、采集密度、精度要求，即便是同一区域，也需要重新进行控制点采集。由于大部分的影像控制点采集需要人工参与，尤其是野外实测控制点消耗大量的人力、物力，而且影像航测遥感数据的处理周期，极大地降低了测绘产品的生产效率。

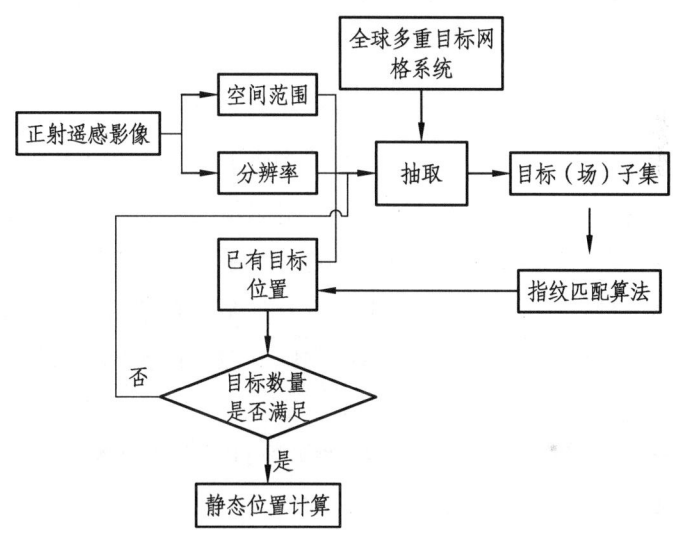

图 5.33　无源遥感影像的快速精准匹配与静态位置计算框架

全球多重目标网格系统的构建，实现自动化生产全球海量的、多类型的、多尺度的、全球无缝分布的地表特征目标载体；通过目标指纹和目标常匹配，实现无源数据的快速匹配定位和位置服务；通过无源定位服务，实现航测遥感影像与大地坐标系的快速转换。

GF1 16 m 卫星影像是对初级影像产品进行地面控制点和数字高程模型校正后的正射影像产品，并经云与雾检测获取云掩膜，从而屏蔽云雾区并提取有效影像区域。产品几何精度可达到亚像元级，以满足客户对于几何精度及影像产品相关质量要求的应用，如图 5.34 所示。

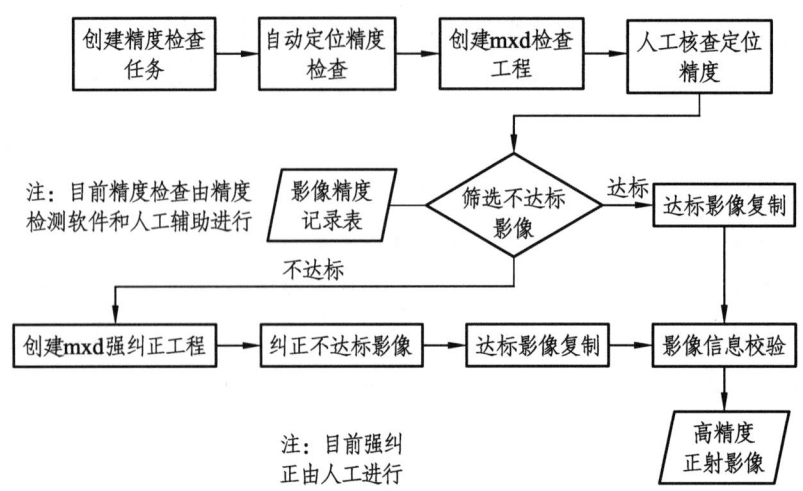

图 5.34 高精度正射影像生产流程

其中人工配准的过程实质上就是从配准影像和参考（基准）影像上选择图像特征点的过程，其主要通过人对影像的认知来实现。而全球目标编码系统正是模拟人工特征点选择这一过程，通过以图像上目标指纹特征来建立控制点。由于系统原理本身就是基于图谱认知，因此理论上能够取代人工经验，且由于目标指纹的唯一性、目标指纹的稳定性，能够很好地保证控制点的精准与通用。

通过全球目标网格编码系统实现影像自动校正匹配的具体流程如下：在通过控制点库配准精度不达标的情况下，通过全球目标网格编码系统进行影像自动纠正，在检索到对应目标指纹的基础上，通过解析指纹特征实现计算机自动配准，最终实现正射影像全自动化纠正，如图 5.35 所示。

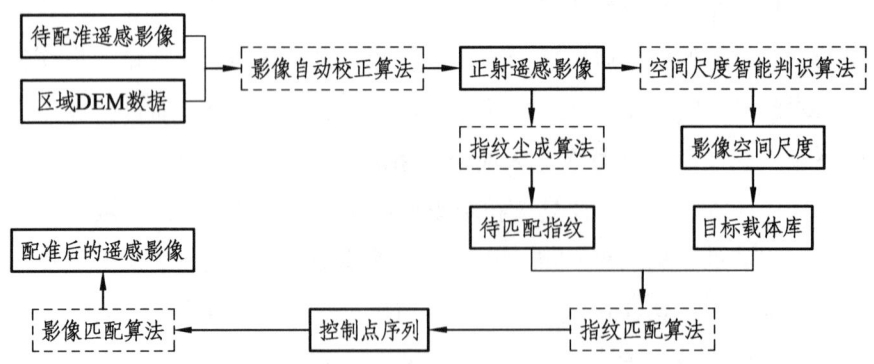

图 5.35 高精度正射影像自动几何校正流程图

在全球范围内开展位置服务的示范验证，区域覆盖不同国家、不同地区以及不同地区地貌，选择不同类型的遥感影像进行验证，尺度涉及亚米级（GF2 0.8 m、谷歌 17 级）、米级（GF1 2 m）、十米级（GF1 16 m、Sentinel 10 m、Landsat-30 m）。示范面积十米级不小于 1 000 万平方千米，米级不小于 100 万平方千米，亚米级不小于 5 000 平方千米。

静态影像定位功能模块用于实现静态影像目标的位置服务功能，输出目标影像的位置信息，并保存。静态指纹影像定位提供两种处理方式，一种是针对离线静态数据的目标指纹匹配与定位，另一种是针对在线静态数据的目标指纹匹配与定位。

静态指纹匹配基本流程图如图 5.36 所示。

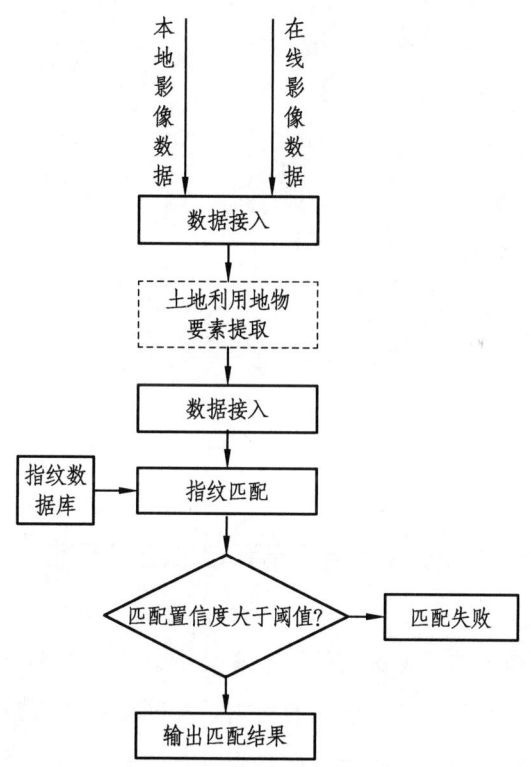

图 5.36 静态指纹匹配基本流程

静态位置计算结果如图 5.37 所示。

成果和精度：

（1）实现无源静态影像输入的高精度绝对位置定位与匹配核心功能。

（2）静态位置匹配精度平原区 1 个像元内。

（3）静态位置匹配精度山区 3 个像元内。

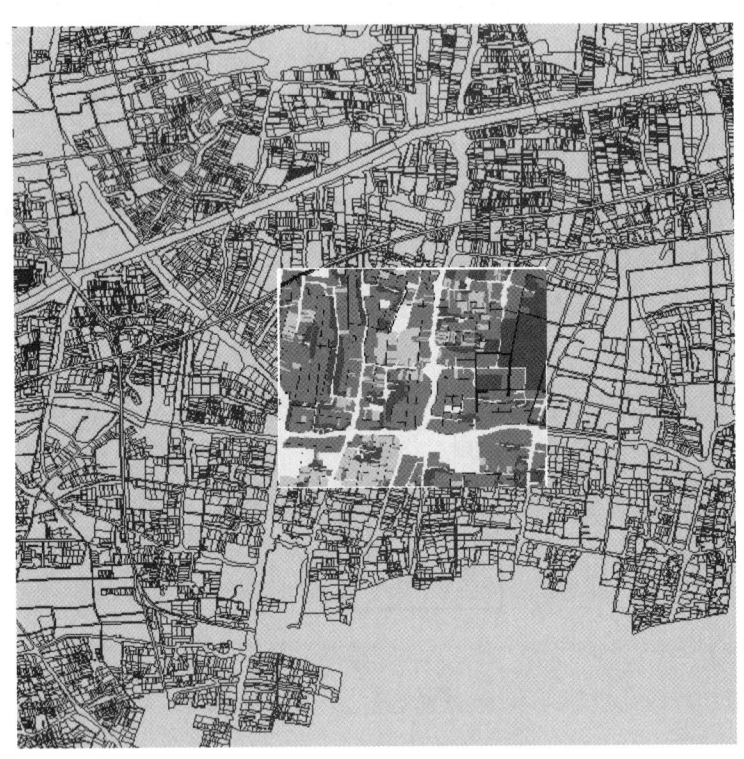

图 5.37　静态位置计算结果

（五）基于动态位置计算的无源定位应用示范

本系统所提供的"无源定位"技术是指无须与外部第三方导航设备进行通信，通过图像与自身搭载的多重目标网格系统直接进行地理位置定位的技术，是一种通过图像认知进行地理位置定位的技术。根据飞行器的起飞点、飞行方向和速度采集一系列图像，从多重目标网格系统中搜索匹配目标集，通过目标指纹匹配实现实时精准位置计算；通过位置信息传递，实现精准动态位置推演。

作为空间位置定位系统，本系统可作为机载航空应急或辅助定位设备。当前飞机定位主要为雷达通信形式,通过飞机与地面基站之间通信进行位置信息判断。这种定位方式主要依赖飞机雷达与地面基站之间的通信,对于常规客机而言,飞机进入航空领域交接边缘或发生恶劣自然或人为行为导致通信破坏时,通信信号存在被干扰可能,致使飞机进入航空盲区。本系统作为"无源定位"系统,可通过在飞机上搭载视频图像传感器,依靠被动接受地面图像信息,通过本系统进行地理位置辅助判断,保障飞机按正常航线飞行。图 5.38 为位置信息传递服务总体流程。

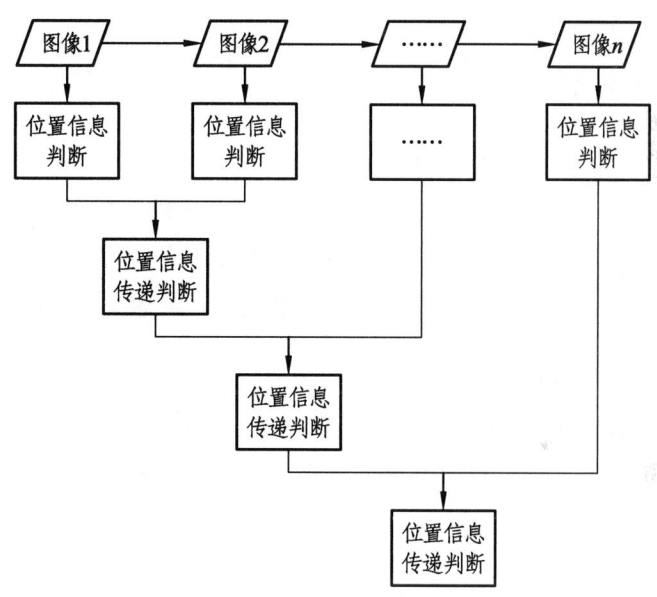

图 5.38 位置信息传递服务总体流程图

总体流程为通过机载视频图像传感器设备,按一定间隔对地拍摄,获取地面影像,对所获取影像进行静态位置信息识别处理,获得其静态位置信息,但单幅静态影像可能存在信息较少、位置信息弱等情况。当获得第二幅影像时,同样进行静态位置信息识别处理模块,获得静态位置信息,并在此基础上结合前一景影像位置信息及目标特征信息,对整体位置进行进一步判断识别。以此类推,每一景新获得影像在经过静态位置信息处理模块后与前一位置信息传递判断模块输出相结合,不断调整与更新整体位置信息,从而实现整体位置信息的判断。

位置信息判断过程实现方式为无源定位技术实现，如图 5.39 所示，位置信息传递的实现是基于动态图像，扩大并更新指纹特征搜索范围或尺度，通过不断提取目标指纹并解析空间位置信息，生成运动路径从而实现路径预测。

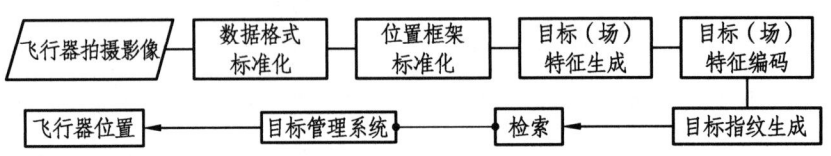

图 5.39　无源定位应用功能流程设计

具体步骤如下。

1. 目标数据的自动采集

无源定位输入数据为飞机飞行过程中实时拍摄的缺少地理信息位置的影像数据，输入的影像在多源影像数据标准化子系统内进行数据格式标准化、位置框架标准化和数据尺寸标准化后转换为统一标准化数据。

2. 目标指纹提取

标准化数据在目标指纹生成子系统进行目标（场）特征生成、目标（场）特征编码、指纹特征搜索、目标指纹生成后得到该标准化影像数据中的指纹信息。

3. 空间位置信息获取

以生成的目标指纹编码和检索请求向底层数据管理系统发起访问，在目标数据管理子系统内进行信息检索，与系统目标库进行匹配，最后得到当前影像的空间位置信息。

4. 位置信息传递

后续飞行器拍摄的影像定位将在前一幅影像定位的基础上，缩小搜索的范围和尺度，无须再进行全局尺度和全局范围的检索，加快后续影像定位的时间，提高连续定位的效率。

5. 位置预测

根据连续拍摄影像的位置和时间，加入飞行器飞行速度等属性，对飞行器未来飞行轨道和位置进行实时预测，连续迭代计算逐次提高预测精度。

根据上述实现方式，设计机载无源定位应急后辅助定位系统如图5.40所示。

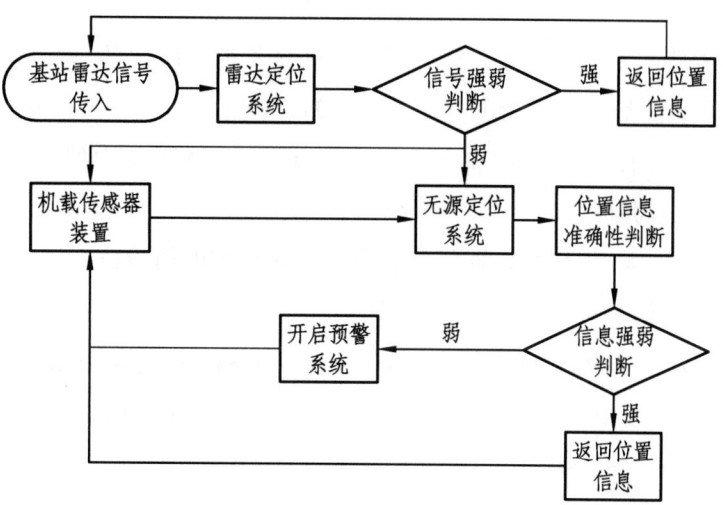

图 5.40　机载无源定位系统工作流程

主要流程包括：

（1）通过雷达与地面基站进行通信定位。

（2）判断通信信号强弱。信号较强情况下返回位置信息，并返回接收信息至基站，正常运行；信号弱，无法进行通信定位，进入第 3 步。

（3）基站通信定位信号弱时，启动机载传感器设备与无源定位系统。

（4）进行飞机所在位置信息判断，返回位置与航向信息。

（5）每次位置信息识别后判断当前系统输出的位置信息强弱。若系统输出位置信息具有较高置信度，继续调用传感器设备，正常运行；若信号较弱，进入第 6 步。

（6）无源定位系统输出位置置信度低，当置信度低于一定阈值，进行相应警示提醒机务组人员采取进一步紧急措施，但继续调用机载传感器。

以上为机载无源定位系统用于辅助定位的应用示范。

参 考 文 献

[1] 王淑华，赵宇明，等. 基于灰度连通域加权分维数的云雾自动分离算法[J]. 红外与激光工程，2002，31（1）：18-22.

[2] 李亚春，孙涵，徐萌. 卫星遥感在大雾生消动态监测中的应用[J]. 灾害学，2001，16（1）：45-49.

[3] 陈爱军. 应用AMSU资料监测中国地区积雪的初步研究[D]. 南京：南京气象学院，2003.

[4] FREI A, ROBINSON D A. Northern Hemisphere snow extent: regional variability 1972-1994[J]. International Journal of Climatology, 1999, 19(14):1535-1560.

[5] 柯长青, 李培基. 青藏高原积雪分布与变化特征[J]. 地理学报, 1998, 53（3）：209-215.

[6] 李培基. 中国西部积雪变化特征[J]. 地理学报，1993，48（6）：505-514.

[7] 杨可心. 北川首场大雪后农户每人每天发一斤大米[EB/OL]. 四川日报 [2009-11-20]. http://scnews.newssc.org/system/2009/11/20/012438201.shtml.

[8] 宋开文. 阿坝县万源市暴雪成灾大雪压塌民房三人死亡[EB/OL]. 四川在线[2009-11-20]. http://scnews.newssc.org/system/2009/11/20/012438019.shtml.

[9] 遥感服务. 遥感影像波段组合批处理-Landsat波段组合Sentinel-2波段组合-珠海一号辐射定标波段组合. [EB/OL]. CSDN博客. https://blog.csdn.net/cmfootball/ article/details/95007349.

[10] 欧空局哥白尼数据中心. [EB/OL]. https://scihub.copernicus.eu/dhus/#/home.

[11] 黄文超. 基础遥感产品系统误差补偿方法研究[D]. 武汉：武汉大

学，2016.

[12] 张英. 高山峡谷区农村居民点信息提取与布局优化研究[D]. 成都：四川师范大学，2019.

[13] 潘腾. 高分二号卫星的技术特点[J]. 中国航天，2015（1）：3-9.

[14] 陆春玲，白照广，李永昌，等. 高分六号卫星技术特点与新模式应用[J]. 航天器工程，2021，30（1）：7-14.

[15] 韩雪蓉. 基于MODIS数据的云和积雪时空变化分析[D]. 成都：四川师范大学，2015.

[16] 闫殿武. IDL可视化入门与提高[M]. 北京：机械工程出版社，2003：40-41.

[17] 何全军. 程彬，许慧平. 基于IDL的地形三维可视化实现[J]. 世界地质，2004，23（1）：85-89.

[18] 韩培友. 可视化交互数据语言[M]. 西安：西北工业大学出版社，2006.

[19] IDL User's Guides. IDL Programming Techniques. David W; Fanlzing, Ph. D.

[20] 岳帧干. 欧洲sentinel-2A卫星即将大显身手："哥白尼"对地观测计划简介（中）[J]. 红外，2015，36（9）：35-44.

[21] 张鑫. 川中丘陵区乡村聚落信息提取及空间格局分析[D]. 成都：四川师范大学，2019.

[22] 张雪茹. 基于风云卫星中分辨率数据的陆表水体提取方法研究[D]. 成都：电子科技大学，2019.

[23] 孙健. 基于多源遥感数据反演黑石顶森林地上生物量[D]. 广州：中山大学，2016.

[24] 青亚兰. 基于多源数据的茂县"三生"空间识别与评价研究[D]. 成都：四川师范大学，2018.

[25] 杨朝俊，胡庭兴，梁玉喜. 四川森林植被遥感识别最佳时相的选择[J]. 四川林业科技，2005（5）：71-74.

[26] 阎传海. 南京地区与连云港地区森林植被的比较研究[J]. 生态学杂志，1996（3）：1-5.

[27] 杨国华. 南京植被性质初探[J]. 南京师大学报（自然科学版），1982（4）：90-96.

[28] 戎茸，刘静波，黄忠阳，等. 南京地区设施蔬菜发展特点、问题及可持续发展对策[J]. 长江蔬菜，2019（10）：80-83.

[29] 陈阳，赵俊三，陈应跃. 基于ENVI的高分辨率遥感影像城市绿地信息提取研究[J]. 测绘工程，2015，24（4）：33-36.

[30] 林世勇. 汶川县实施"国家基本公共卫生均等化服务"面临的现状及困境探讨[J/OL]. 中国社区医师，2016，32（35）：190-192，194.

[31] 张芳，陈小平，王蕾，等. 基于RS的汶川县生态环境质量监测与分析评价[J]. 测绘与空间地理信息，2017，40（4）：78-80.

[32] 地理空间数据云. http://www.gscloud.cn/.

[33] 倪静. 基于遥感时序数据的中国主要土地覆盖时空变化分析[D]. 成都：四川师范大学，2012.

[34] DEEERING D W. Rangeland reflectance characteristics measured by aircraft and spacecraft sensors [J]. Texas A&M University, College Station, TX, 1978, 338.

[35] 左茜. 基于RS和GIS的射洪县主要土地覆盖时空变化分析[D]. 成都：四川师范大学，2013.

[36] 杨存建，周其林，任小兰，等. 基于多时相MODIS数据的四川省森林植被类型信息提取[J]. 自然资源学报，2014，29（3）：507-515.

[37] 杨德菲，潘洁，杨存建，等. 基于Landsat遥感卫星影像的南京市植被动态变化研究[J]. 生态科学，2021，40（4）：177-183.

[38] 罗银建. 基于遥感和GIS的汶川县植被与积雪覆盖变化研究[D]. 成都：四川师范大学，2017.

[39] 杨德菲，杨存建，钱可敦. 基于无人机遥感的银杏树木株数及其树冠覆盖率估算[J]. 艺术科技，2019，32（5）：49-50.

[40] 杨存建，许光洪，李何超，等. 利用无人机测定农村居民点宅基地的复垦面积（英文）[J]. Journal of Geographical Sciences，2019，29（5）：846-860.

[41] 朱晓霞，宁晓刚，王浩，等. 高精度地表覆盖数据优化分割的土地

利用分类[J]. 测绘科学，2021，46（6）：140-149.

[42] 胡顺石，黄英，黄春晓，等. 多源遥感影像协同应用发展现状及未来展望[J]. 无线电工程，2021，51（12）：1425-1433.

[43] 明冬萍，骆剑承，周成虎，等. 高分辨率遥感影像特征分割及算法评价分析[J]. 地球信息科学，2006（1）：103-109.

[44] 付杰，宋伦，于旭光，等. 基于最优尺度和随机森林算法的海岛土地利用遥感分类研究：以觉华岛及周边海岛为例[J]. 海洋开发与管理，2021，38（9）：49-58.

[45] 黄亮，姚丙秀，陈朋弟，等. 融合层次聚类的高分辨率遥感影像超像素分割方法[J]. 红外与毫米波学报，2020，39（2）：263-272.

[46] 蒋治浩，林辉，张怀清，等. 面向对象结合卷积神经网络的 GF-1 影像遥感分类[J]. 中南林业科技大学学报，2021，41（8）：45-55，67.

[47] 黄慧萍，面向对象影像分析中的尺度问题研究[D]. 北京：中国科学院研究生院（遥感应用研究所），2003.

[48] 刘兆祎，李鑫慧，沈润平，等. 高分辨率遥感图像分割的最优尺度选择[J]. 计算机工程与应用，2014（6）：144-147.

[49] 刘天宇，赵展，史同广. 一种基于 Sentinel-2 的塑料大棚提取方法[J]. 农业工程，2021，11（10）：91-98.

[50] 孙瑞，王洪光，李俊辉，等. 基于国产高分卫星面向对象城市地物最优尺度选择及评价研究[J]. 测绘与空间地理信息，2018，41（10）：171-175.

[51] 张寅丹，王苗苗，陆海霞，等. 基于监督与非监督分割评价方法提取高分辨率遥感影像特定目标地物的对比研究[J]. 地球信息科学学报，2019，21（9）：1430-1443.

[52] 吴卓恒. 基于 GF-2 的沱江岸线变化典型区土地利用提取与变化分析[D]. 成都：四川师范大学，2021.

[53] 郑东玉，慎利，李志鹏. 面向对象建筑物目标提取的最优分割尺度选择[J]. 地理信息世界，2018，25（5）：87-93.

[54] 张吉星，程效军，郭王. 一种高分辨率遥感影像最优分割尺度确定

的方法[J]. 地矿测绘, 2016, 32 (2): 12-14, 31.

[55] DRAGUT L, TIEDE D, LEVICK S R. ESP: a Tool to Estimate Scale Parameter for Multiresolution Image Segmentation of Remotely Sensed Data[J]. International Journal of Geographical Information Science, 2010, 24 (6):859-871.

[56] 费鲜芸, 何鑫坤, 谢宏璇, 等. 基于 GF-1 卫星影像的临洪河口湿地遥感分类[J]. 江苏海洋大学学报(自然科学版), 2021, 30 (2): 50-57.

[57] 张慧芳, 张鹏林, 晁剑. 使用多尺度模糊融合的高分影像变化检测[J]. 武汉大学学报(信息科学版), 2022, 47 (2): 296-303.

[58] 刘丹丹, 刘江, 张玉娟, 等. 面向对象的多尺度高分影像建筑物提取方法研究[J]. 测绘与空间地理信息, 2016, 39 (6): 17-20.

[59] 张玄. 基于遥感和 GIS 的聚落信息提取及应用研究[D]. 成都: 四川师范大学, 2021.

[60] 殷瑞娟, 施润和, 李镜尧. 一种高分辨率遥感影像的最优分割尺度自动选取方法[J]. 地球信息科学学报, 2013, 15 (6): 902-910.

[61] 施佩荣, 陈永富, 刘华, 等. 基于分割评价函数的多尺度分割参数的选择[J]. 遥感技术与应用, 2018, 33 (4): 628-637.

[62] 姜楠, 张雪红, 汶建龙, 等. 基于高分六号宽幅影像的油菜种植分布区域提取方法[J]. 地球信息科学学报, 2021, 23 (12): 2275-2291.

[63] 邵文静, 孙伟伟, 杨刚. 高光谱遥感影像纹理特征提取的对比分析[J]. 遥感技术与应用, 2021, 36 (2): 431-440.

[64] 白韬. 面向对象的 GF-2 遥感影像多层次分类方法研究[D]. 长春: 吉林大学, 2020.

[65] 王帆. 基于高分遥感的林地动态变化检测算法研究[D]. 西安: 西安科技大学, 2021.

[66] 谷晓天, 高小红, 马慧娟, 等. 复杂地形区土地利用/土地覆被分类机器学习方法比较研究[J]. 遥感技术与应用, 2019, 34 (1): 57-67.

[67] 蒲东川, 王桂周, 张兆明, 等. 基于独立成分分析和随机森林算法的城镇用地提取研究[J]. 地球信息科学学报, 2020, 22 (8):

1597-1606.

[68] 尹廷钧，李灵慧，周蕊. 大数据挖掘中的数据分类算法综述[J]. 数字技术与应用，2021，39（1）：102-104.

[69] 李春生，焦海涛，刘澎，等. 基于C4.5决策树分类算法的改进与应用[J]. 计算机技术与发展，2020，30（5）：185-189.

[70] 陈火荣. 数据挖掘中决策树算法的应用研究[J]. 电脑编程技巧与维护，2017（14）：63-65.

[71] 张宏，高长松. C4.5算法对ID3算法的改进[J]. 计算机光盘软件与应用，2012（13）：116，118.

[72] 赵栋梁，郭超凡，吴东丽，等. CSD和CDD结合下的最优遥感特征指数集构建及其在湿地信息提取中的应用[J]. 地球信息科学学报，2021，23（6）：1092-1105.

[73] 武炜杰. 随机森林算法的应用与优化方法研究[D]. 无锡：江南大学，2021.

[74] 郑建华，李小敏，刘双印，等. 融合级联上采样与下采样的改进随机森林不平衡数据分类算法[J]. 计算机科学，2021，48（7）：145-154.

[75] 杨艺苑. 基于多源遥感数据的德阳市水体信息提取及时空动态变化研究[D]. 成都：四川师范大学，2022.

[76] 刘晓鞠. 体现自然特征的城市河岸空间景观设计探讨[D]. 西安：西安建筑科技大学，2008.

[77] 中华人民共和国国家统计局. [EB/OL]. http://www.stats.gov.cn/tjsj/tjbz/tjyqhdmhcxhfdm/.

[78] 曾纯. 新都区林盘多功能性评价及规划策略研究[D]. 成都：西南交通大学，2020.

[79] 钟鼎杰. 基于高分辨率遥感影像与空间大数据的城市土地利用信息提取[D]. 成都：四川师范大学，2022.

[80] 杨存建，白忠，贾月江，等. 基于多源遥感的聚落与多级人口统计数据的关系分析[J]. 地理研究，2009，28（1）：19-26.

[81] 赵姝. 基于城市特色的城市形态提升研究：以成都市新都区为例[J]. 四川建筑，2019，39（6）：24-25，28.

[82] HE K, GKIOXARI G, Dollár P, et al. Mask R-CNN[J]. IEEE Transactions on Pattern Analysis & Machine Intelligence, 2017.

[83] 陈文龙，杨云丽，张煜，等. 一种将基于 Mask R-CNN 的遥感影像地物检测实现为地理 WPS 服务的方法. CN111242006A[P]. 2020.

[84] CYA B, ZH A, RL A, et al. Segmentation and density statistics of mariculture cages from remote sensing images using mask R-CNN[J]. Information Processing in Agriculture, 2021.

[85] NIE S, JIANG Z, ZHANG H, et al. Inshore Ship Detection Based on Mask R-CNN[C]// IGARSS 2018-2018 IEEE International Geoscience and Remote Sensing Symposium. IEEE, 2018.

[86] 吴金亮，王港，梁硕，等. 基于 Mask R-CNN 的舰船目标检测研究[J]. 无线电工程，2018，48（11）：6.

[87] 彭秋辰，宋亦旭. 基于 Mask R-CNN 的物体识别和定位[J]. 清华大学学报（自然科学版），2019，59（2）：7.

[88] HE K, GEORGIA G, PIOTR D, et al. Mask R-CNN[J]. IEEE Transactions on Pattern Analysis and Machine Intelligence, 2020, 42(2): 386-397.

[89] QI Z, RUI T, FANG H, et al. Particle Filter Object Tracking Based on Harris-SIFT Feature Matching[J]. Procedia Engineering, 2012, 29: 924-929.

[90] MENG L, WU C, ZHANG Y. Multi-resolution optical flow tracking algorithm based on multi-scale Harris corner points feature[C]// Control & Decision Conference. IEEE, 2008.

[91] YAN J, PIAO Y. Research on the Harris Algorithm of Feature Extraction for Moving Targets in the Video[J]. Applied Mechanics and Materials, 2015, 741: 378-381.

[92] LE M H, WOO B S, JO K H. A Comparison of SIFT and Harris conner features for correspondence points matching[C]// 2011 17th Korea-Japan Joint Workshop on Frontiers of Computer Vision (FCV). IEEE, 2011.

[93] ZHANG Y, DONG-SHENG J I. Improved Harris Feature Point Detection Algorithm[J]. Computer Engineering, 2011.

[94] ZHANG J, QIANG C, BAI X, et al. An Advanced Harris-Laplace Feature Detector with High Repeatability[C]// International Congress on Image & Signal Processing. IEEE, 2009.

[95] LIU M L, GAO H M. Geometrically Invariant Watermarking Using Harris-Laplace Feature Point Detector[J]. Science Technology & Engineering, 2014.

[96] ZHU S H, TAN J Q. An improved Harris feature point detection method based on bilateral filter[J]. Journal of Hefei University of Technology(Natural Science), 2015.

[97] NG P C, HENIKOFF S. SIFT: predicting amino acid changes that affect protein function[J]. Nucleic Acids Research, 2003, 31(13): 3812-3814.

[98] A HZ, B YY, C C S. Object tracking using SIFT features and mean shift[J]. Computer Vision and Image Understanding, 2009, 113(3): 345-352.

[99] ABDEL-HAKIM A E, FARAG A. CSIF T: A SIFT Descriptor with Color Invariant Characteristics[C]// IEEE Computer Society Conference on Computer Vision & Pattern Recognition. IEEE, 2006.

[100] AMERINI I, BALLAN, et al. A SIFT-Based Forensic Method for Copy-Move Attack Detection and Transformation Recovery[J]. IEEE transactions on information forensics and security, 2011.

[101] SMITH R E, TOURNIER J D, CALAMANTE F, et al. SIFT: Spherical-deconvolution informed filtering of tractograms.[J]. Neuroimage, 2013, 67: 298-312.

[102] BAY H, TUY TELLAARS T, GOOL L V. SURF: Speeded up robust features[C]// Proceedings of the 9th European conference on Computer Vision - Volume Part I. Springer-Verlag, 2006.

[103] LUO J, OUBONG G. A Comparison of SIFT, PCA-SIFT and SURF[J].

International Journal of Image Processing, 2009.

[104] GENUER R, POGGI J M, TULEAU-MALOT C . VSURF: Variable Selection Using Random Forests[J]. Pattern Recognition Letters, 2016, 31(14): 2225-2236.

[105] 原伟杰，文中华，彭擎宇. 一种基于 SURF，FLANN 和 RANSAC 算法的图像拼接技术[J]. 计算机与数字工程，2022，50（1）：6.

[106] SU J, XU Q, ZHU J. A scene matching algorithm based on SURF feature[C]// International Conference on Image Analysis & Signal Processing. IEEE, 2010.

[107] QIN R. Study on Image Registration and Mosaic Technologhy Based on Surf Feature[J]. Computer & Digital Engineering, 2011.

[108] 廖勇，黄伟宏，钟芸. 基于 FAST 特征检测和 FLANN 特征点匹配算法的隧道展布图拼接方法研究[J]. 交通节能与环保，2021，17（2）：5.

[109] 张晓初，曹民. 基于 FAST 特征检测与 TLD 的三维注册方法研究[J]. 软件导刊，2019，18（2）：4.

[110] 卢胜男，李小和. 基于对称 FAST 特征的车辆目标检测方法[J]. 微电子学与计算机，2020，37（2）：6.

[111] 毛晓波，周晓东，刘艳红. 基于 FAST 特征点改进的 TLD 目标跟踪算法[J]. 郑州大学学报（工学版），2018，39（2）：6.

[112] 程彪，黄鲁. 自适应阈值 FAST 特征点检测算法的 FPGA 实现[J]. 信息技术与网络安全，2018，37（10）：82-86.

[113] 张绍荣，张闻宇，李云，等. 基于 FAST 角点和 FREAK 描述符改进的无人机景象匹配算法[J]. 电子测量与仪器学报，2020，32（4）：9.

[114] LI J, PAN T S, TSENG K K, et al. Design of a monocular simultaneous localisation and mapping system with ORB feature[C]// IEEE International Conference on Multimedia & Expo. IEEE, 2013.

[115] RUBLEE E, RABAUD V, KONOLIGE K, et al. ORB: an efficient alternative to SIFT or SURF[C]// IEEE International Conference on

Computer Vision, ICCV 2011, Barcelona, Spain, November 6-13, 2011. IEEE, 2011.

[116] ZHOU K, ZHENG L. Multi-pose Face Recognition Based on Improved ORB Feature[J]. Journal of Computer-Aided Design & Computer Graphics, 2015, 27（2）:287-295.

[117] JIE R, YAO Y, YU Z, et al. AR Based on ORB Feature and KLT Tracking[J]. Applied Mechanics & Materials, 2013.

[118] YU PING, FENG, SHU GUANG, et al. Research on an Image Mosaic Algorithm Based on Improved ORB Feature Combined with SURF[C] 中国控制与决策会议, 2018.

[119] LI S, SHI R, HUI Y. An Efficient Approach of Color Image Matching by Combining Color Invariant and ORB Feature[C]// China Academic Conference on Printing & Packaging & Media Technology. Springer, Singapore, 2016.

[120] LIU Y. ORB feature based neighbor graph construction method for graph regularized non-negative matrix factorization[J]. Icic Express Letters Part B Applications An International Journal of Research & Surveys, 2016.

[121] HUANG H, XIAO Y, LIU R, et al. Localization algorithm for mobile robot combining with particle filtering and ORB feature detection[J]. Transducer and Microsystem Technologies, 2019.

[122] CHAI J, FAN Y, WANG B, et al. Improved ORB Feature Matching Algorithm for Scale and Main Orientation Correction[J]. Computer Engineering and Applications, 2019.

[123] ALOM M Z, TAHA T M, YAKOPCIC C, et al. The History Began from AlexNet: A Comprehensive Survey on Deep Learning Approaches[J].2018.

[124] KRIZHEVSKY A, SUTSKEVER I, HINTON G E. ImageNet classification with deep convolutional neural networks. Communications of the ACM, 2017, 60(6), 84-90. doi: 10.1145/

3065386.

[125] JIAO J, FAN Z, LIANG Z. Remote Sensing Estimation of Rape Planting Area Based on Improved AlexNet Model[J]. Computer Measurement & Control, 2018.

[126] YOU Y, ZHANG Z, HSIEH C J, et al. 100-epoch ImageNet Training with AlexNet in 24 Minutes[J]. Journal of Jinggangshan University, 2016.

[127] 党宇，张继贤，邓喀中，等. 基于深度学习 AlexNet 的遥感影像地表覆盖分类评价研究[J]. 地球信息科学学报，2017，19（11）：8.

[128] YUAN Z W, ZHANG J. Feature extraction and image retrieval based on AlexNet[C] Eighth International Conference on Digital Image Processing (ICDIP 2016). International Society for Optics and Photonics, 2016.

[129] JIAO J, FAN Z, LIANG Z. Remote Sensing Estimation of Rape Planting Area Based on Improved AlexNet Model[J]. Computer Measurement & Control, 2018.

[130] SHI X, QIU G, YIN C, et al. An Improved Bearing Fault Diagnosis Scheme Based on Hierarchical Fuzzy Entropy and Alexnet Network[J]. IEEE Access, 2021, PP(99):1-1.

[131] BADAWI A A, CHAO J, JIE L, et al. The AlexNet Moment for Homomorphic Encryption: HCNN, the First Homomorphic CNN on Encrypted Data with GPUs[J]. IEEE Transactions on Emerging Topics in Computing, 2020, PP(99): 1-1.

[132] EC PÉREZ. Deep Learning Transfer with AlexNet for chest X-ray COVID-19 recognition[J]. IEEE Access, 2020, 100(Fighting against COVID-19): 4336.

[133] SIMONYAN K, ZISSERMAN A. Very Deep Convolutional Networks for Large-Scale Image Recognition[J]. Computer Science, 2014.

[134] GUO S, LUO Y, SONG Y. Random Forests and VGG-NET: An Algorithm for the ISIC 2017 Skin Lesion Classification Challenge[J].

2017.

[135] RAO B S. An Accurate Leukocoria Predictor Based On Deep VGG-Net CNN Technique[J]. IET Image Processing, 2020(5).

[136] ZHOU Y, QIN K. Improved VGG-Net for Increasing Precision of Age and Gender Prediction[J]. Computer Engineering and Applications, 2019.

[137] 喻丽春,刘金清. 基于改进的 VGGNet 算法的人脸识别[J]. 长春工业大学学报(自然科学版),2018,39(4):8.

[138] MUHAMMAD U, WANG W, CHATTHA S P, et al. Pre-trained VGGNet Architecture for Remote-Sensing Image Scene Classification[C]// 2018 24th International Conference on Pattern Recognition(ICPR).

[139] WU Z, SHEN C, HENGEL A. Wider or Deeper: Revisiting the ResNet Model for Visual Recognition[J]. Pattern Recognition, 2016.

[140] 王海燕,张渺,刘虎林,等. 基于改进的 ResNet 网络的中餐图像识别方法[J]. 陕西科技大学学报,2022,40(1):7.

[141] TARG S, ALMEIDA D, LYMAN K. ResNet in Resnet: Generalizing Residual Architectures[J]. 2016.

[142] HUANG F, ASH J, LANGFORD J, et al. Learning Deep ResNet Blocks Sequentially using Boosting Theory[J]. 2017.

[143] LU Z, JIANG X, KOT C C. Deep Coupled ResNet for Low-Resolution Face Recognition[J]. IEEE Signal Processing Letters, 2018: 526-530.

[144] NIU S, LI X, WANG M, et al. A Modified Method for Scene Text Detection by ResNet[J]. 计算机、材料和连续体(英文),2020(12):13.

[145] HE K, GKIOXARI G, DOLLÁR P, et al. Mask R-CNN[J]. IEEE Transactions on Pattern Analysis & Machine Intelligence, 2017.

[146] 陈文龙,杨云丽,张煜,等. 一种将基于 Mask R-CNN 的遥感影像地物检测实现为地理 WPS 服务的方法,CN111242006A[P].

2020.

[147] CYA B, ZH A, RL A, et al. Segmentation and density statistics of mariculture cages from remote sensing images using mask R-CNN[J]. Information Processing in Agriculture, 2021.

[148] NIE S, JIANG Z, ZHANG H, et al. Inshore Ship Detection Based on Mask R-CNN[C]// IGARSS 2018-2018 IEEE International Geoscience and Remote Sensing Symposium. IEEE, 2018.

[149] 吴金亮，王港，梁硕，等. 基于 Mask R-CNN 的舰船目标检测研究[J]. 无线电工程，2018，48（11）：6.

[150] 彭秋辰, 宋亦旭. 基于 Mask R-CNN 的物体识别和定位[J]. 清华大学学报（自然科学版），2019，59（2）：7.

[151] 周成虎，骆剑承，杨晓梅. 遥感影像地学理解与分析[M]. 北京：科学出版社，1999.

彩 图 | 303

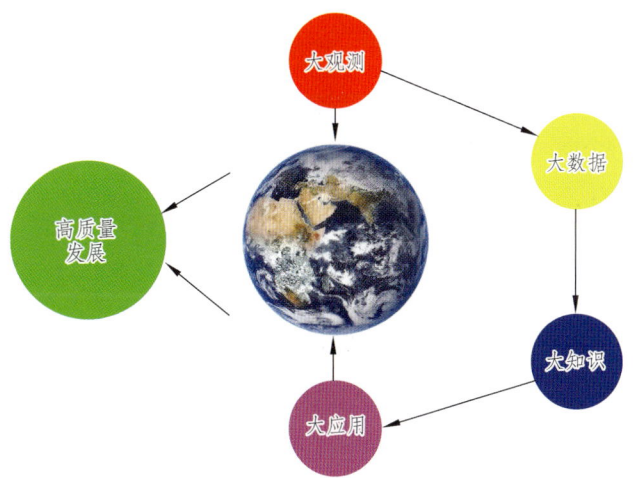

图 2.2 网格化的数据管理、知识发现与应用

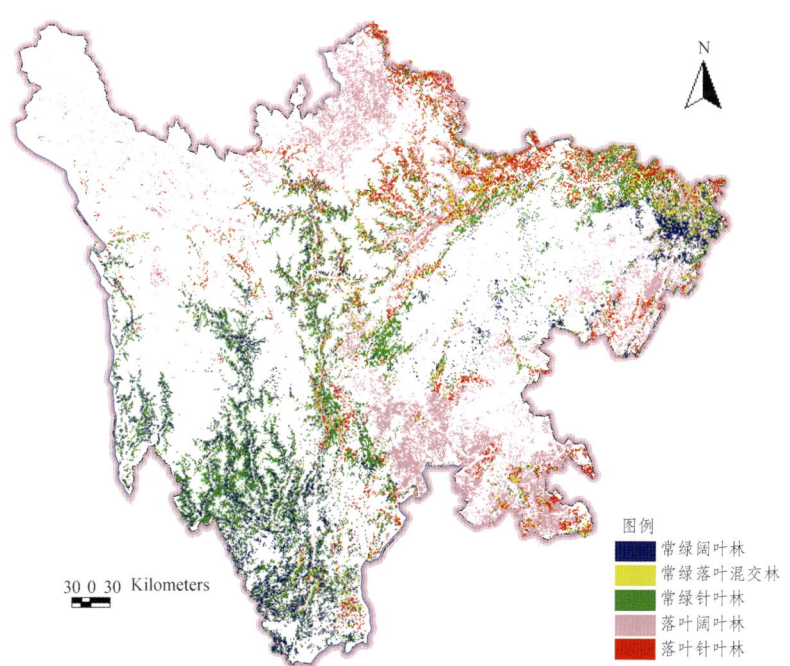

图 2.5 四川省森林植被分布图

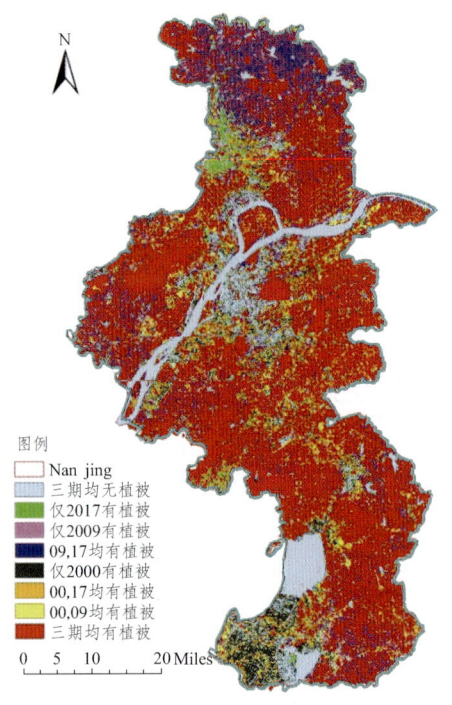

图 2.9　南京市 2000—2009—2017 年植被空间变化类型分布

图 2.19　银杏树冠覆盖多边形（呈红色）

表 3.5　德阳市水体在 Landsat-8 遥感影像上的特征分析

主要水体类型	影像局部图（753 波段组合）	水体特征
城区大型河流		河流颜色呈深蓝色，轮廓清晰，色调均匀，形状为自然弯曲条带状，在城镇区较宽；易识别
小型坑塘		颜色呈蓝黑色或黑色，色调均一，形状为小多边形面状，面积较小，分布广泛，易识别；易与阴影混淆
细小支流		细小支流颜色呈深蓝色和蓝黑色，宽度越小颜色越偏向黑色，形状呈自然弯曲细条带状，易识别，存在混合像元，某些地方出现不连续的情况
大型水库		水库颜色与河流的颜色呈现出较大的差异，河流水体普遍为蓝色调，但是水库的颜色呈黑色，不规则，面积较大，易识别，但是易与山体阴影和建筑阴影混淆

表 3.6 德阳市水体在 GF-6 遥感影像上的特征分析

主要水体类型	影像局部图（431 波段组合）	水体特征
城区大型河流		河流颜色呈绿色，色调不均匀，但是轮廓清晰，形状为自然弯曲条带状，在城镇区较宽；可以清晰地识别出桥梁以及桥梁阴影，水体背景多以建筑居多
小型坑塘		颜色黑色，色调均一，形状为不规则多边形面状，面积较小，分布广泛，多为人工水塘，用于灌溉，易识别，周围背景多为耕地
细小支流		细小支流颜色呈绿色，与大型河流颜色一致，较细长，形状呈自然弯曲细条带状，易识别
大型水库		颜色呈蓝黑色，不规则，面积较大，由于影像分辨率较高，可以通过人工识别出水体波浪，易识别，周围背景多为耕地和植被

表 3.10 聚落内信息影像特征分析表

类　别	GF-1 融合影像（2 m）	Sentinel-2 融合影像（10 m）
城镇聚落		
特　征	规模大于乡村和集镇的聚落。城镇聚落内一般人口数量大、密度高、职业和需求异质性强。 聚落内部建筑的形状轮廓、屋顶材质基本能够识别，道路、河流与居民点、林地等基本能够区分	聚落内部建筑物色彩清晰，但其内部建筑物详细轮廓较为模糊，与河流、林地、裸地等背景地目视情况下能基本区分开，建筑物与细小道路以及建筑物之间分界线不清晰
紧致乡村聚落		
特　征	居民以农业为经济活动主要形式的聚落。 聚落内部不同材质的屋顶基本可以分辨出，周围被耕地或林地包围，附近道路大都细小或者无法识别	居民以农业为经济活动主要形式的聚落。聚落内部建筑物无法准确识别，只可看到不同颜色的像元且难以组成完整的轮廓形状，但与周围耕地、林地的区分还是较明显，可以大范围识别出

续表

类别	GF-1 融合影像（2 m）	Sentinel-2 融合影像（10 m）
零散乡村聚落		
特征	聚落内部建筑物分布零散，沿细小道路呈条状分布或零散分部，由于房屋顶材质呈现的色彩有差异可以与周围林耕地区分开来，但乡村道路很难清晰识别	可以从与林耕地不同色彩特征的像元识别出是建筑物，无法辨识单个建筑形状轮廓
红色系屋顶		
特征	能清晰识别并区分房屋与空地，形状规则，在城镇聚落中大多成片出现，在乡村聚落中多与蓝、灰屋顶混杂出现，因其色彩与林耕地差异较大，更容易识别出来	在城镇聚落中大多成片出现，易识别，但在乡村聚落中多与蓝、灰屋顶混杂出现，数量少且难以单独识别

续表

类 别	GF-1 融合影像（2 m）	Sentinel-2 融合影像（10 m）
蓝色系屋顶		
特 征	能清晰识别并区分蓝顶房屋与其他地物，形状规则，有淡蓝、深蓝、蓝黑等不同种红顶出现，在城镇聚落中大多成片出现，在乡村聚落中多与红、灰屋顶混杂出现	在整幅影像上最容易识别，在城镇中大都成片出现，在乡村聚落中零散分部且易识别，与周围林耕地形成明显的对比
水泥灰屋顶		
特 征	能清晰识别并区分房屋与空地，但颜色容易与道路混淆，形状规则，在城镇聚落中大多成片出现，在乡村聚落中多与红、蓝顶屋顶混杂出现	在城镇聚落中灰顶房屋大多成片出现，无法区分灰顶房屋与空地。在乡村聚落中多与红、蓝顶房屋混合出现，只占十个左右像元，难以单独、高精度地区分出来
高亮屋顶		
特 征	能清晰识别并区分房屋与空地，影像上表现为高亮，形状规则，在城镇聚落中大多成片出现，在乡村聚落中多与红、灰屋顶混杂出现	该类建筑在影像上表现为高亮，多为白色特殊建筑物或白顶厂房等本身为白色的建筑物。极少数为云遮挡区域

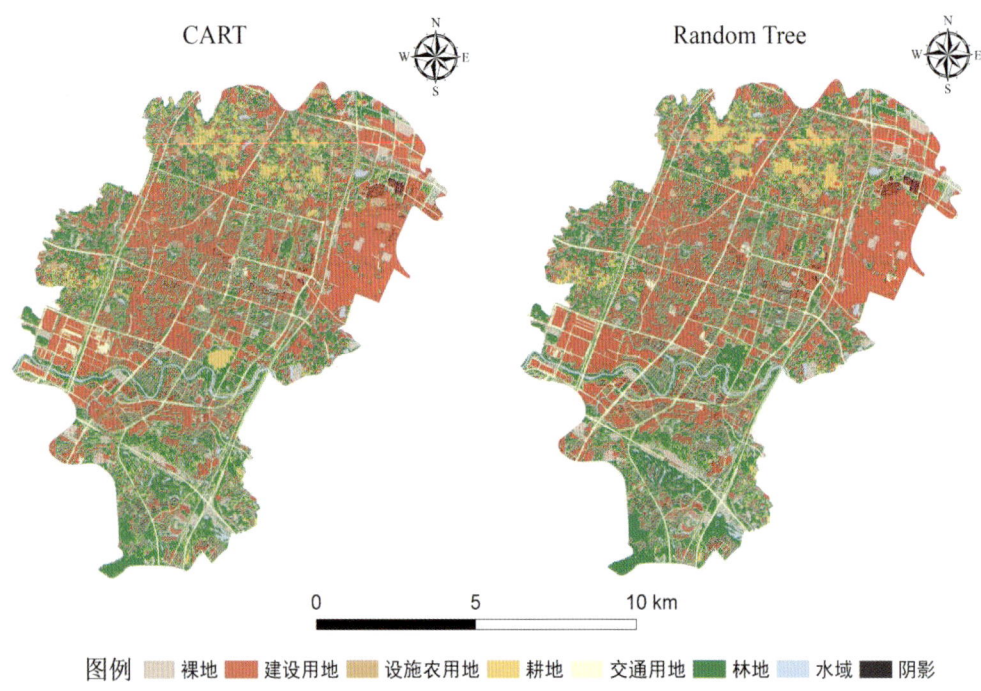

图 3.26　GF-2 影像基于多层次结构的土地利用分类结果

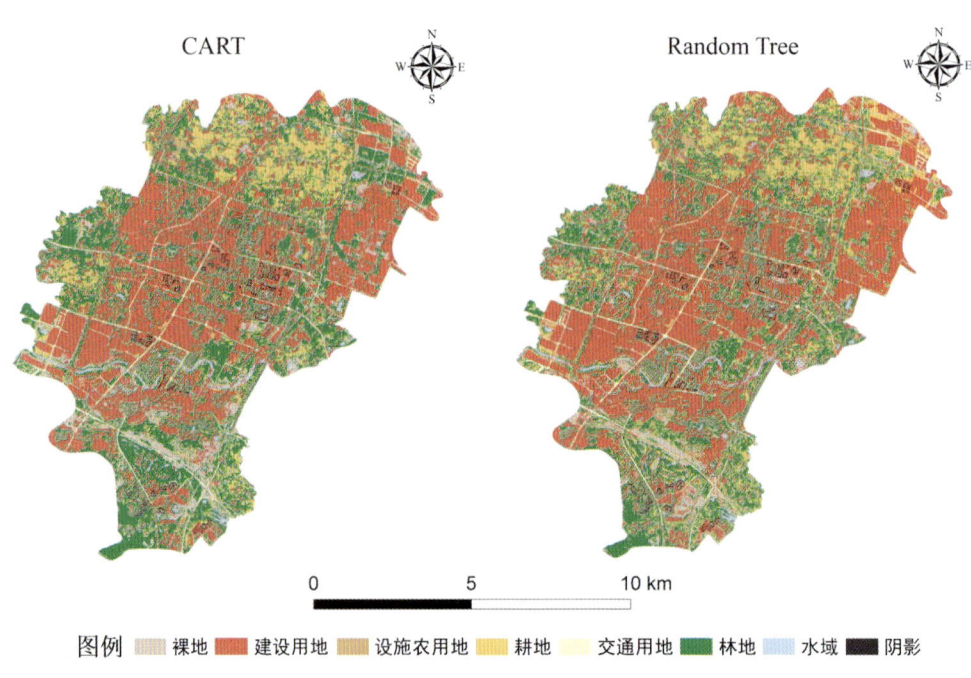

图 3.27　GF-6 影像基于多层次结构的土地利用分类结果

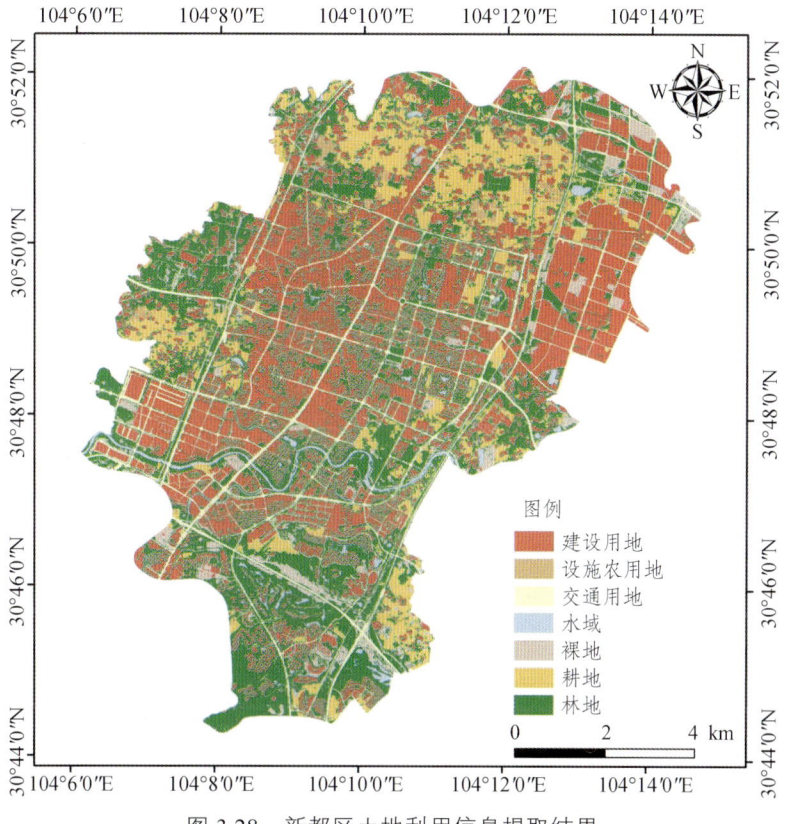

图 3.28 新都区土地利用信息提取结果

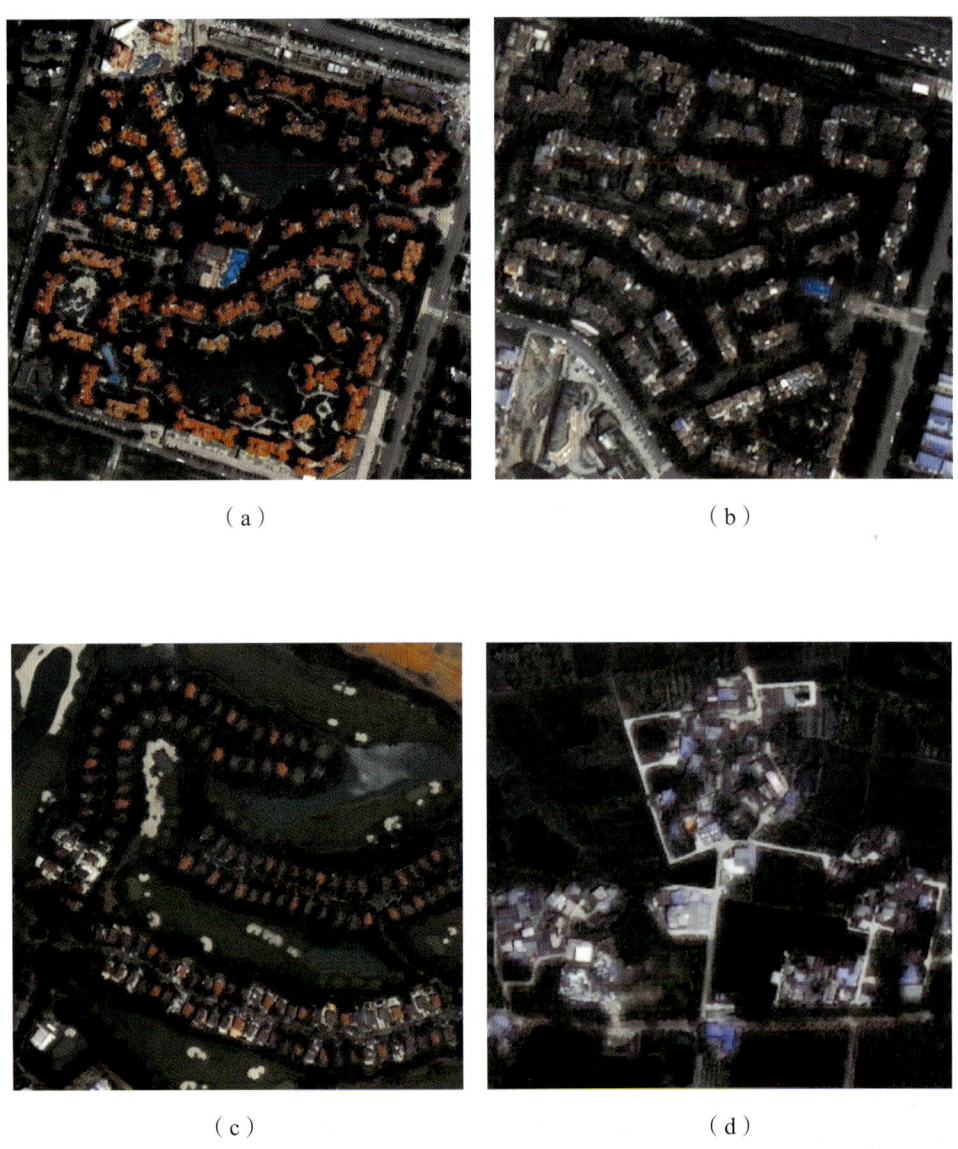

图 3.29　住宅用地遥感影像特征

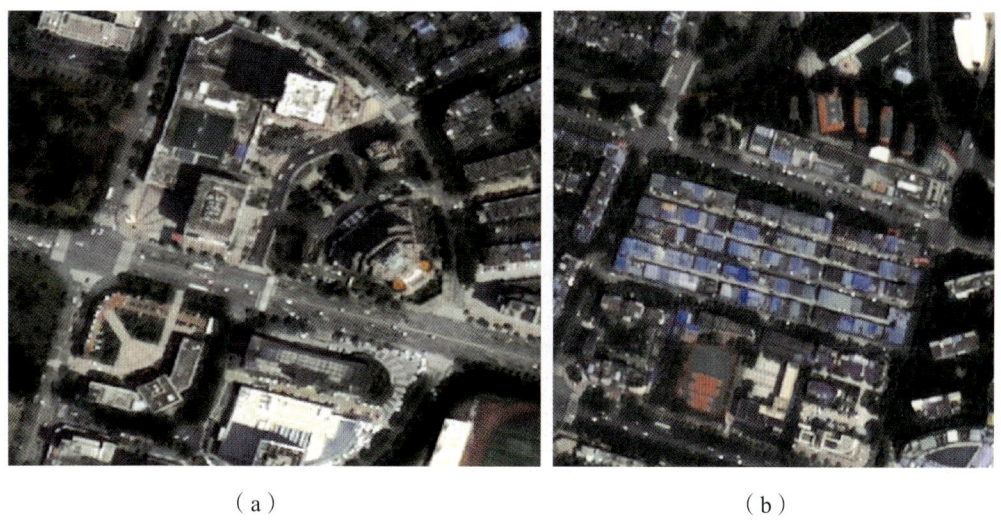

(a)   (b)

图 3.30 商服用地遥感影像特征

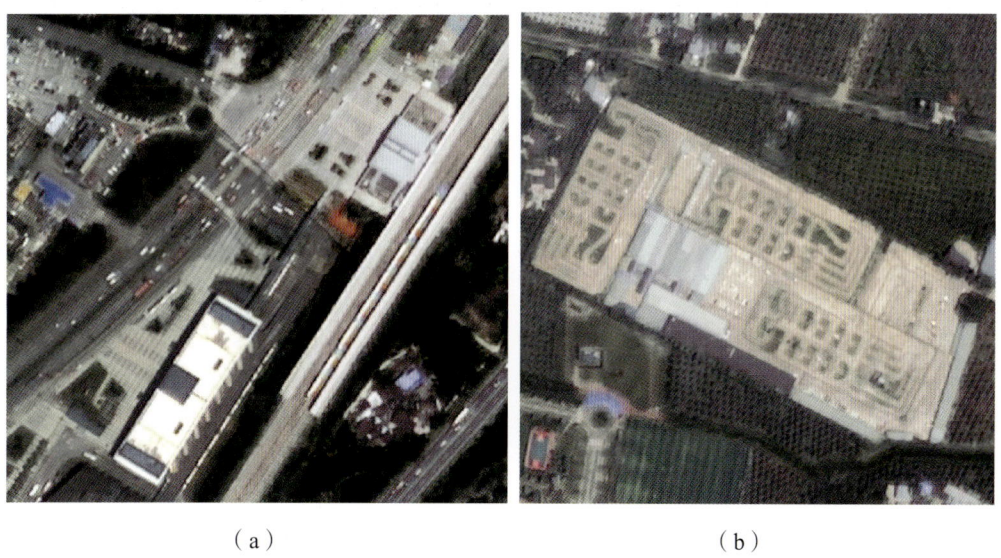

(a)   (b)

图 3.31 交通场站用地遥感影像特征

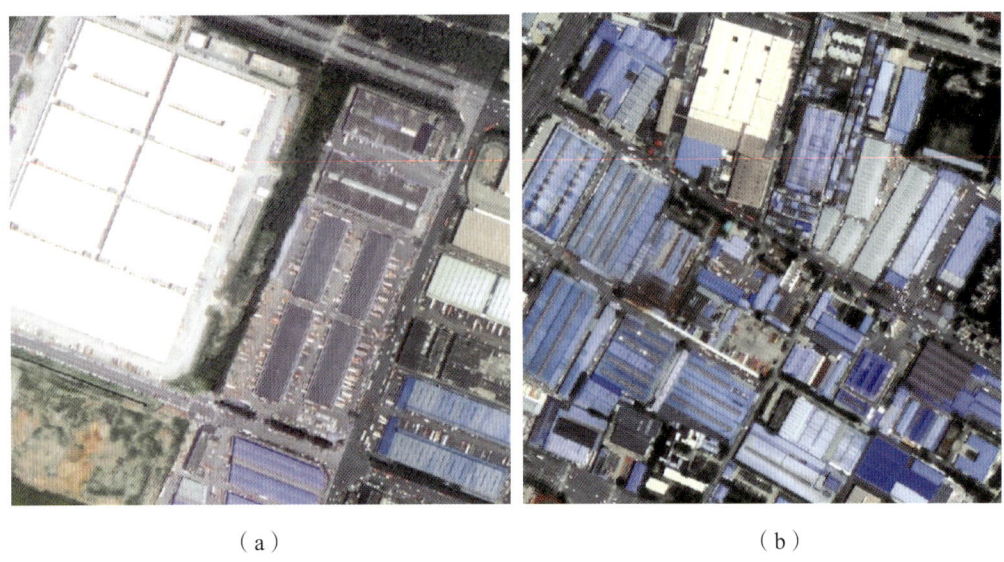

(a) (b)

图 3.32 工矿仓储用地遥感影像特征

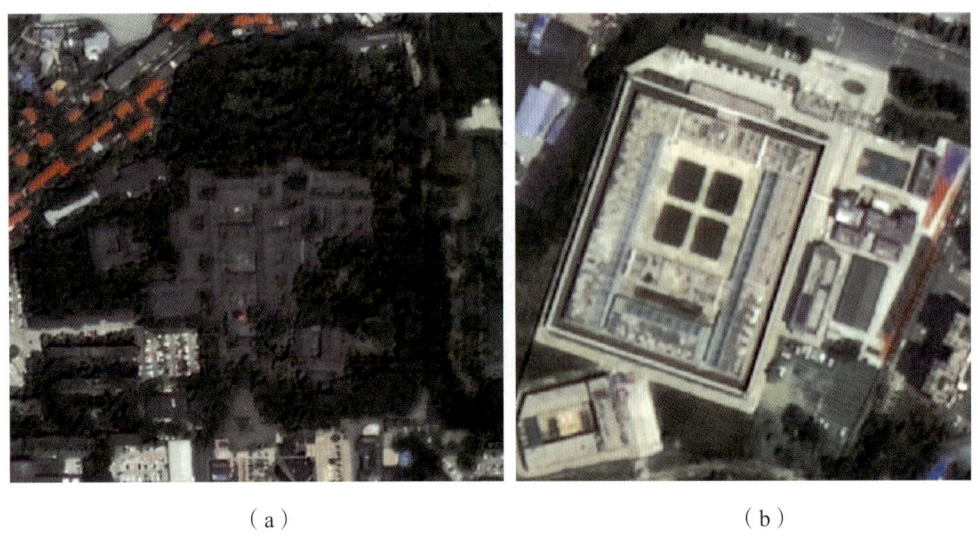

(a) (b)

图 3.33 特殊用地遥感影像特征

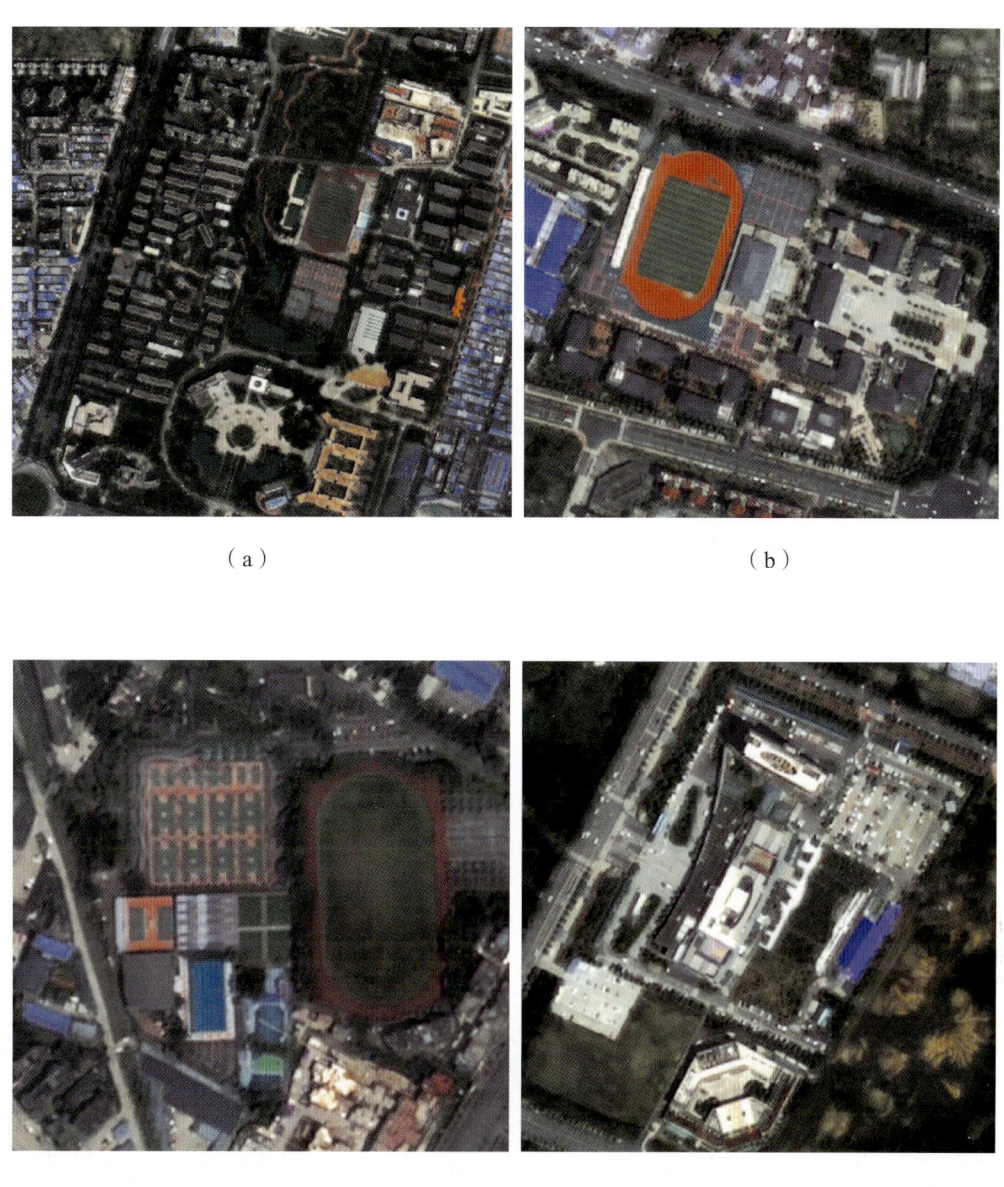

图 3.34 公共管理与公共服务用地遥感影像特征

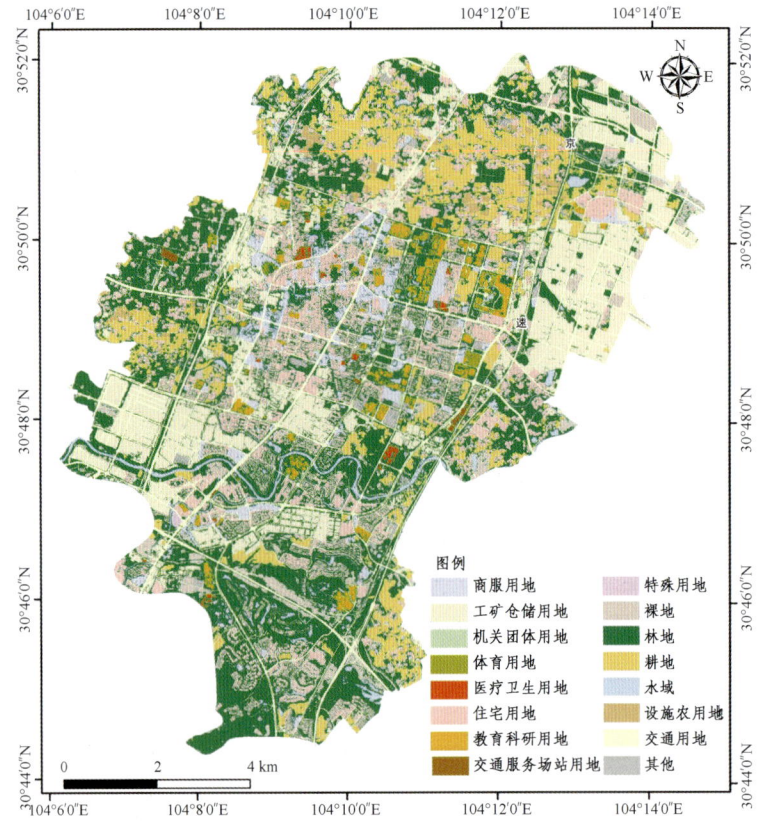

图 3.36 新都区 2020 年城市土地利用现状

（a）高分辨率影像的地表指纹　（b）中分辨率影像的地表指纹　（c）低分辨率影像的地表指纹

图 5.2 不同尺度空间下的地表指纹

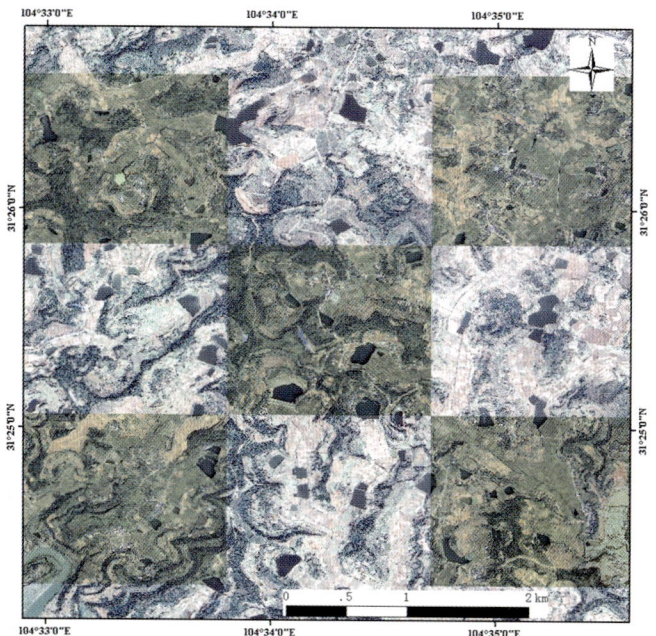

(a)罗江影像匹配效果

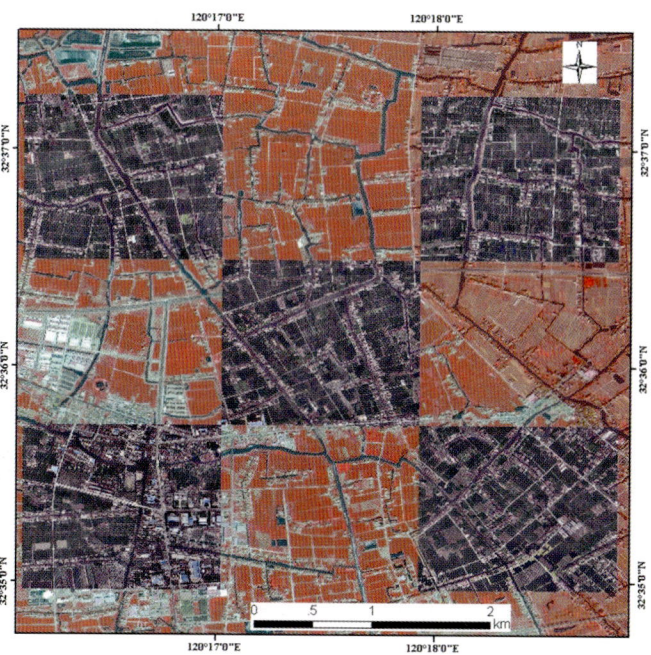

(b)海安影像匹配效果

图 5.11 多源影像匹配效果

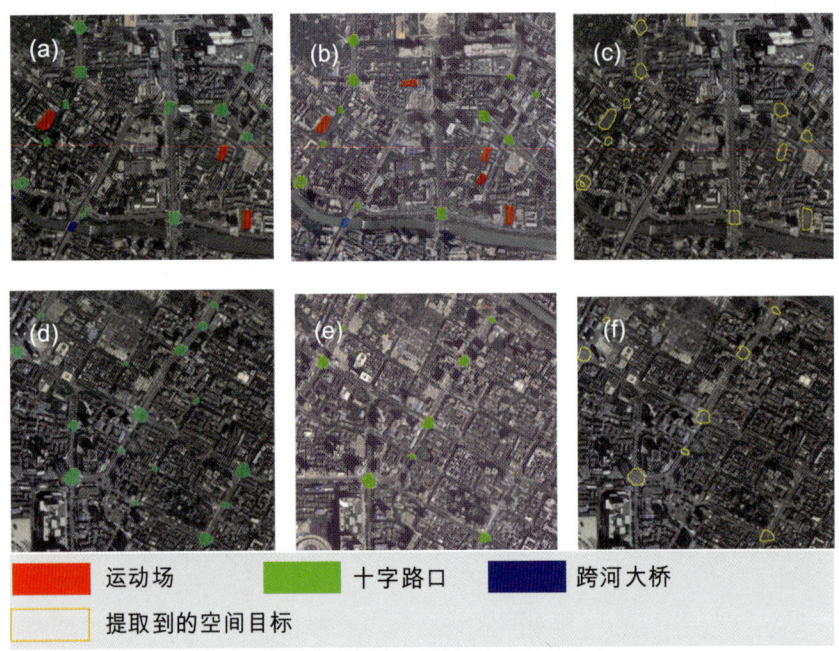

图 5.17 地理位置的机器智能感知的两个典型案例

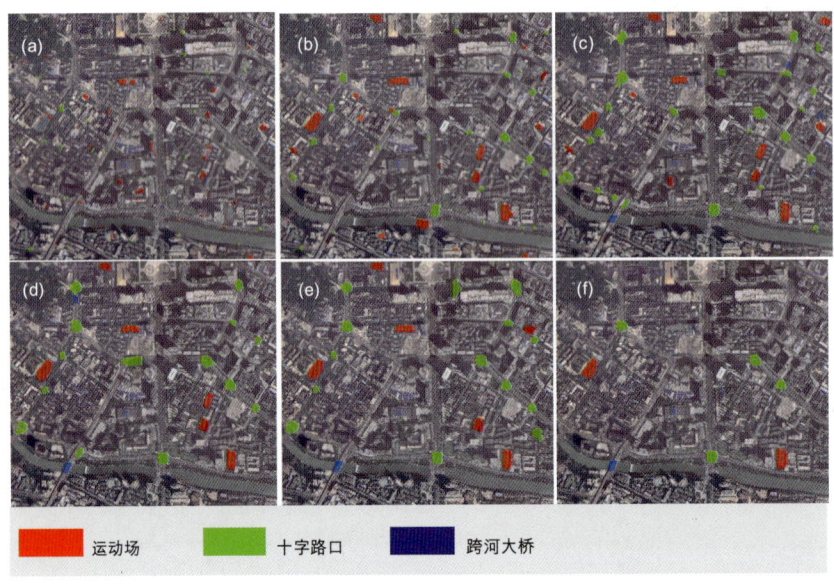

图 5.19 不同分辨率下重新采样的局部图像的物体提取结果